北京劳动保障职业学院国家骨干校建设资助项目

中央空调运行管理实务

张宪金　常敬辉　任少博　苗金明
方广帅　王军成　郝　玲　王长连　编著

机械工业出版社

本书是为高职、高专物业管理专业、制冷与空调专业、楼宇自动化专业及其他相关专业编写的专业课教材，系统讲述了中央空调运行管理基础知识，详尽阐述了目前最常用的中央空调系统的工作原理、结构，以及系统的运行、维护、操作方法。本书主要内容包括中央空调运行管理基础知识、中央空调系统调试、中央空调运行管理制度建设和中央空调系统维修与保养四部分内容，重点突出了对中央空调系统运行管理技术的培养和中央空调运行管理制度的创新能力培养。

　　本书也可供高等专科学校、业余大学的学生及函授生或专业培训人员使用，也可供本科生和从事制冷与空调相关行业的技术人员参考。

图书在版编目（CIP）数据

中央空调运行管理实务/张宪金等编著. —北京：机械工业出版社，2013.7
北京劳动保障职业学院国家骨干校建设资助项目
　ISBN 978-7-111-43355-2

　Ⅰ.①中⋯　Ⅱ.①张⋯　Ⅲ.①集中空气调节系统 – 运行 – 管理 – 高等职业教育 – 教材　Ⅳ.①TB657.2

中国版本图书馆 CIP 数据核字（2013）第 158627 号

机械工业出版社（北京市百万庄大街 22 号　邮政编码 100037）
策划编辑：罗　莉　责任编辑：王　欢
版式设计：常天培　责任校对：刘秀芝
封面设计：赵颖喆　责任印制：李　洋
中国农业出版社印刷厂印刷
2013 年 9 月第 1 版第 1 次印刷
184mm×260mm·18 印张·445 千字
0001—3000 册
标准书号：ISBN 978 – 7 – 111 – 43355 – 2
定价：50.00 元

凡购本书，如有缺页、倒页、脱页，由本社发行部调换
电话服务　　　　　　　　网络服务
社 服 务 中 心：(010)88361066　　教材网：http://www.cmpedu.com
销 售 一 部：(010)68326294　　机工官网：http://www.cmpbook.com
销 售 二 部：(010)88379649　　机工官博：http://weibo.com/cmp1952
读者购书热线：(010)88379203　　**封面无防伪标均为盗版**

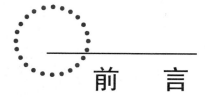

前　言

　　本书是为高职、高专物业管理专业、制冷与空调专业、楼宇自动化专业及其他相关专业编写的专业课试用教材。

　　高等职业教育旨在培养生产、服务、管理领域第一线工作的高素质应用型专门人才，其显著特征是具有一定的坚实的系统的专业基础知识和较强的专业实际操作能力，以及灵活解决现场问题的能力。本书紧紧围绕高等职业教育的培养目标，结合中央空调系统运行管理岗位的基本技术要求，介绍了中央空调运行管理基础知识、中央空调系统调试、中央空调运行管理制度建设和中央空调系统维修与保养等四部分内容，共分8章。为了突出教材实用性及简明性的特点，本书只介绍较常见的民用集中式和半集中式舒适性空调系统，重点突出对中央空调系统的运行管理、系统维护、运行节能技术技能的培养。

　　为了更好地配合教学，在每章之后均给出了本章小结和思考与练习题。小结所列要点有利于学生自学和掌握重点、难点；所配的思考与练习题则可以起到引导自学、启发思维、检验学习效果等作用，同时也为开展讨论式教学创造了条件。需要特别指出的是，本书第五章"中央空调系统运行管理制度"作为教材的重要组成部分，相应教学内容可充分发挥学生的积极性和创造性，通过理论与实践紧密结合的方式，为提高学生的岗位职业能力奠定基础。

　　由于编著者水平有限，书中难免有不妥之处，恳请读者批评指正。

作　者

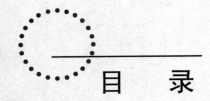

目　录

绪　　论

近年来，随着我国社会经济的进一步发展、人民生活水平的提高，中央空调系统在大型公共建筑物与民用建筑物中广泛应用，如大会堂、会议室、图书馆、影剧院、体育馆、办公楼、商贸中心、飞机场等公用建筑均需空气调节设备。同时，伴随着旅游业及其他国际交流的发展，中央空调系统也被广泛应用于高级宾馆、酒店、商贸中心和游乐场等。近年来，由于中央空调耗能不容小觑，中央空调安全、高效运行管理方面也引起人们的普遍关注。

一、空气调节的任务

人类改造客观环境的能力，是随着社会生产力和科学技术的发展而逐渐发展的。随着现代科学的发展，以热力学、传热学、流体力学和建筑环境科学为基本理论基础，综合建筑、机械、电工、电子等工程学科的成果，形成了一个独立的现代空气调节技术的学科分支。它专门研究和解决各类工作、学习、生活、生产和科学实验所要求的空气环境问题。

所谓的空气调节（air conditioning，简称"空调"）技术就是通过一定的技术手段将某一特定空间（如房间、船舱、汽车）内对空气的温度、湿度、空气流动速度及洁净度等进行人工调节，以满足工艺生产过程或人体舒适的要求。现代空调技术还泛指对空气的压力、成分、气味及噪声进行调节和控制，因此，采用现代技术手段，创造并保持一定要求的空气环境，就是空气调节的任务。

空气调节是实现空间内空气的温度、湿度、流动速度及洁净度等各参数的调节和控制。在工程上，将只能实现空气温度调节和控制的技术称为供暖或降温；将只实现空气洁净度处理和控制，并保持有害物质浓度在一定的卫生要求范围内的技术手段，称为通风。显然，这些都是调节和控制特定空间内空气环境的技术手段，只是在调节的要求上及调节空气环境参数的全面性方面与空气调节有别而已。此外，空气调节所需的冷、热源是为调节空气的温、湿度服务的，可能是人工的，也可能是自然的。

二、中央空调系统的组成和分类

（一）中央空调系统的组成

中央空调系统通常是由冷、热源和空气调节系统两部分组成。制冷设备为空气调节系统提供所需冷量（冷源），用以抵消室内环境的冷负荷；制热设备（锅炉、热泵等）为空气调节系统提供抵消室内环境热负荷的热量。空气调节系统通常是由空调处理设备、空气输送设备、空气输送管道和空气分配装置所组成，如图0-1所示。在空气调节系统中，空调处理设备是其核心，它承担了空气温度、湿度、洁净度等各项参数的处理工作。

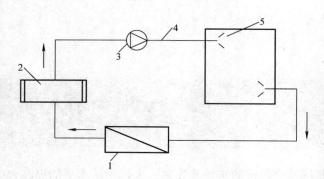

图 0-1 中央空调系统组成示意图
1—中央空调冷、热源 2—空调处理设备 3—空气输送设备
4—空气输送管道 5—空气分配装置（被控建筑物室内）

（二）中央空调分类

1. 按照中央空调的应用类型划分

空气调节应用于工业生产及科学研究过程中，一般称为"工艺性空调"；而应用于以满足人的生活和工作要求为主的空气环境调节则称为"舒适性空调"。工艺性空调应用非常广泛，根据不同的工艺要求对工艺性空调的空气调节参数要求也不同。在精密机械和仪表制造业中，为了避免元器件受到温度的变化而产生膨胀及湿度过大引起表面腐蚀，影响产品的精密度，一般都严格控制环境的基准温度和湿度，并制定严格的温度和湿度偏差范围，如 (20 ± 0.1)℃，(50 ± 5)%。在电子工业，除了有一定的温、湿度要求外，尤为重要的是保证室内空气洁净度。对超大规模集成电路生产的某些工艺过程，空气中悬浮粒子的控制粒径已低于 $0.1 \mu m$，规定每升空气中大于等于 $0.1 \mu m$ 的粒子总数不得超过 0.35 粒。在药品、食品工业以及生物实验室、医院手术室等，不仅要求一定的空气温度、湿度、洁净度，而且要求控制空气中的含尘浓度及细菌数量。

2. 按照空气处理设备的设置划分

对于一般常用中央空调系统，按空气处理设备的设置情况不同，可分为集中式中央空调系统和半集中式中央空调系统。

（1）集中式中央空调系统

集中式中央空调系统是指集中的所有空气处理设备（包括风机、冷却器、加湿器、过滤器等）都设于一个集中空调机房内。空气处理所需的冷、热量是由集中设置的冷冻站、锅炉房或热交换站集中供给。

（2）半集中式中央空调系统

半集中式中央空调系统是指将除了设有集中处理新风的空调机房和集中冷、热源外，还设有分散在各个空调房间里的二次设备（又称为末端装置）来承担一部分空调负荷，对送入空调房间内空气进一步补充处理。例如，一些办公楼、高级酒店中所采用的新风在空调机房中集中处理，然后与由风机盘管等末端装置处理的室内循环空气一起送入空调房间的系统就属于半集中式中央空调系统。

3. 按照承担室内热、湿负荷所用介质种类划分

对于一般常用中央空调系统，按照承担室内热、湿负荷所用介质种类不同，分为全空气系统、全水系统和空气－水系统三种类型。

（1）全空气系统

空调房间内的热、湿负荷全部是由经过处理的空气来承担的空调系统（见图0-2a）。低速集中空调系统、双管高速空调系统均属于这一类型。由于空气的比热容较小，需要用较大的空气量才能达到消除室内余热、余湿的目的，因此该系统要求有较大的断面风道或较高的风速。对室内噪声要求较高或建筑物屋内空间较小的场合应慎用。

（2）全水系统

在这种系统中，房间内的热、湿负荷全靠水作为冷热介质来负担（见图0-2b）。由于水的比热容比空气大得多，所以在相同条件下，只需要较小的水量，从而使得管道所占空间大大减小。但是仅靠水来消除余热、余湿，并不能解决房间内的通风换气等卫生安全问题，因而通常不单独采用这种方法。

（3）空气－水系统

该类系统是前两种系统的组合（见图0-2c）。它结合前两种系统的优点，通过空气和水两种不同介质共同承担建筑物内的热、湿负荷。即通过水介质来承担大部分的冷、热负荷和湿负荷；通过新风处理系统满足室内通风和卫生环境的要求。例如，诱导空调系统和带新风的风机盘管系统就属于这种类型。该类中央空调系统也是目前大型建筑最常用的中央空调系统。

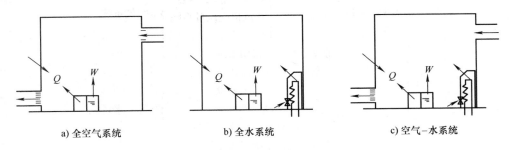

　　　　a) 全空气系统　　　　　　　　b) 全水系统　　　　　　　c) 空气－水系统

图0-2　按照承担室内热、湿负荷所用介质种类对空调系统分类示意图

4. 按照中央空调系统中空气来源划分

对于一般常用中央空调系统，按照中央空调系统中空气来源不同，划分为封闭式系统、直流式系统、混合式系统三种类型。

（1）封闭式系统

它处理的空气全部来源于空调房间本身，没有室外空气补充，全部为再循环空气，房间与空气处理设备间形成一个封闭环路（见图0-3a）。这种系统冷、热消耗量最省，由于没有新鲜空气补入，因而卫生效果差，仅适宜于无人居住的场合，如很少有人进出的仓库。

（2）直流式系统

它所处理的空气全部来自室外，室外空气经处理后送入室内，然后全部排出室外（见图0-3b）。这种系统冷、热消耗量最大，卫生条件最好，适用于不允许采用回风的场合，如放射性实验室，以及卫生条件要求较高的宾馆和医院。

（3）混合式系统

通过分析上述两种系统，封闭式系统不能满足卫生要求，直流式系统能源浪费较大而经济不合理，所以两者只能在特定情况下使用，对于绝大多数场合，往往综合这两者利弊，采用混合一部分回风的系统。这种系统既能够满足卫生要求，又经济合理，故应用最广（见图 0-3c）。

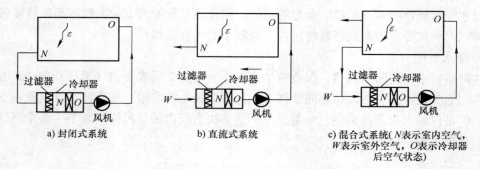

a) 封闭式系统　　　　　　b) 直流式系统　　　　　c) 混合式系统(N表示室内空气，W表示室外空气，O表示冷却器后空气状态)

图 0-3　根据处理空气来源对中央空调系统分类示意图

根据上面两种分类原则，可将中央空调系统分类如下：

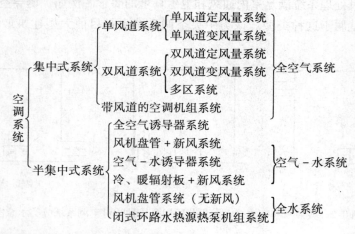

三、中央空调运行管理重要性和任务

中央空调被广泛地应用于大型公用建筑、民用建筑和工业企业中，然而在其建设和运行维持建筑内部环境的同时，也对我们的环境和能源提出了挑战。这主要表现在全球变暖、大气臭氧破坏和能源危机三个方面。

由于空气调节要消耗能量，一些工业企业（如电子企业）的空调耗能约占总耗能的40%以上。而所消耗的电能或热能，大多数来自电站、热电站或独立的锅炉房。其燃烧的过程中的排放物，是造成大气层温室效应的根源。因此，节约能源不仅关系到能源的合理利用，而且关系到对地球环境的保护。因此，中央空调运行管理的一个重要任务就是，在满足生产、生活和工作环境要求之外，不断地研究科学的设备运行方法，提高设备的能量转换效率，改善系统能量综合利用效果，尽可能地寻求合理的运行调节方法，从而达到节约能源的目的。其次，采用压缩机制冷的空调冷源所用制冷剂多为卤代烃（如 CFC、HCFC 等）物质，这类制冷剂对臭氧层破坏最大，国际上已列为限用或禁用。因此通过分析中央空调在运行管理中出现的实际问题，为制冷机组设备的改造和技术创新提出了迫切要求、提供了推动力。

再有，近来一些错误的中央空调运行管理理念有抬头的趋势（如大量采用合成材料用于建筑装修和保温，尽量提高建筑物的密闭性，降低新风供给量）。尽管这样做能够最大程度地节约能源，但造成了空气卫生质量下降，出现了"令人疲倦和致病的空调杀手"建筑物。人们长期生活和工作在这种人工环境内，则会产生闷气、黏膜刺激、头痛及昏睡等症状。据初步研究，长期生活在空调环境中，一些人会产生"空调不适应症"。即空调长期维持"低温"，使皮肤汗腺和皮脂腺收缩、腺口闭塞，导致血流不畅、神经功能紊乱等各种症状。因此，中央空调运行管理另一项重要任务就是研究和创造有利于健康、适宜人类工作和生活的环境。

最后，中央空调系统在工程设计、设备制造质量和施工安装质量良好的情况下，中央空调运行管理的任务还包括：①空调系统投入使用后，如何保障设备安全、可靠、经济、合理运转；②如何对中央空调设备进行日常维护、保养，来延长机组使用寿命；③在空调设备出现故障后，如何快速有效地排除故障，将损失和影响降低至最小程度；④如何制定科学、完善的中央空调运行管理资料，如运行记录、维修保养记录、设备节能改造记录和年运行调节记录和结果成效分析，来为中央空调科学合理运行提供科学依据，不断完善中央空调系统节能运行管理方案，促进设备或空调系统的技术改进，提高技术人员的管理和技术水平。

综上所述，中央空调运行管理是一门复杂的、系统的学科，涉及了热力学、机械制造、电气工程、流体力学等多方面的知识。同时随着能源和环境问题的日趋严重，可以预见对中央空调运行管理的技术人才需求是十分迫切的，前景是广阔的。随着我国社会生产力的发展、人们生活水平的提高和科技的进步，还需要从事这一领域的人们进一步开拓。

四、本书讲解的内容和重点

应当说明，本书关注的重心不是中央空调系统的设计或设备选型，对于中央空调系统的设计或设备选型感兴趣的读者可参考相应的书籍，本书不再赘述。本书定位并服务于从事大型民用建筑"舒适性"中央空调的运行管理工作的技术人员，主要包括中央空调运行管理基础、中央空调系统调试、中央空调运行管理制度建设和中央空调维护与保养等四部分内容。

思考与练习题

0-1　什么是中央空调？中央空调系统由哪些部分组成？

0-2　简述中央空调系统的分类。

0-3　简述中央空调运行管理的目标和任务。

0-4　简述中央空调运行管理的重要性。

第一章

湿空气物理性质和空气处理过程

空气调节的目的在于创造一个满足人们生产、生活和科学实验所要求的空气环境。在大型民用建筑中，中央空调运行管理的首要任务就是创造出适合人体舒适感要求的室内空气环境。湿空气既是空气环境的主体，又是空气调节的处理对象。因而，需要对空气的物理性质和空气处理的过程有所了解。本章讨论下述 4 个问题：①湿空气的组成和物理性质；②湿空气焓湿图及其应用；③空气的湿热处理；④舒适性空调与环境评价。

第一节　湿空气的组成和物理性质

一、湿空气的组成

在空调工程中，空气或大气是由干空气和一定量的水蒸气混合而成的，我们称其为湿空气。干空气的成分主要是氮、氧、氩气及其他微量气体，多数成分比较稳定，可将干空气作为一个稳定的混合物来看待。

为统一干空气的热力学性质、标准组成，便于热工计算，一般将海平面高度的清洁干空气成分作为目前推荐的干空气标准成分，其主要成分见表 1-1。

表 1-1　干空气的主要成分

主要组成成分	分子量	体积百分比
氮气	28.016	78.084
氧气	32.000	20.946
氩气	39.944	0.934
二氧化碳	44.010	0.033

干空气中除二氧化碳外，其他气体的含量是非常稳定的。而二氧化碳的含量随动、植物的生长状态，气象条件，生产排放物等因素有较大变化。然而由于其含量非常小，含量变化对干空气性质的影响可以忽略。所以在研究空气物理性质时，允许将干空气作为一个整体考虑。

湿空气中的水蒸气（简称蒸汽）含量很少。它来源于地球上的海洋、江河、湖泊表面水分的蒸发，各种生物的新陈代谢过程，以及生产工艺过程。在湿空气中，水蒸气所占的百分比是不稳定的，时常随着海拔、地区、季节、气候、湿源等各种条件而变化。虽然湿空气中水蒸气的含量少，但它对湿空气的状态变化影响却很大。由于它可以引起湿空气干、湿程度的改变，又会使湿空气的物理性质随之变化，并且对人体的舒适、产品质量、工艺过程和设备的维护等将产生直接的影响，所以本章会重点研究有关这方面的问题。

此外，在接近地球表面的大气中，还悬浮有尘埃、烟雾、微生物，以及各种排放物等。它们虽然对空气品质会造成一定的影响，但由于这些物质并不影响湿空气的物理性质，因此本章不涉及这些内容。

二、湿空气状态参数

在空气调节系统的设计计算、空调设备的选择及运行管理中，往往要涉及湿空气的状态参数和状态变化等问题。湿空气的物理性质也是由它的组成成分和所处的状态决定的。

在热力学中，常温常压下（空调属于此范畴）的干空气可认为是理想气体。所谓理想气体，就是假设气体分子是一些弹性的、不占空间的质点，分子之间没有相互作用力。而湿空气中的水蒸气一般处于过热状态，量很少，可近似地视为理想气体。这样，即可利用理想气体的状态方程式来表示干空气和水蒸气的主要状态参数——压力、温度、比体积等的相互关系，即

$$p_g V = m_g R_g T \quad 或 \quad p_g v_g = R_g T \tag{1-1}$$
$$p_q V = m_q R_q T \quad 或 \quad p_q v_q = R_q T \tag{1-2}$$

式中　p_g，p_q——干空气及水蒸气的压力（Pa）；

V——湿空气的总容积（m^3）；

m_g，m_q——干空气及水蒸气的质量（kg）；

R_g，R_q——干空气及水蒸气的气体常数，$R_g = 287 J/(kg \cdot K)$，$R_q = 461 J/(kg \cdot K)$；

T——湿空气的热力学温度（K）；

v_g，v_q——干空气及水蒸气的比体积（m^3/kg）。

湿空气的状态参数通常可以用压力、温度、含湿量、比焓（全书简称为焓）等参数来度量和描述，这些参数称为湿空气的状态参数。下面分别叙述空调工程中几种常用的湿空气的状态参数。

（一）压力

1. 大气压力

环绕地球的空气层对单位地表面积所形成的压力称为大气压力（或湿空气总压力），大气压力通常用 B 表示，单位用帕（Pa）或千帕（kPa）。

大气压力不是一个定值，它随各地海拔不同而存在差异。大气压力与海拔的关系如图1-1所示。海拔越高的地方，大气压力越低。例如，我国北部沿海城市天津海拔为 3.3 m，夏季大气压力为 100480Pa，冬季为 102660Pa；西藏高原上的拉萨市海拔为 3658m，夏季大气压

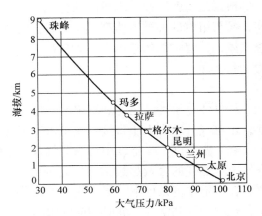

图1-1　大气压与海拔的关系

力为 65230Pa，冬季为 65000Pa。可见，拉萨市比沿海城市的气压低得多。

大气压力不仅与海拔有关，还随季节、气候的变化稍有高低，大气压力值一般在 ±5% 范围内波动。由于大气压力不同，空气的物理性质也会不同，反映空气物理性质的状态参数

也要发生变化。所以，在空气调节的设计和运行中，如果不考虑当地大气压力的大小，就会造成一定的误差。在工程热力学上，通常以北纬45°处海平面的全年平均气压作为一个标准大气压或物理大气压（单位为 atm），其数值为

$$1atm = 101325Pa = 1.01325bar$$

应特别指出的是，在空调系统中，是用仪表测定空气压力的，但仪表上指示的压力称为工作压力（过去称为表压力），工作压力（也称真空压力）不是空气的绝对压力，而是与当地大气压的差值，其相互关系为

（空气）绝对压力 = 当地大气压力 – 真空压力（表压力）　　　(1-3)

如果没有特别指出，空气的压力都是指绝对压力。当地大气压力值可以用"大气压力计"测得。

【例1-1】 在某一中央空调回风管道中，用斜式微压计测量风道的真空度，如图1-2所示，夹角为 $\alpha = 30°$，压力计中使用液体密度 $\rho = 0.8 \times 10^3 kg/m^3$ 的煤油，斜管中液注长度 $l = 200mm$。求风道中的空气真空压力值（Pa）？若当地大气压力为101325Pa，求风道中空气的绝对大气压力？

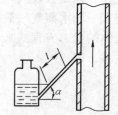

图1-2　例1-1示意图

解：回风管道的空气真空压力为

$$p_v = \rho g l \sin\alpha = (0.8 \times 10^3 \times 0.2 \times 0.5)Pa = 80Pa$$

由式（1-3）得风道的空气绝对压力为大气压力减真空压力，即

$$p = B - p_v$$
$$= 101325Pa - 80Pa$$
$$= 101245Pa$$

2. 水蒸气分压力与饱和水蒸气分压力

湿空气中，水蒸气单独占有湿空气的容积，并具有与湿空气相同的温度时，所产生的压力，称之为水蒸气分压力，用 p_q 表示。

根据道尔顿定律，理想的混合气体的总压力等于组成该混合气体的各种气体的分压力之和，参与组成的各种气体都具有与混合气体相同的体积和温度。由前所述，湿空气可视为理想气体，其湿空气的总压力（大气压力）（单位为 Pa）为干空气的分压力与水蒸气的分压力之和，即

$$B = p_g + p_q \qquad (1-4)$$

从气体分子运动论的观点来看，压力是由于气体分子撞击容器壁而产生的宏观效果。因此，水蒸气分压力大小直接反映了水蒸气含量的多少。

在一定温度下，空气中的水蒸气含量越多，空气就越潮湿，水蒸气分压力也越大。如果空气中水蒸气的含量超过某一限量时，多余的水蒸气就会凝结成水而从空气中析出。这说明，在一定温度条件下，湿空气中的水蒸气含量达到最大限度时，则称为湿空气处于饱和状态，也称为饱和空气，此时相应的水蒸气分压力称为饱和水蒸气分压力，用 $p_{q,b}$ 表示。饱和水气分压力 $p_{q,b}$ 仅取决于空气的温度。

（二）温度

温度是表示空气的冷热程度的。温度的高低用"温标"来衡量。目前国际上常用的有绝对温标（又称为开氏温标），符号为 T，单位为 K；摄氏温标，符号为 t，单位为℃；有的

国家也采用华氏温标，符号为 Q，单位为℉。这三种温标的换算关系为

$$t = T - 273.15 \approx T - 273 \qquad (1-5)$$

$$t = \frac{5}{9}(Q - 32) \qquad (1-6)$$

1. 干球温度 t 与湿球温度 t_s

图 1-3 所示的干、湿球温度计是一个典型的空气干、湿球温度测量仪器。这种测量仪表由两支温度计或由两个其他的温度敏感元件所组成。其中一支温度计的感温头上包裹脱脂棉纱布，纱布的下端浸入盛有蒸馏水的容器中，在毛细管作用下，纱布处于润湿状态，将此温度计称为湿球温度计，所测得的读数称为空气的湿球温度；另一支未包纱布的温度计相应地称作干球温度计，它所测得的温度称为空气的干球温度，也就是实际的空气温度。分别用 t 和 t_s 表示空气的干球温度和湿球温度。

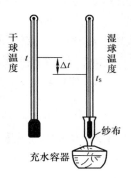

图 1-3　干、湿球温度计测试原理

湿球温度计的读数，实际上反映了湿纱布上水的温度。但是，值得注意的是，并不是任何一个读数都可以认为是湿球温度，只有在热湿交换达到平衡，即稳定条件下的读数才称之为湿球温度。这是因为热湿交换达到平衡时，空气对湿球纱布的对流热量等于湿球纱布上水分散发所吸收的汽化热（曾称为汽化潜热）。

应该指出的是，由于水与空气之间的热湿交换过程都与湿球周围的空气流速有关。因此，在相同的空气条件下，空气流过湿球纱布表面的流速不同时，所测得的湿球温度也会产生差异。当空气流速较小时，热湿交换不充分，所测得湿球温度误差较大；当空气流速较大时，热湿交换进行得充分，所测得湿球温度较准确。实验表明，当空气流速为 0.5 ~4m/s 时，湿球温度趋于稳定。因而，要准确反映空气的湿球温度，应使流经湿球纱布的空气流速在 2.5m/s 以上。空气的干球、湿球温差集中反映了空气相对湿度的大小。

2. 露点温度 t_L

若假设空气中水蒸气质量不变（即空气含湿量不变），在冷却空气时，随着空气温度的下降，空气达到饱和状态，这时空气所对应的温度就称为露点温度，用 t_L 表示。这时，如果对空气温度进一步冷却，空气中就会有水析出，空气的含湿量开始减少。

在空调技术中，常利用冷却方法使空气温度降到露点温度以下，以便水蒸气从空气中析出凝结成水，从而达到干燥空气的目的。

如果在某种空气环境中有一个冷表面温度为 t_w，当 $t_w < t_L$ 时，该表面上就会有凝结水出现，即结露；而当表面温度 $t_w > t_L$ 时，不结露。由此可见，是否结露取决于表面温度和空气露点温度两者间的关系。在空调工程中，要确保冷水和冷凝水管道表面温度大于露点温度，以免造成不必要的损失。

3. 机器露点温度

空气的露点温度与空调系统的"机器露点温度"是有区别的，后者是经过人为的对空气加湿或减湿冷却后所达到的近于饱和的空气状态。

在加湿或减湿空气处理过程中，表面式冷却器外表面的平均温度称为"机器露点温度"；经过喷水室处理的空气比较接近于 $\varphi = 100\%$ 状态，习惯上将其状态称为"机器露点"。

（三）含湿量

在空气的加湿和减湿处理过程中，常用含湿量来衡量空气中的水蒸气的变化情况。定义为：在湿空气中与 1kg 干空气同时并存的水蒸气量，称为空气含湿量（单位为 kg/kg（干））。

$$d = m_q / m_g$$

式中　　m_g——干空气质量（kg）；

　　　　m_q——水蒸气的质量（kg）。

由式（1-1）、式（1-2）和式（1-4），不难得出

$$d = \frac{R_g p_q}{R_q p_g} = \frac{287}{461} \cdot \frac{p_q}{B - p_q} = 0.622 \frac{p_q}{B - p_q} \qquad (1\text{-}7a)$$

由于空气中的水蒸气含量一般较小，d 可以用单位 g/kg（干）来表示，即

$$d = 622 \frac{p_q}{B - p_q} \qquad (1\text{-}7b)$$

分析上式不难看出，当干空气压力一定时，空气的含湿量仅取决于蒸汽分压力 p_q。即，蒸汽分压力 p_q 越大，空气含湿量也就越大。

在一定温度下，饱和空气中的水蒸气量已达到最大限度，它不再具有吸湿能力，即不能再接纳水蒸气。这时空气所具有的含湿量，称为该温度下湿空气的饱和含湿量，用 d_b 表示。空气温度与饱和水蒸气压力及饱和含湿量的关系见表 1-2。

表 1-2　空气温度与饱和水蒸气压力及饱和含湿量的关系

空气温度 t/℃	饱和水蒸气分压力 $p_{q,b}$/Pa	饱和含湿量 d_b/（g/kg（干））
10	1225	7.63
20	2331	14.70
30	4232	27.20

（四）相对湿度

所谓相对湿度，就是空气中水蒸气分压力和同温度下饱和水蒸气分压力之比，用符号 φ 表示，即

$$\varphi = \frac{p_q}{p_{q,b}} \times 100\% \qquad (1\text{-}8a)$$

由式（1-8a）可知，相对湿度反映了湿空气中水蒸气含量接近饱和的程度。显然，φ 值越小，表示空气离饱和程度越远，空气较为干燥，吸收水蒸气能力越强；φ 值越大，表示空气更接近饱和程度，空气较为潮湿，吸收水蒸气能力越弱。当 $\varphi = 0$ 时，则为干空气；$\varphi = 100\%$ 时，则为饱和空气。所以由 φ 值的大小，可以直接看出空气的干湿程度。相对湿度和含湿量都是表示空气湿度的参数，但意义却不相同：φ 能表示空气接近饱和的程度，却不能表示水蒸气的含量多少，而 d 能表示水蒸气的含量多少，却不能表示空气接近饱和的程度。

相对湿度还有其他的表达形式，由式（1-7a）得

对于湿空气 $d = 0.622 \dfrac{p_q}{B - p_q}$

对于饱和空气 $d_b = 0.622 \dfrac{p_{q,b}}{B - p_{q,b}}$

将上面两式相比，得

$$\frac{d}{d_b} = \frac{p_q}{p_{q,b}}\frac{B-p_{q,b}}{B-p_q} = \varphi\frac{B-p_{q,b}}{p_{q,b}}$$

由于大气压力 B 比 $p_{q,b}$、p_q 都大很多，在工程计算中，认为 $B-p_{q,b}\approx B-p_q$，误差一般在 1%～3%，故经常将上式简写为

$$\varphi = \frac{d}{d_b}\times100\% \tag{1-8b}$$

（五）比焓

在空气调节中，空气的压力变化一般很小，可近似于定压过程，因此可直接用空气的比焓变化来度量空气的热量变化。在工程上，通常将湿空气的比焓定义为，1kg 干空气的焓与其同时共存的 d kg（或 g）水蒸气的焓之和。

已知干空气的比定压热容 $c_{p,g}=1.005$ kJ/(kg·K)，近似取 1 或 1.01kJ/(kg·K)；

水蒸气的比定压热容 $c_{p,q}=1.84$ kJ/(kg·K)。

水在 0℃时，水的汽化热为 2500kJ/kg，则湿空气的比焓为

$$h = h_g + (h_q+2500)d \tag{1-9a}$$
$$= c_{p,g}+t + (c_{p,q}t+2500)d = 1.01t + (1.84t+2500)d$$

或

$$h = 1.01t + (1.84t+2500)\frac{d}{1000} \tag{1-9b}$$

式（1-9a）中，空气含湿量 d 的单位为 kg/kg（干），式（1-9b）中空气含湿量 d 的单位为 g/kg（干）。

（六）密度和比体积

单位体积的湿空气所具有的质量，称为湿空气密度，用符号 ρ 表示，单位为 kg/m³。显然湿空气的密度等于干空气密度 ρ_g 与水蒸气密度 ρ_g 之和，即

$$\rho = \rho_g + \rho_q$$

将理想气体状态方程式（1-1）、式（1-2）和大气压力 B 与水蒸气分压力 p_q 之间的关系式式（1-4）代入上式整得

$$\rho = \frac{p_g}{R_g T} + \frac{p_q}{R_q T} \tag{1-10}$$
$$= 0.003484\frac{B}{T} - 0.00134\frac{p_q}{T}$$

在标准条件下（大气压力为 101325Pa；温度为 293K，即 20℃）干空气的密度 $\rho_g = 1.205$ kg/m³，而湿空气的密度 ρ_q 取决于水蒸气分压力 p_q 值的大小。由于 p_q 值相对于 p_g 值而言，数值较小，因此，湿空气的密度比干空气密度小，在实际计算时湿空气密度可近似取 $\rho=1.2$ kg/m³。

【例 1-2】 已知大气压力为 101325Pa、温度 $t=20$℃，求：①干空气的密度；②相对湿度 $\varphi=90\%$ 时，空气的含湿量；③湿空气的比焓。

解： ①已知干空气的气体常数为 287kJ/(kg·K)，此时干空气压力即为大气压力，所以有

$$\rho = \frac{p_g}{R_g T} = 0.003484 \frac{B}{T} = 1.205 \text{kg/m}^3$$

② 由温度 $t = 20℃$，查表 1-2，有饱和蒸汽分压力 $p_{q,b} = 2331\text{Pa}$、饱和含湿量 $d_b = 14.70\text{g/kg}$（干），代入式（1-8a）和式（1-8b）得

$$d_1 = \varphi d_b = (0.9 \times 14.70)\text{g/kg(干)} = 13.23\text{g/kg（干）}$$

根据相对湿度定义计算得

$$d_2 = 0.622 \frac{\varphi p_{q,b}}{B - \varphi p_{q,b}} = 0.622 \times \frac{0.9 \times 2331}{101325 - 0.9 \times 2331} \text{g/kg（干）} \approx 13.2\text{g/kg（干）}$$

对比两个计算结果，误差非常小，对于工程来讲准确度足够。

③ 按式（1-9b）计算得

$$h = 1.01t + (1.84t + 2500)\frac{d}{1000}$$

$$= \left[1.01 \times 20 + (1.84 \times 20 + 2500) \times \frac{13.2}{1000}\right]\text{kJ/kg（干）}$$

$$\approx 53.7\text{kJ/kg（干）}$$

第二节　湿空气焓－湿图及其应用

在空气调节中，工程技术人员常常需要对湿空气的状态参数和湿空气的变化过程进行分析。显然，如果采用在一节介绍的方法进行参数确定是没有问题的，但对过程分析就十分不方便了。为了直观地描述和确定湿空气的状态及其变化过程，避免繁琐的计算，常用到一些空气的性质图进行描述。

在我国常用的湿空气性质图是以 h 与 d 为坐标的焓－湿图（即 $h-d$ 图）。为了尽可能扩大不饱和湿空气区的范围，便于各相关参数间分度清晰，在标准大气压力下，取空气的比焓 h 为纵坐标，含湿量 d 为横坐标，且两坐标之间的夹角等于 $135°$。在实际使用中，为避免图面过长，常将 d 坐标改为水平线。在选定的坐标比例尺和坐标网格的基础上，以 1kg 干空气质量的湿空气为基准，进一步确定空气状态点和空气过程线，如等温线、等相对湿度线、水蒸气分压力标尺及热湿比等，最终湿空气焓－湿图的表达形式如图 1-4 所示。下面详细介绍这种常用焓－湿图的组成和使用方法。

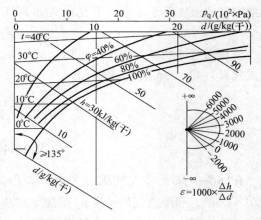

图 1-4　湿空气焓－湿图

一、湿空气焓－湿图（$h-d$ 图）的组成

（一）等焓线

等焓线是一组与纵坐标轴成 $135°$ 角的平行直线。在同一条等焓线上的任一空气状态点，

其湿空气的焓 h 均相等。

（二）等含湿量线

等含湿量线是一组与纵轴平行的直线。在同一条等含湿量线上，湿空气的含湿量 d 不变。

（三）等温线

等温线是根据公式 $h = 1.01t + (1.84t + 2500)d$ 绘制的。所以等温线在 $h-d$ 图上是一系列直线。式中 $1.01t$ 为截距，$1.84t + 2500$ 为斜率，当空气温度值不同时，每一条等温线的斜率是不相同的。显然，等温线为一组互不平行的直线，但由于 $1.84t$ 远小于 2500，空气温度 t 对斜率的影响不显著，所以各等温线之间又近似平行。

（四）等相对湿度线

等相对湿度线是根据公式 $d = 0.622\varphi p_{q,b}/(B - \varphi p_{q,b})$ 绘出的。因此，等相对湿度线是一组发散形的曲线。$\varphi = 0$ 的线是纵坐标轴，即为干空气线。$\varphi = 100\%$ 的线是湿空气的饱和状态线，该曲线左上方为湿空气区（又称"未饱和区"），右下方为水蒸气的过饱和状态区。由于过饱和状态是不稳定的，常有凝结现象，所以该区内湿空气中存在悬浮的水滴，形成雾状，故也称"有雾区"。在湿空气区中，水蒸气处于过热状态，其状态是稳定的。

（五）水蒸气分压力线

根据公式 $d = 0.622p_q/(B - p_q)$ 可转换为 $p_q = Bd/(0.622 + d)$。当大气压力 B 一定时，水蒸气分压力 p_q 的大小仅取决于含湿量 d，每给定一个 d 值，就可以得到相应的 p_q 值。因此，可在代用 d 轴的上方绘一条水平线，标上 d 值所对应的 p_q 值即为水蒸气分压力线。

二、焓－湿图的应用

（一）湿空气状态点确定

1. 确定空气的湿球温度 t_s

由于湿球温度 t_s 是在热、湿平衡的基础上测得的。因此，在空调工程中，当 $t_s \leqslant 30℃$ 时，常用湿空气等焓线与湿空气的饱和水蒸气线（$\varphi = 100\%$ 线）的交点确定湿空气的湿球温度 t_s，如图 1-5 所示。

2. 确定空气的露点温度

露点温度 t_L 是在空气含湿量不变的情况下，随着空气温度的下降，空气达到饱和状态时的温度。露点温度在 $h-d$ 图上可表示为，沿着空气某一状态点 A，垂直向下与湿空气的饱和水蒸气线（$\varphi = 100\%$ 线）的交点即为湿空气的露点温度 t_L，如图 1-5 所示。

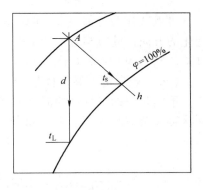

图 1-5　湿球温度、露点温度
在 $h-d$ 图上的表示

由以上分析可知，根据湿空气的物理性质，在空气大气压 B 确定时，只要已知 t、d（或 p_q、t_L）、φ、h（或 t_s）中的任意两个独立参数就可以确定湿空气的状态点，查出其余参数。

【例 1-3】　在一间空调房间内（大气压为 101325Pa，标准大气压），已知房间内温度为 20℃，相对湿度为 60%，利用湿空气焓－湿图确定房间内空气的其他参数？

如图 1-6 所示，查焓 – 湿图可得 d 和 h_A。

（二）确定热、湿变化过程

为了说明空气由一个状态变为另一个状态的热、湿变化过程，在图上还标有热湿比线。一般在 $h-d$ 周边或右下角给出热湿比（或称角系数）ε 线，定义为：湿空气状态变化前后的焓变化和含湿量变化比值称为热湿比，用符号 ε 表示。

$$\varepsilon = \frac{\Delta h}{\Delta d} \text{或} \varepsilon = \frac{\Delta h}{\Delta d/1000} \tag{1-11}$$

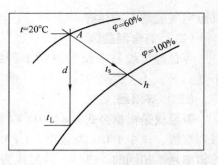

图 1-6　例 1-3 示意图

在空气调节过程中，假设处理空气总质量为 G kg，根据热湿比线的定义则有

$$\varepsilon = \frac{G\Delta h}{G\Delta d} = \frac{\pm Q}{\pm W} \tag{1-11a}$$

式中　Q——空气加热（冷却）变化量（kJ/h）；

　　　W——空气加湿（除湿）变化量（kg/h）。

可见，热湿比 ε 有正、有负，并代表湿空气状态变化的方向。

【例 1-4】　已知大气压为 101325Pa，湿空气初参数为 $t_A=20℃$，$\varphi_A=60\%$，当加入 10000kJ/h 的热量和 2kg/h 湿量后，温度 $t_B=28℃$，求湿空气的终状态？

【解】　在大气压为 101325Pa 的焓 – 湿图（$h-d$ 图）上，根据 $t_A=20℃$，$\varphi_A=60\%$ 找到空气状态点 A（见图 1-7）。

求热湿比为

$$\varepsilon = \frac{\pm Q}{\pm W} = \frac{10000}{2} = 5000$$

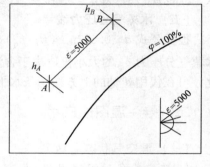

图 1-7　例 1-4 示意图

过点 A 作与等值线 $\varepsilon=5000$ 的平行线，即为 A 状态变化的方向，此线与 $t_B=28℃$ 等温线的交点即为湿空气的终状态 B，由 B 点可查出：$\varphi_A=51\%$，$h_B=59$kJ/kg（干），$d_B=12$ g/kg（干）。

（三）确定空气混风状态

不同状态的空气互相混合，在空调中是常有的，根据质量与能量守恒原理，若有两种不同状态 A 与 B 的空气，其质量分别为 G_A 和 G_B，则可得

$$G_A d_A + G_B d_B = (G_A + G_B)d_C \tag{1-12}$$
$$G_A h_A + G_B h_B = (G_A + G_B)h_C \tag{1-13}$$

式中　h_C，d_C——混合态的比焓值与含湿量。

有上述两式，不难得出

$$\frac{G_A}{G_B} = \frac{h_C - h_B}{h_A - h_C} = \frac{d_c - d_B}{d_A - d_C} \tag{1-14}$$

$$\frac{h_C - h_B}{d_c - d_B} = \frac{h_A - h_C}{d_A - d_C} \tag{1-15}$$

在 $h-d$ 图（见图 1-8）所示的两状态点 A、B，假定点 C 为混合态，由式（1-15）可知，$A—C$ 与 $C—B$ 具有相同的斜率。因此，A、C、B 在同一直线上。同时，混合态 C 将 $\overrightarrow{AB}$

线分为两段，即$\overrightarrow{AC}$与$\overrightarrow{CB}$，且

$$\frac{\overrightarrow{CB}}{\overrightarrow{AC}}=\frac{h_C-h_B}{h_A-h_C}=\frac{d_C-d_B}{d_A-d_C}=\frac{G_A}{G_B} \quad (1\text{-}16)$$

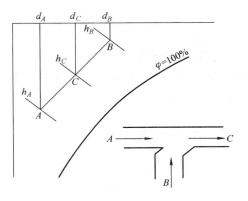

显然，参与混合的两种空气的质量比与点C分割两状态连线的线段长度成反比。据此，在$h-d$图上求混合状态时，只需将线段$\overrightarrow{AB}$划分成满足G_A/G_B比例的两段长度，并取点C使其接近空气质量大的一端，而不必用公式求解。

图1-8　两种状态空气混合在$h-d$图上的表示

【例1-5】　某中央空调系统采用新风和部分室内回风处理后送入室内空调房间。已知大气压力$B=101325\mathrm{Pa}$；回风风量$G_A=2000\mathrm{kg/h}$，回风状态$t_A=20℃$、$\varphi_A=60\%$；新风量$G_B=500\mathrm{kg/h}$，新风状态$t_B=35℃$、$\varphi_A=80\%$。试确定空气的混合状态点C。

【解】

1）在大气压为101325Pa的焓湿图（$h-d$图），根据回风状态$t_A=20℃$、$\varphi_A=60\%$，新风状态$t_B=35℃$、$\varphi_B=80\%$找到空气状态点A、B并连成直线，如图1-9所示。

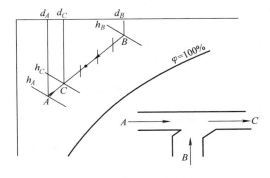

2）根据混合规律有

$$\frac{\overrightarrow{CB}}{\overrightarrow{AC}}=\frac{h_C-h_B}{h_A-h_C}=\frac{d_C-d_B}{d_A-d_C}=\frac{G_A}{G_B}=\frac{2000}{500}=\frac{4}{1}$$

3）将线段$\overrightarrow{AB}$分成五等分，则点C接近空

图1-9　例1-5示意图

气质量大的一端即回风点A处，查$h-d$图得$t_C=23.1℃$，$\varphi_C=73\%$，$h_C=56\mathrm{kJ/kg}$，$d_C=12.8\mathrm{g/kg}$。

4）用计算法验证，将得出的空气状态值，即$h_A=42.54\mathrm{kJ/kg}$，$d_A=8.8\mathrm{g/kg}$，$h_B=109.44\mathrm{kJ/kg}$，$d_B=29.0\mathrm{g/kg}$，代入式（1-12）、式（1-13），可得

$$d_C=\frac{G_Ad_A+G_Bd_B}{G_A+G_B}=\left(\frac{2000\times8.8+500\times29}{2000+500}\right)\mathrm{g/kg}$$

$$\approx12.8\mathrm{g/kg}$$

$$h_C=\frac{G_Ah_A+G_Bh_B}{G_A+G_B}=\left(\frac{2000\times42.54+500\times109.44}{2000+500}\right)\mathrm{kJ/kg}$$

$$\approx56\mathrm{kJ/kg}$$

可见，作图求得的混合状态点是正确的。

焓-湿图上的每一个点代表了湿空气的一个状态，而每一条线则表示了湿空气的状态化过程。因此，$h-d$图既能联系以上所讲过的状态参数，又能表达空气的各种状态变化过程，利用它可以简化空调工程中大量的分析和计算工作，为设计和运行提供极大的方便，因此需要熟练掌握。

第三节 空气的热湿处理

在大型民用建筑中，为了创造出适合人们生活、生产的工作环境，就需要对室内空气进行调节和处理。本节将结合中央空调系统中常用的空气调节设备，利用空气焓－湿图这一工具，对典型空气处理过程进行分析。

一、空气加热（冷却）处理

在空气调节中，加热与冷却空气是两种最常见空气处理方法和空调运行调节的手段。它们都遵循哪些规律呢，如图 1-10 所示。

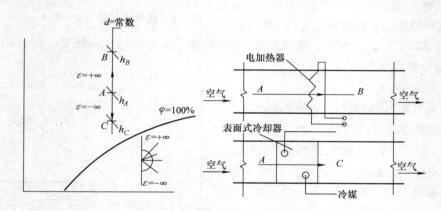

图 1-10 湿空气加热（冷却）处理

（一）等湿加热过程

空气调节中常用表面式空气加热器（或电加热器）来处理空气。如图 1-10 所示。当空气通过加热器时获得了热量，提高了温度，但空气的含湿量并没变化。因此，空气状态变化是等湿、增焓、升温过程，过程线为图 1-10 所示的 $A—B$。在空气状态变化过程中，$d_A = d_B$，$h_B > h_A$，故其热湿比 ε 为

$$\varepsilon = \frac{\Delta h}{\Delta d} = \frac{h_B - h_A}{d_B - d_A} = \frac{h_B - h_A}{0} = +\infty \qquad (1-17)$$

（二）等湿（干式）冷却过程

如果用表面式冷却器处理空气，且其表面温度比空气露点温度高时。则空气将在含湿量不变的情况下冷却，其空气比焓值相应减少。因此，空气状态为等湿、减焓、降温过程，如图 1-10 所示的 $A—C$。由于 $d_A = d_C$，$h_A > h_C$，故其热湿比 ε 为

$$\varepsilon = \frac{\Delta h}{\Delta d} = \frac{h_C - h_A}{d_C - d_A} = \frac{h_C - h_A}{0} = -\infty \qquad (1-18)$$

二、空气加湿处理

在冬季，对于舒适性空调而言，由于室内外空气较为干燥，为了获得一个较为舒适的环境，需要对室内空气进行加湿处理。空气的加湿处理可以是在空气处理室（空调箱）或送

风管道内对送入房间的空气集中加湿，也可以在空调房间内对空气局部补充加湿。

空气处理过程可分为等温加湿过程、等焓加湿过程、加热（冷却）加湿过程等，其空气加湿的方法有多种：喷水加湿，喷蒸汽加湿、电加湿、超声波加湿和远红外加湿等。

（一）空气加湿方法

1. 等温加湿

等温加湿是目前中央空调系统最为常见的一种冬季室内空气加湿处理方法，比较容易实现。其共同特点为：借助外部热源产生蒸汽，然后把蒸汽混合到空气中进行加湿。这类方法在空气焓湿图上表现为等温加湿过程。

（1）蒸汽（干蒸汽）等温加湿

在空气焓 – 湿图上，如图 1-11 所示的 $A—F$ 过程，也是一个典型的状态变化过程，是通过向空气喷蒸汽实现的。空气中增加蒸汽后，其焓和含湿量都将增加，焓的增加值为加入蒸汽的全热量，如果喷入蒸汽温度为 100℃ 左右，则空气处理过程的热湿比 ε 为

$$\begin{aligned}
\varepsilon &= \frac{\Delta h}{\Delta d} = \frac{(d_F - d_A) h_q}{d_F - d_A} = h_q \\
&= 2500 + 1.84 t_q \\
&\approx 2690
\end{aligned} \tag{1-19}$$

式中　h_q，t_q——喷入单位质量蒸汽的比焓值和蒸汽温度。

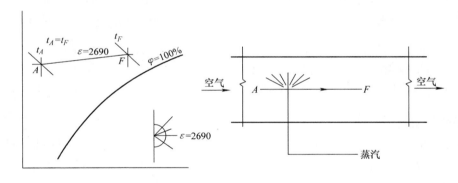

图 1-11　蒸汽等温加湿过程

在湿空气焓 – 湿图上，该过程近似于沿着等温线变化，因此将这种空气加湿方法称为等温加湿过程。类似的加湿的方法还可以是电极加湿或电热加湿等。

（2）电极加湿

电极式加湿器如图 1-12 所示。它是利用三根铜棒或不锈钢棒插入盛水的容器中做电极。将电极与三相电源接通之后，就有电流从水中通过。在这里水是电阻，因而能被加热蒸发成蒸汽。除三相电外，也有使用两根电极的单相电极式加湿器。由于水位越高，导电面积越大，通过电流也越大，因而发热量也越大。所以，产生的蒸汽量多少可以用水位高低来调节。电极式加湿器的功率（kW）应根据所需蒸汽量大小，按下式确定（考虑结垢影响可设安全系数）：

$$N = C_1 W (h_q - c t_w) \tag{1-20}$$

式中　W——蒸汽发生量（kg/s）；

h_q——蒸汽的比焓（kJ/kg）；

t_w——进水温度（℃）；

C_1——安全系数，取 $1.05 \sim 1.2$。

（3）电热加湿

电热式加湿器是用管状电热元件置于水盘中做成的（见图1-13）。元件通电之后便能将水加热而产生蒸汽。补水靠浮球阀自动控制，以免发生断水空烧现象。此种电热式加湿器的加湿量取决于水温和水表面积。因这种加湿方法较少在中央空调系统中使用，本书不做详细介绍。

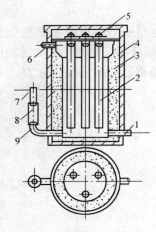

图 1-12 电极式加湿器

1—进水管 2—电极 3—保温层 4—外壳 5—接线柱
6—蒸汽出口 7—溢水嘴 8—橡皮短管 9—补水管

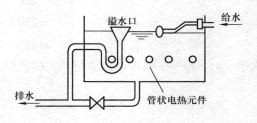

图 1-13 电热式加湿器

2. 等焓加湿过程

这种加湿的特点是：水吸收空气的热量而蒸发为蒸汽，空气失掉显热量，温度降低，蒸汽到空气中使含湿量增加，潜热量也增加。由于空气失掉显热，得到潜热，因而空气焓值基本不变，所以称此过程为等焓加湿过程。由于没有热量交换，故又称为绝热加湿过程。喷水室喷循环水加湿、超声波加湿、板面加湿或透膜式加湿均属于这一类型的空气加湿方法。

（1）喷水室喷循环水加湿

如图1-14所示，在喷水室中采用喷循环水处理空气。此时，循环水温将稳定在空气的湿球温度上，如图1-14所示的 $A—E$。由于状态变化前后空气比焓值相等，故空气处理过程热湿比 ε 为

$$\varepsilon = \frac{\Delta h}{\Delta d} = \frac{h_E - h_A}{d_E - d_A} = \frac{0}{d_E - d_A} = 0 \tag{1-21}$$

此过程和湿球温度计表面空气的状态变化过程相似。严格地讲，空气的比焓值也是略有增加的，其增加值为蒸发到空气中的水的液体热。但因这部分热量很少，因而近似认为绝热加湿过程是等焓过程。

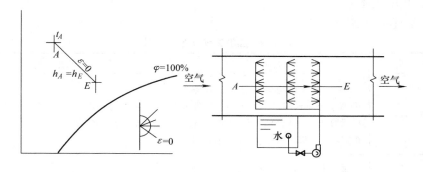

图 1-14 喷水室喷循环水等焓加湿过程

（2）超声波加湿

利用高频电力从水中向水面发射具有一定强度的、波长相当于红外线波长的超声波，则在这种超声波作用下，水表面将产生直径为几微米的微细粒子，这些粒子吸收空气热量蒸发成蒸汽，从而能对空气进行加湿，这就是超声波加湿器的工作原理。超声波加湿器主要优点是产生的水滴颗粒细，运行安静可靠，目前这种产品应用很广。超声波加湿器的缺点是容易在墙壁或设备表面上留下白点，因此要求对水进行软化处理。

3. 加热（冷却）加湿过程

如果在喷水室中不采用循环水，根据喷水温度可分为加热加湿和冷却加湿两种类型。

在喷水室中喷水温度高于空气干球温度这种加湿处理方法称为空气的加热加湿处理过程。如图 1-15 所示，其特征是，水温高于空气干球温度，显热交换量大于潜热交换量。在 d_1 增至 d_2 的过程中，空气温度相应由 t_1 升至 t_2。

如图 1-16 所示，如喷水室内水温低于空气的湿球温度，高于空气的露点温度，这种加湿处理方法称为空气的冷却加湿处理过程。其特点是，水温低于空气的湿球温度，但又高于空气的露点温度。空气与水的接触过程中，空气失去部分显热，其干球温度下降；水由于部分蒸发，从而空气的含湿量由 d_1 增至 d_2。

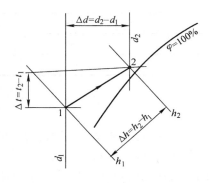

图 1-15 空气加热加湿处理过程

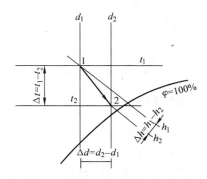

图 1-16 空气冷却加湿处理过程

中央空调运行管理实务

（二）加湿方法对比
1. 优缺点对比（见表1-3）

表1-3 加湿方法优缺点对比

序号	方法	优点	缺点
1	蒸汽加湿器	加湿迅速、均匀；稳定，效率接近100%；不带水滴、不带细菌；节省电能，运行费低，装置灵活，布置方便；既可设在空调器（机）内，也可布置在风管里	必须有汽源，并伴有蒸汽管道；设备结构比较复杂，初投资高
2	电极（热）式加湿器	加热迅速、均匀、稳定；控制方便、灵活，不带水滴，不带细菌；装配简单；无需汽源，无噪声	耗电惊人，运行费高；不使用软化水或蒸馏水时，内部易结垢，清洗较困难
3	超声波加湿器	体积小，加湿强度大，加湿迅速，耗电最少；使用灵活，无需汽源；控制性能好，粒小而均匀，加湿效率高	可能带菌；单价较高；使用寿命短（振动子寿命为5000h）；加湿后尚需升温
4	喷水室	可以利用循环水，设备费与运行费低；不需汽源；稳定、可靠	可能带菌；水滴较大；存在冷热抵消
5	板面蒸发加湿器	加湿效果较好，运行可靠，费用低廉；板面垫层兼有过滤作用	易产生微生物污染；必须进行水处理
6	红外线加湿器	加湿迅速、不带水滴、不带细菌；使用灵活、控制性好	耗电量大；运行费高；使用寿命不长（5000~7000h）；价格高
7	透膜式加湿器	构造简单，运行可靠，具有一定的加湿速度；初投资和运行费用低	易产生微生物污染；必须进行水处理

2. 加湿能力对比（见表1-4）

表1-4 加湿能力对比

类型	加湿能力/(kg/h)	耗电量/(kW/(kg·h))
蒸汽加湿器	100~300	—
超声波加湿器	1.2~20	0.05
电极式加湿器	4~20	0.78
红外线加湿器	2~20	0.89
喷水室	大容量	—

三、除湿处理

对于我国大部分地区，中央空调在供冷季节运行时，通常室外空气较为湿润，为了创造一个令人舒适的工作、学习生活环境，通常要对室内的空气进行除湿处理。同加湿系统一样，空气的除湿处理可以是在空气处理室（空调箱）或送风管道内对送入房间的空气集中除湿，也可以在空调房间内对空气局部除湿处理。

（一）空气除湿方法

在中央空调系统中最常用的除湿方法有：固体吸湿法、液体吸湿法和空气冷却除湿法。

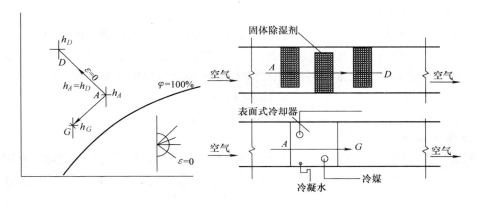

图 1-17　固体除湿和冷却除湿过程

1. 固体吸湿法（等焓除湿法）

利用固体吸湿剂干燥空气时，湿空气中的部分蒸汽在吸湿剂的微孔表面上凝结，蒸汽被吸附，空气的含湿量降低，空气失去潜热，而得到蒸汽凝结时放出的汽化热使温度增高，但焓值基本没变，只是略为减少了凝结水带走的液体热，空气近似按等焓减湿升温过程变化。图 1-17 所示的 $A—D$，其热湿比 ε 为

$$\varepsilon = \frac{\Delta h}{\Delta d} = \frac{h_D - h_A}{d_D - d_A} = \frac{0}{d_D - d_A} = 0 \tag{1-22}$$

在空调工程中，广泛采用的吸附剂是硅胶。硅（SiO_2）胶是用无机酸处理水玻璃时得到的玻璃状颗粒物质。它无毒、无臭、无腐蚀性、不溶于水。硅胶的粒径通常为 2 ~ 5mm，密度为 $640 ~ 799kg/m^3$。1kg 硅胶的孔隙面积可达 40 万 m^2，孔隙容积为其总体积的 70%，吸湿能力可达其质量的 30%。

硅胶有原色和变色之分，原色硅胶在吸湿过程中不变色，而变色硅胶，如氯化钴硅胶，本来是蓝色，吸湿后颜色由蓝变红逐渐失去吸湿能力。由于变色硅胶价格高，除少量直接使用外，通常是利用它做原色硅胶吸湿程度的指示剂。硅胶失去吸湿能力后可加热再生，使吸附的水分蒸发，再生后的硅胶仍能重复使用。如果硅胶长时间停留在参数不变的空气中，则将达到某一平衡状态。在这个状态下，硅胶的含湿量不再改变，并称之为硅胶平衡含湿量 d_p，单位为 $g/kg_{干硅胶}$。硅胶平衡含湿量 d_s 与空气温度 t 和空气含湿量 d 的关系如图 1-18 所示，它代表了硅胶吸湿能力的极限。

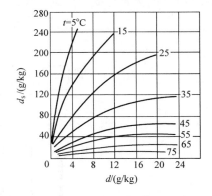

图 1-18　硅胶平衡含湿量 d_s 与空气温度 t 和空气含湿量 d 的关系

如图 1-18 所示，硅胶的吸湿能力取决于被干燥空气的温度和原来的含湿量。当空气含湿量一定时，空气温度越高，硅胶平衡含湿量越小，通常对高于 35℃ 的空气，最好不用硅胶减湿。

2. 减湿冷却（或冷却干燥）除湿法

如果用表面冷却器处理空气，当冷却器的表面温度低于空气的露点温度时，空气中的蒸汽将凝结为水，从而使空气减湿（或干燥），空气的变化过程为减湿冷却过程或冷却干燥过程，此过程线如图 1-17 所示的 $A—G$，因为空气焓值及含湿量均减少，故热湿比 ε 为

$$\varepsilon = \frac{\Delta h}{\Delta d} = \frac{h_G - h_A}{d_G - d_A} = \frac{-\Delta h}{-\Delta d} > 0 \tag{1-23}$$

3. 液体吸湿法

所谓液体吸湿法是指采用具有吸湿能力的盐溶液作为吸湿介质与空气接触。利用其表面蒸汽压力低于空气中的蒸汽分压力，实现水分由空气向溶液转移的一种空气除湿处理的方法。

使用溶液处理空气时，在理想条件下，被处理的空气状态变化将朝着溶液表面空气层的状态进行。根据盐水溶液的浓度和温度不同，可能实现各种空气处理过程，包括喷水室和表面式冷却器所能实现的各种过程（见图 1-19）。空气的减湿处理通常多采用图 1-19 所示的 $A—1$、$A—2$ 和 $A—3$ 三种过程。其中，$A—1$ 为升温减湿过程，$A—2$ 为等温减湿过程，$A—3$ 为降温减湿过程。在实际工作中，以采用 $A—3$ 过程的情况为多。

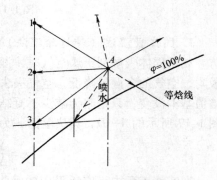

图 1-19　使用溶液处理空气（液体吸湿法）时的各种过程

一般情况下，溶液吸收空气中蒸汽后，溶液浓度减小、溶液吸湿能力下降。因此当溶液浓度下降到一定程度后，需要对溶液进行再生。图 1-20 所示的蒸发冷凝再生式液体减湿系统。

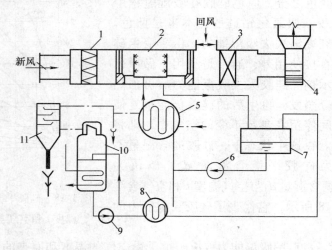

图 1-20　蒸发冷凝再生式液体减湿系统

1—空气过滤器　2—喷液室　3—表面式冷却器　4—送风机　5—溶液冷却器　6—溶液泵

7—溶液箱　8—热交换器　9—再生溶液泵　10—蒸发器　11—冷凝器

室外新风经过空气过滤器1净化后，在喷液室2中与氯化钠溶液接触，空气中的水分即被溶液吸收。减湿后的空气与回风混合，经表面式冷却器3降温后，由风机4送往室内。在喷液室中，因吸收空气中水分而稀释了的溶液流入溶液箱7中，与来自热交换器8的溶液混合后，大部分在溶液泵6的作用下，经溶液冷却器5冷却后送入喷液室2；一小部分经热交换器8加热后排至蒸发器10。在蒸发器10中，溶液被蒸气盘管加热、浓缩，然后由再生溶液泵9经热交换器8冷却后再送入溶液箱7。从蒸发器10中排出来的蒸汽进入冷凝器11，蒸汽冷凝后与冷却水混合，一同排入下水道。

4. 其他除湿方法

除了以上三种除湿方法外，还有通风除湿、升温除湿和干式除湿等除湿方法，见表1-5。由于在中央空调系统中不常用，对这部分内容不作详细介绍。

（二）典型除湿方法对比（见表1-5）

表1-5　典型除湿方法的对比

方　法	机　理	优　点	缺　点	备　注
升温除湿	通过显热交换，在含湿量不变的条件下，使温度升高，相对湿度相应降低	简单易行，投资和运行费用低	空气温度升高，空气不新鲜	适用于对室温无要求的场合
通风除湿	向潮湿空间输入含湿量小的室外空气，同时排出等量潮湿空气	经济、简单	保证率低	适用于室外空气较干燥的地区
冷却除湿	让湿空气流经低温表面，空气温度降至露点温度以下，湿空气中的水汽冷凝析出	性能稳定，工作可靠，能连续工作	设备费用和运行费用较高	适用于空气的露点温度高于4℃的场合
液体除湿	利用某些液体，如盐、溴化锂等溶液，其表面蒸汽压力低于空气中的蒸汽分压力，实现水分由空气向溶液转移的特性	除湿效果好，能连续工作，兼有清洁空气的功能	设备复杂，初投资高，需具有高温热源，冷却水耗量大	适用于室内显热比小于60%，空气出口露点温度低于5℃，且除湿量较大的系统
固体除湿	利用某些固体物质表面的毛细管作用或相变时的蒸汽分压力差吸收空气中的水分	设备较简单，投资与运行费较低	减湿性能不太确定，并随使用时间的加长而下降，需再生	适用于除湿量小，要求露点温度低于4℃的场合
混合除湿	综合以上所列方法中的某几种而组成			

四、空气净化处理

（一）空气的净化

通常向空调房间送的"风"是室外空气（新风）和室内再循环空气（回风）的混合空气，由于室外环境存在各种污染源，会产生悬浮微粒、有害气体、臭味、细菌等固态、气态和微生物等污染物；室内环境也会因人及活动、家具、陈设、装饰装修、设备装置使用等产生类似污染物。

对于取自室外的新风和室内的回风，在送入空调房间前必须先进行除去它们所含污染物的净化处理，然后再用此洁净空气来置换或稀释空调房间内的空气，从而使空调房间的空气质量满足要求。根据生产要求和人们工作、生活的要求，通常将空气净化分为以下三类：

（1）一般净化

对于以温、湿度要求为主的空调系统，通常无确定净化控制指标的具体要求。大多数舒适性空调工程均属于这种情况，采用粗效过滤器一次滤尘即可。

（2）中等净化

对空气中悬浮微粒的质量浓度有一定要求，一般除用初效过滤器还应采用中效过滤器，实际上这是一般净化的发展要求。

（3）超净净化

随着超级精密加工技术的发展，对空气中悬浮微粒的大小和数量均有严格要求，通常以颗粒计数浓度为标准，具体数据可查相关资料。

（二）空气过滤器

1. 过滤器的分类

根据国家标准，空气过滤器按其过滤效率分为粗效（初效）、中效、高中效、亚高效和高效五种类型。其中，高效过滤器又细分为 A、B、C、D 四类。从粗效到亚高效统称为一般空气过滤器。工程中常见的有粗效、中效和高效过滤器。

（1）粗效过滤器

粗效过滤器的滤料多采用玻璃纤维、人造纤维、金属网丝和粗孔聚氨酯泡沫塑料等。粗效过滤器大多做成 500mm × 500mm × 500mm 的扁块。其安装方式多采用人字排列或倾斜排列，以减少所占空间，如图 1-21、图 1-22 所示。

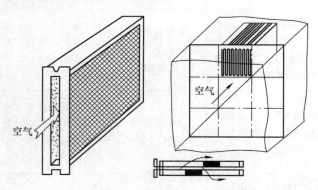

图 1-21　抽屉式玻璃纤维过滤器

粗效过滤器适用于一般的空调系统，对尘粒较大的灰尘（大于 $5\mu m$）可以有效过滤。在空气净化系统中，一般作为高效过滤器的预滤，起到一定的保护作用。

（2）中效过滤器

中效过滤器的主要滤料是玻璃纤维（比粗效过滤器的玻璃纤维直径小，约为 $10\mu m$）、人造纤维（涤纶、丙纶、腈纶等）合成的无纺布和中细孔聚乙烯泡沫塑料等。这种滤料一般可做成袋式和板式，如图 1-23 所示。中效过滤器用无纺布和泡沫塑料作滤料时可以清洗

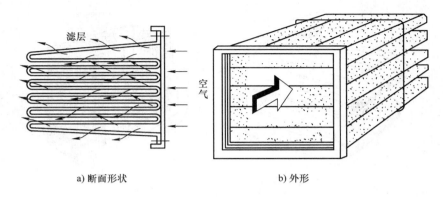

a) 断面形状   b) 外形

图 1-22　袋式泡沫塑料过滤器

后再次使用，而玻璃纤维过滤器则只能更换。中效过滤器主要用于过滤粒径大于或等于 1.0μm 的中等粒子的灰尘。在空气净化系统中用于高效过滤器的前级保护，也在一些要求较高的空调系统中使用。

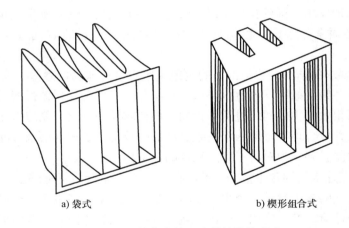

a) 袋式   b) 楔形组合式

图 1-23　无纺布中效过滤器的结构形式

（3）高效过滤器

高效过滤器的滤料一般是用超细玻璃纤维或合成纤维加工制成的滤纸。空气穿过滤纸的速度极慢（通常为每秒几厘米），因而为了增大过滤面积而将滤纸做成折叠状。常见的带折叠状的过滤纸如图 1-24 所示。近年来发展的无分隔片的高效过滤器为多折式，厚度较小，依靠在滤纸正、反面一定间隔处贴线（或涂胶）保持滤料间隙，便于空气通过。高效过滤器可过滤 0.5～1.0μm 的微粒子灰尘，同时还能有效滤除细菌，用于超净和无菌净化。高效过滤器在净化系统中作为三级过滤的末级过滤器。

除上述各种过滤器外，为了减少过滤器的工作量，并提高维护运转水平，在工程中还可以使用自动清洗的浸油过滤器；在空气净化中，还有采用湿式过滤、静电过滤等其他类型的过滤装置。此外，在国外空气过滤技术中，还可把不同过滤机理的空气过滤器组装在一起，以获得某一过滤效率，供工程选用。

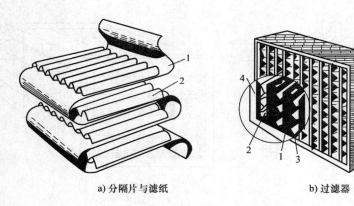

a) 分隔片与滤纸   b) 过滤器

图 1-24　高效过滤器的外形
1—滤纸　2—分隔片　3—密封胶　4—木外框

2. 过滤器的选择原则

一般情况下，最末级的空气过滤器决定送风的洁净程度，前端各级空气过滤器对最末级的空气过滤器起保护作用，可延长最末级空气过滤器的使用寿命，确保其正常工作。在选择空气过滤器时，必须全面考虑，根据具体情况合理选择合适的空气过滤器。其选择原则如下：

1) 根据室内要求的洁净净化标准，确定最末级空气过滤器的效率，合理地选择空气过滤器的组合级数和各级的效率。如室内要求一般净化，可以采用粗效过滤器；如室内要求中等净化，就应采用粗效和中效两级过滤器；如室内要求超净净化，就应采用粗效、中效和高效三级净化过滤，并应合理妥善地匹配各级过滤器的效率，若相邻两级过滤器的效率相差太大，则前一级过滤器就起不到对后一级过滤器的保护作用。

2) 正确测定室外空气的含尘量和尘粒特征。因为过滤器是将室外空气过滤净化后送入室内，所以室外空气的含尘量是一个很重要的数据。特别是在多级净化过滤处理中，选择预过滤器时要将使用环境、备件费用、运行能耗、维护与供货等因素综合考虑后作出决定。

3) 正确确定过滤器特征。过滤器的特征主要是过滤效率、阻力、穿透率、容尘量、过滤风速及处理风量等。在条件允许的情况下，应尽可能选用高效、低阻、容尘量大、过滤风速适中、处理风量大、制造安装方便、价格低的过滤器，这是在进行空气过滤器选择时综合考虑一次性投资和二次投资及能效比的经济性分析需要的。

4) 分析含尘气体的性质。与选用空气过滤器有关的含尘气体的性质主要是温度、湿度以及含酸碱及有机溶剂的数量。这是因为有的过滤器允许在高温下使用，而有的过滤器只能在常温、常湿下工作，并且含尘气体的酸碱及有机溶剂数量对空气过滤器的性能、效率都有影响。

一般净化要求的空调系统，选用一道粗效过滤器；

中等净化要求的空调系统，可设置粗、中效两道过滤器；

超净净化要求的空调系统，则应至少设置三道过滤器，第一、第二道为粗、中效过滤器。

各种空气过滤器一般均按额定风量或低于额定风量选用。

第四节　舒适性空调与环境评价

一、人体热平衡和舒适感

我们知道，人体靠摄取食物（如糖、蛋白质等碳水化合物）获得能量维持生命。食物在人体新陈代谢过程中被氧化分解，同时释放出能量。其中一部分直接以热能形式维持体温恒定（36.5℃），并散发到体外；其他为机体所利用的能量，最终也都转化为热能散发到体外。人体为维持正常的体温，必须使产热量和散热量保持平衡，人体热平衡式为

$$S = M - W - E - R - C \tag{1-24}$$

式中　S——人体蓄热量（W/m^2）；

　　　M——人体能量代谢率，决定于人体的活动量大小（W/m^2）；

　　　W——人体所作的机械功（W/m^2）；

　　　E——汗液蒸发和呼出的蒸汽所带走的热量（W/m^2）；

　　　R——穿衣人体外表面与周围表面间的辐射换热量（W/m^2）；

　　　C——穿衣人体外表面与周围环境之间的对流换热量（W/m^2）。

在正常情况下，人体蓄热量 S 应为零。这时，人体保持了能量平衡，人的热感觉良好，体温保持在36.5℃左右。当某种原因使得人体蓄热量 $S > 0$ 时，为了保持热平衡，人体会运用自身的自动调节机能来加强汗腺分泌，以增加蒸发散热来抵消外部环境对人体辐射换热和对流换热的影响。如果人体不能够及时补偿散热时，人体体温将迅速上升，余热量就会在体内蓄存起来，人体会感到很不舒适；体温增到40℃时，出汗停止；如不采取措施，则当体温上升到43.5℃时，人即死亡。

人体汗液的蒸发强度不仅与周围空气温度有关，而且还和空气相对湿度、空气流动速度有关。

在一定温度下，空气相对湿度的大小，表示空气中蒸汽含湿量接近饱和的程度。相对湿度越高，空气中蒸汽分压力越大，人体汗液蒸发量越少。所以，增加室内空气湿度，在高温时，会增加人体的热感。在低温时，由于空气潮湿增强了导热和辐射，会加剧人体的冷感。

周围空气的流动速度是影响人体对流散热和水分蒸发散热的主要因素之一。气流速度高时，由于提高了对流换热系数及湿交换系数，使对流散热和水分蒸发散热随之增强，也加剧了人体的冷感。

周围物体表面温度决定了人体辐射散热的强度。围护结构内表面温度高，人体增加热感；在同样的室内空气参数条件下，围护表面温度低则会增加冷感。在冷的空气环境中，人体散热增多。如果人体比正常热平衡情况多散出87W 的热量，则一个睡眠者将被冻醒。这时，人体皮肤平均温度相当于下降了2.8℃，人体感到不舒适，甚至会生病。

综上所述，人体冷、热感与组成热环境的室内空气温度、相对湿度、人体附近的空气流速、围护结构内表面及其他物体表面温度有关，同时还和人体活动量、衣着情况（衣服热阻）以及人的年龄有关。

二、有效温度图和舒适区

图1-25 所示为美国供暖、制冷、空调工程师学会（American Society of Heating，Refrig-

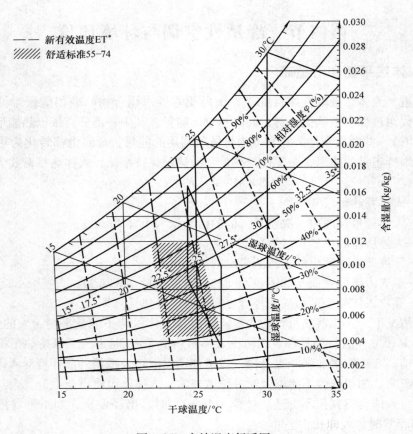

图 1-25 有效温度舒适图

erating and Air Conditioning Engineer，ASHRAE）给出的新的等效温度图。图中，斜向的一组虚线为等效温度线，它们的数值是在相对湿度 φ =50%的相对湿度曲线上标注的。例如，在干球温度为 25℃、相对湿度为 50%两线的交点通过的虚线就是 25℃等效温度线，该线上各个点所表示的空气状态的实际干球温度均不相等，相对湿度也不相同，但各点空气状态给人体的冷热感却相同，都相当于室内温度为 25℃、相对湿度为 50%时的感觉。这些等效温度是室内空气流速为 0.15m/s 时，对身着 0.6clo 的服装、静坐着的被试验人员实测所得。

这里 clo 是衣服的热绝缘系数（工程上常俗称为热阻）单位，1clo = 0.155m² · K/W。国外相关资料给出，内穿衬衣、外套、普通衣服，热阻为 1clo；正常冬服（室外穿）为 1.5 ~ 2.0clo；在北极地区的服装为 4.0clo。

图 1-25 中还给出了两块舒适区，一块是菱形面积，它是美国堪萨斯州立大学通过实验所得到的，另一块平行四边形面积是 ASHRAE 推荐的舒适标准 55 – 74 所绘出的舒适区。两者的实验条件不同，前者适用于身着 0.6 ~ 0.8clo 服装坐着的人，后者适用于身着 0.8 ~ 1.0clo 服装坐着但活动量稍大的人。两块舒适区重叠处则是推荐的室内空气设计条件。25℃等效温度线正好穿过重叠区的中心。

三、热环境评价指标 PMV 和 PPD

国际标准化组织（International Standard Organization，ISO）2005 年提出了评价和测量室

内热湿环境的新标准，ISO7730：2005《舒适热环境条件——表明热舒适程度的 PWV 和 PPD 指标》。在 ISO 7730：2005 标准中，以预期平均评价（Predicted Mean Vote，PMV）和预期不满意百分率（Predicted Percentage of Dissatisfied，PPD）指标来描述和评价热环境。该指标是由丹麦工业大学的 P. O. Fanger 首次提出的。其理论依据为：在稳态环境下，综合考虑了人体活动情况、着衣情况、空气温度、湿度、流速、平均辐射温度六个因素，以人体热平衡式为基础进行分析所得。

P. O. Fanger 收集了 1396 名美国与丹麦受试对象的冷热感觉资料，提出了表征人体热反应（冷热感）的预期平均评价（PMV）指标，其判断标准如下：

PMV = +3　热（hot）

PMV = +2　暖和（warm）

PMV = +1　稍暖和（slightlywarm）

PMV = 0　适中、舒适（neutral）

PMV = 1　稍凉快（slightlycool）

PMV = 2　凉快（cool）

PMV = 3　冷（cold）

由于人与人之间生理的差别，故用 PPD 指标来表示对热环境不满意的百分数，PPD 与热舒适指标 PMV 的关系可用下式和图 1-26 所示曲线表示。

$$PPD = 100 - 95\exp\left[-\left(0.03353PMV^4 + 2179PMV^2\right)\right]$$

$$(1-25)$$

ISO 7730：2005 对 PMV - PPD 指标的推荐值为：PPD < 10%；PMV 值要求范围为

$$-0.5 < PMV < 0.5$$

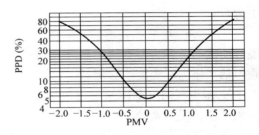

图 1-26　PPD 与 PMV 的关系

四、室内空气参数选取

1. 舒适性空调

对于舒适性中央空调室内设计参数的确定，除了要考虑室内参数综合作用下的人体热舒适条件外，还应依据室外气温、经济条件和节能要求进行综合考虑。根据我国国标 GB 50736—2012《民用建筑供暖通风与空气调节设计规范》中规定，舒适性空调室内计算参数如下：

室内空气温度和室内相对湿度

1）人员长期逗留区域空调室内设计参数，应符合表 1-6 中的规定。

表1-6　人员长期逗留区域空调室内设计参数

类别	热舒适度等级	温度/℃	相对湿度（%）	风速/（m/s）
供热工况	I 级	22 ~ 24	≥30	≤0.2
	II 级	18 ~ 22	—	≤0.2
供冷工况	I 级	24 ~ 26	40 ~ 60	≤0.25
	II 级	26 ~ 28	≤70	≤0.3

注：I 级热舒适度较高，II 级热舒适度一般。

2）人员短期逗留区域空调供冷工况室内设计参数宜比长期逗留参数提高 1～2℃，供热工况宜降低 1～2℃。短期逗留区域供冷工况风速不宜大于 0.5m/s，供热工况风速不宜大于 0.3m/s。

2. 工艺性空调

工艺性空调的室内计算参数是由生产工艺过程的特殊要求决定的。对于夏季室温和相对湿度低于舒适性空调的场所，在工艺条件允许的前提下，夏季尽量提高室温和相对湿度，这样可以节省设备投资和能源消耗，而且有利于工人健康。

各种建筑物内室内空气计算参数的具体规定详见 GB 50736—2012《民用建筑供暖通风与空气调节设计规范》。

本章小结

中央空调运行管理的首要任务就是创造出适合人体舒适感所要求的室内空气环境。湿空气既是空气环境的主体，又是空气调节的处理对象。因此，了解空气的物理性质，掌握空气热、湿处理的过程，并熟练使用空气的焓－湿图这一工具是十分重要的。本章重点介绍了以下内容：

1. 湿空气组成和物理性质。在空调工程中，空气或大气是由干空气和一定量的水蒸气混合而成的，称为湿空气。湿空气的物理性质可通过其状态参数进行描述。其中主要状态参数包括：压力、温度、含湿量、比焓等。

2. 湿空气焓－湿图及应用。湿空气焓－湿图可以直观地描述和确定湿空气的状态及其变化过程，避免繁琐的计算，是空调工程设计人员、运行管理人员必须熟练掌握重要工具之一。在空气压力一定的情况下，已知任意两个独立参数就可以通过空气焓－湿图确定湿空气的状态点，查出其余参数。通过压－焓图还可以确定湿空气的露点温度、湿球温度状态点；通过热湿比线确定空气的变化过程；最后，还可以准确得出两种空气混合后的空气状态点。

3. 空气处理过程。空气的热、湿处理过程可笼统地分为：空气的加热（冷却）处理过程、空气的加湿处理过程、空气的减湿处理过程。空气的净化处理主要是通过空气过滤器和其他辅助技术手段达到的。空气过滤器按其过滤效率分为粗效、初效、中效、亚高效和高效五种类型，其中前四种统称为一般过滤器。在无特殊要求舒适性空调系统中采用一般过滤器均能够满足要求。

4. 舒适性空调与环境评价。影响人体冷热感与组成热环境的室内空气温度、相对湿度、人体附近的空气流速、围护结构内表面及其他物体表面温度有关，同时还和人体活动量、衣着情况（衣服热阻）以及人的年龄有关。为此，通过实验制定了有效温度舒适图是指导舒适性空调节能运行的重要依据之一。建立在统计学基础上的热环境评价指标 PMV 和 PPD 是室内热湿环境的重要评价指标，也是确定我国中央空调室内设计参数的主要依据。

思考与练习题

1. 空气的状态参数有哪些？
2. 空气的露点温度和空调系统的露点温度是一回事吗？
3. 空气相对湿度与空气含湿量的区别和定义有哪些？
4. 湿空气的焓怎么定义，干空气和蒸汽的比定压热容是多少？

5. 如何用焓湿图来表示空气的湿球温度和空气的露点温度？

6. 空气焓湿图的组成和焓湿图的主要应用有哪些？

7. 空气加湿处理过程有哪几种，空气加湿处理方法有哪几种？

8. 等温加湿和等焓加湿的特点分别是什么？

9. 中央空调系统中空气的除湿方法主要有哪几种？其原理分别是什么？

10. 空气的净化处理过程分为哪几类，每种需要哪种过滤器进行处理？

11. 如何选择符合处理要求的过滤器？

12. 热环境评价指标 PMV 和 PPD 的判断标准是什么？

13. 对于舒适性中央空调室内设计参数是怎样选取的？

第二章

中央空调冷、热源

中央空调系统的冷（热）源有天然冷（热）源和人工冷（热）源两种。天然冷（热）源主要有地下水或深井水。一般情况下，在地面下一定深度，水的温度一年四季稳定在14～18℃，因此是良好的空调冷（热）源。但这种冷（热）源受到地理条件的限制，尤其是对一些地下水资源不够丰富的地区。对于大型中央空调系统利用天热冷（热）源，显然是受条件限制的。因此在大多数情况下，必须利用人工冷（热）源。目前，中央空调系统冷源主要由制冷机组提供；热源的提供主要以城市市政供暖、溴化锂空调机组和热泵机组为主。

中央空调制冷机组工作原理广泛采用的是，以电驱动为主的单级蒸汽压缩式制冷循环和溴化锂吸收式制冷循环。

第一节　基本概念和制冷剂性质图

一、基本概念

1. 温度

温度是用来标志物体冷热程度的物理量，反映分子运动的激烈程度。温度在数值上的表示称为温标。目前应用最为广泛的温标为摄氏度（℃），用符号 t 表示；华氏度（℉）用符号 Q 表示；热力学温度或称开尔文温度（K），用符号 T 表示，它们之间的换算关系如下：

$$T = t + 273.15$$

$$t = 32 + \frac{5}{9}Q$$

如，当温度为30℃时，热力学温度为303.15K，华氏度为86℉。

2. 压力

指单位面积上承受的垂直作用力（即压强），用符号 p 表示。在法定计量单位中，压力单位为 Pa（帕），$1Pa = 1N/m^2$。工程上由于 Pa 太小，常采用 kPa（千帕），MPa（兆帕）作为压力的单位，它们之间的关系为

$$1MPa = 10^3 \, kPa = 10^6 Pa$$

除了法定计量单位外，常用压力单位换算见表2-1。

表 2-1　常用压力单位换算表

单位名称	牛顿/米²（N/m²）（帕 Pa）	公斤力/米²（kgf/m²）	公斤力/厘米²（kgf/cm²）	巴（bar）	标准大气压（atm）	毫米水柱（mmH₂O）	磅力/英寸²（lbf/in²）
牛顿/米²（N/m²）（帕 Pa）	1	10.1972×10^{-2}	10.1972×10^{-6}	1×10^{-5}	0.9869×10^{-5}	0.101972	145.038×10^{-6}
公斤力/米²（kgf/m²）	9.80665	1	1×10^{-4}	9.80665×10^{-5}	9.678×10^{-5}	1×10^{-8}	0.00142233
公斤力/厘米²（kgf/cm²）	98.0×10^{3}	1×10^{4}	1	0.980665	0.967841	10×10^{3}	14.2233
巴（bar）	1×10^{5}	1.01972×10^{4}	1.01972	1	0.986923	10.1972×10^{3}	14.5038
标准大气压（atm）	1.013×10^{5}	1.03323×10^{4}	1.03323	1.01325	1	10.332×10^{3}	14.6959
4℃时毫米水柱（mmH₂O）	9.807	1	1×10^{-4}	9.80665×10^{-5}	9.6784×10^{-5}	1	1.42233×10^{-3}
磅力/英寸²（lbf/in²）	6.895×10^{3}	703.072	0.0703072	0.0689476	0.0680462	703.072	1

注：相对压力或表压力值的大小等于绝对压力与当地大气压之差。

二、制冷技术

通俗地讲，"制冷"是指利用人工技术，将物体或某空间的温度降低到低于周围环境的温度，并使之维持在这一低温的过程。

（一）液体汽化制冷原理

目前，最为广泛使用的制冷原理是利用液体汽化吸热。以单级蒸汽压缩式制冷为例，其系统构成如图 2-1 所示，系统主要是由压缩机、冷凝器、蒸发器和节流机构（膨胀阀或毛细管）四大部件构成。四大部件通过管路连接，并在系统内充注易挥发的工质，即制冷剂，这就是基本的制冷循环系统。

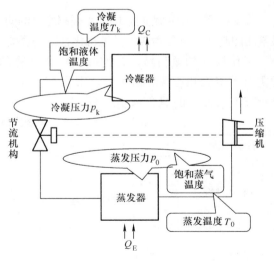

图 2-1　液体汽化制冷原理图

其工作原理如下：压缩机消耗一定的电能吸入低温、低压的气态制冷剂，经压缩后成为高温、高压的过热蒸气，之后进入冷凝器，向外界放出冷凝热量 Q_C，成为高压、低温的液体制冷剂。液体制冷剂经节流机构（如膨胀阀或毛细管）节流降压后进入蒸发器，制冷剂在蒸发器中吸收了制冷空间的热量 Q_E 实现了制冷，制冷剂也相变为低温、低压的气态制冷剂完成一次循环。

如图 2-1 所示，冷凝器中的冷凝过程近似为一个等压过程，其中的制冷剂对应的压力称为冷凝压力，在冷凝压力下所对应的饱和温度称为冷凝温度。同理，蒸发器中的沸腾换热过程也可近似为一个等压过程，其中的制冷剂对应的压力称为蒸发压力，在蒸发压力下所对应的饱和温度称为蒸发温度。

（二）热力性能评价

液体汽化制冷方法实质上是热量由"低温热源"向"高温热源"转移的"逆向传热过程"。如图2-2所示，热力系统以消耗的高位能 E 为代价，从低温热源 T_L 吸收了 Q_E 的热量，连同消耗的高位能 E 一起将热量传递给高温热源 T_H。

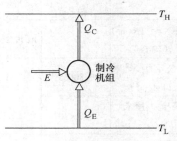

图2-2　制冷系统的基本能量

如果热力循环的起始和终了状态相同，根据热力学第一定律，在一定时间内传递的热量与功量应当满足下列方程：

$$Q_E + E = Q_C \tag{2-1}$$

根据热力学第二定律，热量由低温传递到高温，功不能为零。因此，系统制冷系数 ε_1 及制热系数 ε_2 必然存在最大值，且只有上述系统中的各热力过程均可逆时，等式才会成立，有

$$\varepsilon_1 = \frac{Q_E}{E} \leqslant \frac{T_E}{T_H - T_E} \tag{2-2a}$$

$$\varepsilon_2 = \frac{Q_C}{E} \leqslant \frac{T_H}{T_H - T_E} \tag{2-2b}$$

三、制冷剂的定义和分类

在制冷系统中不断地循环以实现制冷目的的工作物质称为制冷剂。目前，在中央空调机组中最常用的制冷剂可分为四类：无机化合物、烃类、卤代烃、混合溶液。其命名方法见表2-2。

卤代烃（如氟利昂）是饱和碳氢化合物的氟、氯、溴衍生物的总称。目前用作制冷剂的主要是甲烷和乙烷的衍生物。混合溶液类制冷剂是指由两种（或以上）制冷剂按一定比例相互溶解而成的混合物制冷剂。

表2-2　常用制冷剂的分类和命名方法

制冷剂种类	命名方法	举　例	备　注
无机化合物	R7×× （××为无机化合物分子量）	NH_3——R717 CO_2——R744 H_2O——R718	最常见制冷剂为氨、二氧化碳和水
卤代烃（如氟利昂）	R $\boxed{m-1}$（为0时省略）; R $\boxed{n+1xBz}$（z 为0时可与B一起省略）	一氯二氟甲烷分子 CHF_2Cl——R22 一溴三氟甲烷分子 CF_3Br——R13B1 三氟三氯乙烷分子 $C_2F_3Cl_3$——R113	按分子式 $C_mH_nF_xCl_yBr_z$ 结构命名

（续）

制冷剂种类		命名方法	举例	备注
烃类（碳氢化合物）	烷烃类	烷烃类命名方法与氟利昂相同（丁烷例外，为R600）	CH_4——R50 C_2H_6——R170 C_3H_8——R290	甲烷CH_4，乙烷C_2H_6，丙烷C_3H_8
	链烯烃类	烯烃类命名方法：R后先写上"1"，再按氟利昂方法命名	C_2H_4——R1150 C_3H_6——R1270	乙烯C_2H_4，丙烯C_3H_6
混合溶液	共沸溶液	R5××（××为发现的顺序）	R500 R501 R502 ⋮ 509 R37	在压力不变的情况下蒸发温度或冷凝温度不变，气、液相组分相同
	非共沸溶液	R4×× （××为发现的顺序）	R400 R401 R402 ⋮ R407	在压力不变的情况下，蒸发或冷凝温度变化随着气、液相组分不同而变化

四、制冷剂压–焓图

在制冷工程中，为了描述制冷剂的相态变化和制冷系统的性能影响。最常用的热力图就是制冷剂的压–焓图，如图2-3所示。该图纵坐标是绝对压力的对数$\lg p$，横坐标是比焓h。

1. 临界点K和饱和曲线

临界点K为两根粗实线（$X=0$和$X=1$）的交点。在该点，制冷剂的液态和气态差别消失。

点K左边的粗实线为饱和液体线，在饱和液体线上任意一点的状态，均是相应压力的饱和液体。

点K的右边粗实线为饱和蒸气线，在饱和蒸

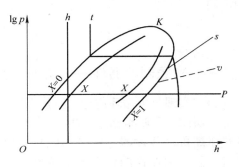

图2-3　制冷剂压–焓图

气线上任意一点的状态均为饱和蒸气状态，或称干蒸气。

2. 三个状态区

饱和液体线左侧称为过冷液体区，该区域内的制冷剂温度低于该压力下的饱和温度；

饱和蒸气线右侧称为过热蒸气区，该区域内的蒸气温度高于该压力下的饱和温度；

饱和液体线和饱和蒸气线之间构成的区域称为湿蒸气区，即气液共存区。该区内制冷剂处于饱和状态，压力和温度为一一对应关系。在制冷机中，蒸发与冷凝过程主要在湿蒸气区进行，压缩过程则是在过热蒸气区内进行。

3. 六组等参数线

制冷剂的压–焓（$\lg p-h$）图中共有八种线条：

等压（即$\lg p$）线、等焓（即Enthalpy）线、饱和液体（即Saturated Liquid）线、等熵（即Entropy）线、等体积（即Volume）线、干饱和蒸气（即Saturated Vapor）线、等干度

（即 Quality）线和等温（即 Temperature）线。

（1）等压线 p

与横坐标轴平行的水平细实线均是等压线，同一水平线的压力均相等。

（2）等焓线 h

与横坐标轴垂直的细实线为等焓线，凡处在同一条等焓线上的工质，不论其状态如何比焓值均相同。

（3）等温线 t

等温线在不同的区域变化形状不同，在过冷区等温线几乎与横坐标轴垂直；在湿蒸气区却是与横坐标轴平行的水平线；在过热蒸气区为向右下方急剧弯曲的倾斜线。

（4）等熵线 s

自左向右上方弯曲的细实线为等熵线。制冷剂的压缩过程沿等熵线进行，因此过热蒸气区的等熵线用得较多。在 $\lg p - h$ 图上，等熵线以饱和蒸气线作为起点。

（5）等体积线 v

自左向右稍向上弯曲的虚线为等比体积线。与等熵线比较等比体积线要平坦些，常用等比体积线查取制冷压缩机吸气点的比容值。

（6）等干度线 X

从临界点 K 出发，把湿蒸气区各相同的干度点连接而成的线为等干度线。它只存在于湿蒸气区。

上述六个状态参数（p、h、t、s、v、x）中，只要知道其中任意两个状态参数值，就可确定制冷剂的热力状态。在 $\lg p - h$ 图上确定其状态点，可查取该点的其余 4 个状态参数。

第二节　单级蒸气压缩式制冷循环

一、理想制冷循环——逆卡诺循环

为了实现热力循环制冷、制热系数的最大值，即使得式（2-2a）、式（2-2b）符号两端相等。法国工程师卡诺于 1824 年设想了一个理想的湿蒸气逆卡诺热力循环。该热力系统由绝热压缩机、蒸发器、绝热膨胀机、冷凝器组成。制冷剂在这四台设备中依次循环。图 2-4 给出了逆卡诺循环的四个工作过程的 $T - S$ 图。这四个过程分别为

1—2 绝热压缩过程　在绝热压缩机中完成，制冷剂温度由 T_L 上升到 T_H 与外界无热量交换，压缩机消耗功为面积 E。

2—3 等温等压的凝结过程　在等温冷凝器中完成，制冷剂向高温热源释放热量 Q_C，与外界无功量交换；

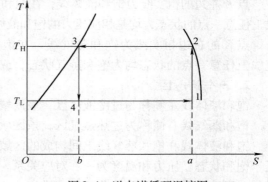

图 2-4　逆卡诺循环温熵图

3—4 绝热膨胀过程　在绝热膨胀机中完成，制冷剂温度由 T_H 下降到 T_L，膨胀时对外界做功，但与外界无热量交换；

4—1 等温等压的换热过程　在等温蒸发器中完成，从低温热源吸取热量 Q_E。

制冷剂经上述过程后恢复到原来状态，热力循环均在制冷工质的湿蒸气区完成。工作结果向低温热源吸收了热量 Q_E，向高温热源释放了热量 Q_C，同时外界消耗了功 E。图中，面积 1—2—3—4—1 代表净输入功，面积 2—3—b—a—2 代表系统向高温热源释放的能量，面积 1—4—b—a—1 代表系统从低温热源吸收的能量。

（一）理想循环——逆卡诺循环特点

1）所有过程均在理想状态下进行，所有过程均可逆，制冷剂在系统中均无摩擦；

2）制冷剂与高温热源及低温热源的传热都是无温差传热；

3）逆卡诺循环的制热系数与制冷系数只与高温热源和低温热源的温度有关，而与制冷剂无关；

4）在高温热源与低温热源的制冷循环中，逆卡诺循环制热系数、制冷系数最大。

（二）湿蒸气逆卡诺循环不能用于实际循环的原因

1）由于无温差传热（即需要换热面积无限大）的不可能性，因此在实际循环中，需要制冷剂的蒸发温度低于低温热源的温度，冷凝温度高于高温热源温度；

2）膨胀机不易制造，这是因为状态点 3 是液体，其比体积为蒸气比体积的几十分之一，而系统中各质量流量都是一样的，因此要求膨胀机的尺寸很小，难以实现，同时机械损耗会很大；

3）由于液体的不可压缩性，湿蒸气压缩可能会引起压缩机"液击"，造成压缩机的损坏。

（三）逆卡诺循环理论的实际意义

逆卡诺循环与卡诺定理在热力学研究中具有重要的意义。它解决了制冷循环热效率的极限值问题，并从原则上提出了提高制冷循环效率的途径。在相同的高温热源与低温热源之间，卡诺循环热效率最高，即制热系数与制冷系数最大，一切其他实际循环，均低于卡诺循环的热效率。它是实际制冷（热泵）循环的目标，是改进的方向。

【**例 2-1**】 有一个逆卡诺循环制冷机组，工作于 40℃ 的高温热源与 5℃ 的低温热源之间，试求其制冷系数和制热系数？

解：根据式（2-2a）和式（2-2b），制冷系数 ε_1 为

$$\varepsilon_1 = \frac{T_E}{T_H - T_E} = \frac{5 + 273.15}{40 - 5} = 7.95$$

制热系数 ε_2

$$\varepsilon_2 = \frac{T_H}{T_H - T_E} = \frac{40 + 273.15}{40 - 35} = 8.95$$

二、饱和蒸气制冷循环

如果使制冷剂在蒸发器中全部汽化成饱和蒸气，则压缩机吸入饱和蒸气，压缩过程在过热蒸气区中进行，并且从蒸发压力 p_o 一直压缩到冷凝压力 p_k。另外，膨胀机由节流机构（如热力膨胀阀或毛细管）所代替。在冷凝器的出口，即节流机构的进入口，制冷剂控制在饱和液态。同时，认为压缩过程和节流结构节流过程为绝热过程。这样由两个绝热过程，两个等压过程（忽略管路及换热器等设备的阻力损失）所构成的热力循环就形成了制冷的理论饱和蒸气循环。

（一）饱和蒸气制冷循环热力过程分析

把饱和蒸气理论循环表示在热力性质图上，如图 2-5、图 2-6 所示。对热力过程简述如下：

1—2 是制冷剂在过热蒸气区中的绝热等熵压缩过程，压力由蒸发压力 p_o 压缩到 p_k，压缩后的排气温度大于冷凝温度 $T_p > T_k$。

2—3 为制冷剂在冷凝器中等压放热过程，其中 2—2′ 是由过热蒸气等压冷却到饱和蒸气的过程，温度由 T_p 降低到 T_k；2′—3 是等压下的凝结过程，温度保持不变，凝结到饱和液体。

3—4 为膨胀阀中的绝热节流过程，根据稳定流动能量方程式，节流前后的比焓相等。节流后压力由 p_k 降低到 p_o，温度由 T_k 降低到 T_o。

4—1 为制冷剂在蒸发器中等压沸腾吸热过程，制冷剂由湿蒸气蒸发到饱和蒸气，温度保持不变。

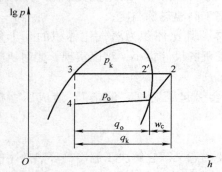

图 2-5　饱和蒸气理论 $\lg p - h$ 循环图

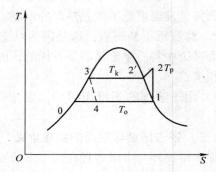

图 2-6　饱和蒸气理论循环 $T - S$ 图

从图 2-5 所示的饱和蒸气理论循环 $\lg p - h$ 图，能更清楚地反映出循环中的热功数量关系。蒸发器中等压吸热过程，单位质量制冷剂的制冷能力（kJ/kg）为

$$q_o = h_1 - h_4 \tag{2-3}$$

冷凝器中等压放热过程，单位质量制冷剂的制热量（冷凝负荷）（kJ/kg）为

$$q_k = h_2 - h_3 \tag{2-4}$$

单位质量制冷剂在压缩机中被绝热压缩时，压缩机的耗功量（kJ/kg）为

$$w_c = h_2 - h_1 \tag{2-5}$$

节流前后，制冷剂的比焓（kJ/kg）不变，即

$$h_3 = h_4 \tag{2-6}$$

由于在压焓图上比焓是用水平线段长度表示的，故可以从图 2-5 所示得出压缩机耗功量（kJ/kg）为

$$w_c = q_k - q_o \tag{2-7}$$

在 $T - S$ 图上 w_c 单位压缩功可以认为是面积 1—2—3—0—4—1。

（二）饱和蒸气制冷循环参数计算

饱和蒸气制冷循环的热力计算是根据所确定的蒸发温度、冷凝温度、液态制冷剂的再冷度和压缩机的吸气温度等已知条件，求出各状态参数，可以计算下列数值。

1. 单位质量制冷剂制冷能力 q_o 和单位容积制冷能力 q_v

单位容积制冷能力（kJ/m^3）是指压缩机吸入 $1m^3$ 制冷剂所产生的冷量，即

$$q_v = \frac{q_o}{v_1} = \frac{h_1 - h_4}{v_1} \tag{2-8}$$

式中　v_1——压缩机入口气态制冷剂的比体积（m^3/kg）。

2. 制冷（热泵）系统中制冷剂的质量流量 M_r（kg/s），以及体积流量 V_r ［即压缩机每秒钟吸入气态制冷剂的体积量（m^3/s）］

质量流量为

$$M_r = \frac{\phi_o}{q_o} \tag{2-9}$$

$$V_r = M_r v_1 = \frac{\phi_o}{q_v} \tag{2-10}$$

式中　ϕ_o——制冷（热泵）系统的制冷量（kJ/s 或 kW）。

3. 冷凝器的制热量（热负荷）ϕ_k（kW）

$$\phi_k = M_r q_k = M_r(h_2 - h_3) \tag{2-11}$$

4. 压缩机的理论功耗 P_{th}（kW）

$$P_{th} = M_r w_c = M_r(h_2 - h_1) \tag{2-12}$$

5. 理论供热系数 ε_{th}

$$\varepsilon_{th} = \frac{\phi_k}{P_{th}} = \frac{q_k}{w_c} = \frac{h_2 - h_3}{h_2 - h_1} \tag{2-13}$$

（三）饱和蒸气制冷循环与逆卡诺循环的比较

饱和蒸气制冷循环与湿蒸气逆卡诺循环存在以下几点差异：

1）饱和蒸气制冷循环所有的传热过程都是在有温差的条件下进行的。即，制冷系统的冷凝温度高于高温热源温度（即冷却介质的温度）；系统的蒸发器的蒸发温度低于低温热源的温度（即冷冻介质温度）。

2）饱和蒸气制冷循环的压缩过程在过热蒸气区中进行，从而避免了湿压缩的弊端。

3）饱和蒸气制冷循环取消了膨胀机，改用了节流机构，使得制冷系统大大地简化。

3）饱和蒸气制冷循环的蒸发器、冷凝器中的过程都是等压过程，而在湿蒸气区中的逆卡诺循环既是等压过程，又是等温过程。

为了便于分析比较两种循环，图 2-7 给出了两种热力循环的温熵图。两种循环都是工作在 T_e、T_c 之间。其中 1—2—3—4—1 是饱和蒸气制冷循环，1—2′—3—4′—1 是带有温差的逆卡诺循环。从图中可以看出，饱和蒸气制冷循环比逆卡诺循环多耗的功为面积 $A_1 + A_2$，而单位制冷量减少了面积 A_3。造成单位压缩功增加的原因有两个：一是饱和蒸气制冷循环采用干压缩，并一直干压缩到冷凝压力，从而多耗了功 A_1；二是由于采用了膨胀阀代替了膨胀机，从而使原来膨胀机获得

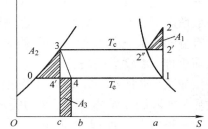

图 2-7　饱和蒸气制冷循环和逆卡诺循环在 $T-S$ 图上的比较

的功 $A_2 = h_3 - h_4'$ 未得到利用。同时，由于 $h_3 = h_4$，很容易推出 $A_2 = A_3$。

由以上分析可知，饱和蒸气制冷循环的制热系数和制冷系数总是比逆卡诺循环（有传热温差）的制热系数和制冷系数小，通常用循环效率来衡量各种制冷热力循环接近逆卡诺循环（有传热温差）的程度，循环效率定义为

$$\eta_R = \varepsilon/\varepsilon_c < 1 \qquad (2\text{-}14)$$

式中　ε——饱和蒸气制冷循环的制冷系数；

　　　ε_c——逆卡诺（有传热温差）循环的制冷系数。

在制冷技术中，通常把由于采用干压缩并压缩到冷凝压力，而使功耗增加和制冷量减小的损失称为过热损失；把由于采用节流机构代替膨胀机后的功耗增加和制热系数减小的损失称为节流损失。

过热损失和节流损失表示了饱和蒸气制冷循环对比逆卡诺循环在能量方面的损失。如图2-7所示，过热损失和节流损失都与制冷剂的性质有关。制冷剂的饱和蒸气线的斜率一般为负，当斜率的绝对值越小（即越平缓），则制冷剂压缩后的终点状态离饱和线越远，则 A_1 越大，过热损失越大，排气温度就越高。饱和液线的斜率越小（即越平缓），则 A_2（A_3）越大，节流损失越大；反之，饱和液线的斜率越大（即越陡），则 A_2（A_3）越小，节流损失越小。应当指出，各种制冷剂的节流损失与过热损失并不相同，一般为几倍到几十倍。

三、实际制冷循环

如上所述，无论是湿蒸气逆卡诺循环还是饱和蒸气制冷循环，都是在忽略了各种损失后的理论循环。实际循环与理论循环的差别主要有两大因素造成：一是系统中制冷剂（工质）与外界的无组织的热交换；二是系统中工质（制冷剂）流动阻力，包括系统摩擦阻力和局部阻力。

由于制冷工质（制冷剂）在换热设备（冷凝器和蒸发器）的流动阻力，必然导致在换热器中的非等压过程。同样，在吸、排气管路及高压液管上也存在流动阻力，也必然造成压力损失；又由于存在冷、热源或周围环境的温度差，必然使得传热发生，这就导致了节流前过冷与压缩机吸入口蒸气过热的现象发生。

在实际的制冷热力循环中，为了保证热力膨胀阀的稳定运行及减少由于节流阀代替膨胀机的节流损失，通常要在节流阀前设置过冷器，使进入节流阀前的制冷剂具有一定的过冷度，这样可以提高制冷循环的效率。同理，为了保证压缩机的运行安全，避免"湿压缩"，压缩机吸气口前的制冷剂应具有一定的过热度。一般情况下，具有一定的吸气过热度对制冷系统是有益的，但过热度的增加必须加以限制，否则压缩机排气温度会很高。

如图2-8所示，在 $\lg p - h$ 图上，对饱和蒸气循环和实际制冷循环进行了热力循环比较。图中，1—2—3—4—1 为理论循环，1′—1″—1‴—2′—2″—2‴—3—3′—4′—1′为实际循环。1′—1″表示制冷压缩机吸入管内的由摩擦阻力引起的压力降和吸气过热损失；1″—1‴表示过热蒸气进入压缩机

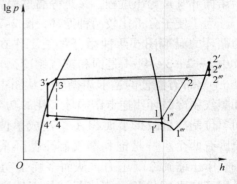

图2-8　实际制冷循环 $\lg p - h$ 图

后由吸气阀等引起的压力降和蒸气过热；1‴—2′表示压缩机实际的压缩过程；2′—2″表示蒸

气通过排气阀等的压力降与传热；2″—2‴表示排气管中的压力降与传热；2‴—3表示冷凝器中的实际过程；3—3′表示在高压液体管中的过冷与压力降；4′—1′表示蒸发器中的实际过程。

第三节　单级蒸气压缩式制冷循环的工况分析

制冷系统或制冷设备的工作参数有蒸发温度、蒸发压力、冷凝温度、冷凝压力、过冷温度、吸气温度、过热度等，常称为制冷（或热泵）设备的运行工况。

一、过冷度对制冷循环系统的影响

在热泵或制冷技术中，一般把饱和液体进一步冷却成未饱和液体称为过冷，未饱和的液体称为过冷液体，过冷液体的温度称为过冷温度，把液态的饱和温度与过冷温度之差称为过冷度。

节流损失和过热损失是使制冷循环偏离逆卡诺循环的主要原因。若要提高制冷循环的制冷系数、制热系数，应当首先从减少节流损失和过热损失着手。

从图2-9所示的压焓图上可以看出，制冷剂过冷度是在近似等压过程中进行的，若蒸发器出口仍为饱和状态时，即点1状态点不变，系统功耗不变，而系统工质单位质量制热量增加了 Δh_3（$\Delta h_3 = h_3 - h_{3'}$），单位质量制冷量增加了 Δh_4（$\Delta h_4 = h_4 - h_{4'}$）。此外，液体过冷后，还保证了膨胀阀前液体不会汽化，有利于膨胀阀的正常工作。从图2-10所示的温熵图上还可以看出，饱和蒸气制冷循环的节流损失为4—b—c—5—4的面积，而当采取过冷时节流损失减低到4′—d—c—5—4′的面积。

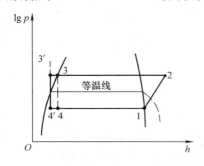

图2-9　节流前过冷循环 $\lg p - h$ 图

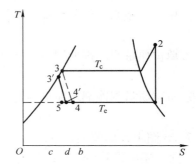

图2-10　节流前过冷循环 $T - S$ 图

应当指出，过冷却措施只是减少了节流损失中的制冷量损失，而对节流损失中的功耗增加，即膨胀功的浪费，并无作用。对于不同的制冷剂采取节流过冷却所得好处是不相同的，对于节流损失相对较大的制冷剂进行节流阀前过冷却效果会更好一些。

由此可得到一个重要的结论，在制冷循环中，有一定的过冷度对系统热力循环效率总是有利的。即，制冷剂过冷度 $\Delta t_{s,c}$ 越大，系统单位质量制冷量、制热量、制冷系数、制热系数越大。应当指出，并不是说制冷剂液体过冷度越大越好。尤其是对于制冷循环的供热而言，因为这时就会使得冷凝器或再冷却器与冷却介质（水或空气）传热温差减小，从而降低换热效率，增加了系统初投资的费用。

二、吸气过热对制冷循环的影响

对于饱和蒸气制冷循环，假定了压缩机吸气口处的吸入蒸气（简称吸气）是饱和蒸气。实际上，吸气往往是过热蒸气。吸气少量过热对压缩机的工作较为有利，这样可以保证压缩机不会吸入液滴，从而保证了压缩机的运行安全。

图 2-11 和图 2-12 所示分别为吸气过热的制冷循环在 $\lg p - h$ 图和 $T - S$ 图上的表示，图中，1′—2′—3—4—1′是饱和蒸气制冷循环，1—2—3—4—1 是吸气过热后的制冷循环。吸气过热是等压过程，在 $\lg p - h$ 图上，吸气过热是在等压线 4—1′的延长线上，即线段 1′—1；在 $T - S$ 图上是一上翘的曲线段 1′—1。压缩机吸气状态点是制冷系统的蒸发压力和吸气温度的等温线上的交点。

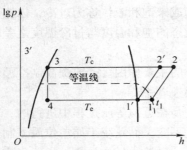

图 2-11　吸气过热的制冷循环
在 $\lg p - h$ 图上的表示

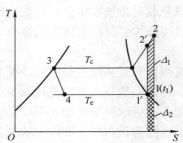

图 2-12　吸气过热的制冷循环
在 $T - S$ 图上的表示

从 $\lg p - h$ 图不难看出，吸气过热后，系统满足下列方程：

（1）单位质量制冷剂的制冷量增加量（kJ/kg）

$$\Delta q_o = h_1 - h_{1'} \tag{2-15}$$

（2）单位质量制冷剂的制热量增加量（kJ/kg）

$$\Delta q_k = h_2 - h_{2'} \tag{2-16}$$

（3）单位质量制冷剂压缩机的耗功增量（kJ/kg）

$$\Delta w_c = (h_2 - h_1) - (h_{2'} - h_{1'}) \tag{2-17}$$

在 $T - S$ 图上，单位质量制冷剂的制冷量和制热量增加了 Δq_o、Δq_k，即面积 A_2 和面积 $A_1 + A_2$。同时还可以看出，压缩机排气温度上升，吸气过热使单位压缩功增加了 Δw_c，即面积 A_2。由于吸气过热使得制冷量、制热量和压缩功均增加，使得单位制冷剂循环制热系数也会有变化，变化趋势取决于制冷剂的性质。此外，吸气过热度对吸气比体积也有一定的影响，当吸气过热度增加时，吸气比体积也随之增加；在压缩机排气量一定的条件下，输气量必然减少，尽管单位制热量增加了，但当过热度较大时仍可能导致制冷（热）量的减少。

三、蒸发温度和冷凝温度变化对制冷循环系统的影响

制冷设备性能系数（Coefficient of Performance，COP）是用以衡量其热力经济性的指标。COP 指其收益（制热量或制冷量）与其代价（所耗机械功率或热功率）的比值。COP 定义为

$$\mathrm{COP} = \frac{Q}{E} \qquad (2\text{-}18)$$

式中　Q——制热量或制冷量（kW）;

　　　E——输入的机械功率或热功率（kW）。

（一）冷凝温度变化对制冷循环性能的影响

当蒸发温度保持不变，冷凝温度由 T_k 降低到 T_k' 时，分析制冷循环的热力循环如图 2-13 所示。图中，制冷循环由原来的 1—2—3—4—1 成为 1—2'—3'—4'—1，可以看出单位质量制冷剂压缩机功耗有所降低，而机组的制冷量却增加了，同理可以推出制冷循环系统的制冷系数和制热系数，都会有所提高。

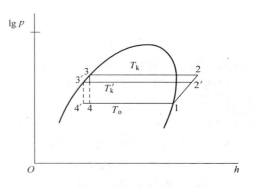

图 2-13　冷凝温度对制冷机组的影响压焓图

尽管降低制冷循环的冷凝温度可以提高系统循环性能，但在实际应用中，冷凝器出口温度不可能无限降低，它必然受到周围环境或换热介质温度的限制。

（二）蒸发温度变化对制冷循环系统性能的影响

在分析蒸发温度对循环性能的影响时，也首先假定冷凝温度保持不变。对于一般的制冷剂（如 R12、R22、R134a 等制冷剂）而言，蒸发温度升高时的压焓图和温熵图，如图 2-14 所示，当蒸发温度由 T_o 升高到 T_o' 时，循环由原来的 1—2—3—4—1 变为 1'—2'—3—4'—1'。这时压缩机吸入口的焓值增加，因此单位质量制冷量增加，而压缩机功耗降低（图 2-14b 所示 $T\text{-}S$ 图中的 11'4'41 面积）。因此系统的过热损失减少，系统循环效率提高，制冷系数、制热系数随着蒸发温度的提高而增大。此外，由于蒸发温度提高，使得进入压缩机入口的制冷剂比体积减少，从而使得单位体积制冷量和制热量有所增加。

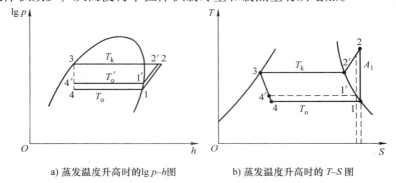

a) 蒸发温度升高时的 $\lg p\text{-}h$ 图　　　　b) 蒸发温度升高时的 $T\text{-}S$ 图

图 2-14　蒸发温度升高时的压焓图和温熵图

同理，在实际应用中，蒸发温度也不可能无限升高，也要受到换热介质（或称载冷剂）温度的限制。

（三）蒸发温度变化与冷凝温度变化对制冷循环性能影响的对比

下面从数学角度分析一下理想制冷循环，即逆卡诺循环，其冷、热源温度（蒸发温度、冷凝温度）温度对 COP 的影响。由式（2-2b），制热时 COP 的表达式可以写为

$$COP = \frac{T_H}{T_H - T_L} \qquad (2\text{-}19)$$

将式（2-19）对 T_L 求导得

$$\frac{\partial COP}{\partial T_L} = \frac{T_H}{(T_H - T_L)^2} \qquad (2\text{-}20)$$

从式（2-20）可以看出 $\partial COP/\partial T_L$ 恒大于零，说明性能系数 COP 随冷源温度 T_L 的升高而增大，随 T_L 的降低而减小。

将式（2-19）对 T_H 求导得

$$\frac{\partial COP}{\partial T_H} = -\frac{T_L}{(T_H - T_L)^2} \qquad (2\text{-}21)$$

从式（2-21）看出，$\partial COP/\partial T_H$ 恒小于零，说明性能系数 COP 随热源温度 T_H（冷凝温度）的升高而减小，随 T_H 的降低而增大。

比较式（2-20）和式（2-21）可知 $|\partial COP/\partial T_L| > |\partial COP/\partial T_H|$，这说明低温热源（蒸发温度）的温度对 COP 的影响高于高温热源（冷凝温度）的温度对 COP 的影响。

第四节　中央空调制冷机组

制冷机组就是将制冷系统中的部分设备或全部设备配套组装在一起，成为一个整体。中央空调制冷机组按照换热设备（冷凝器或蒸发器）的换热介质不同，划分为空气源制冷机组和水冷式制冷机组。对于大型中央空调系统，由于热容量较大，普遍采用水冷式制冷机组。中央空调制冷机组按照压缩机的形式不同，可分为活塞式冷水机组、螺杆式冷水机组和离心式冷水机组。本节将介绍几种目前市场上普遍使用的典型制冷机组。

一、活塞式冷水机组

在空调工况中，制冷量在 60~580kW 的中、小制冷量范围内，活塞式冷水机组被广泛应用。

活塞式压缩机在工作时，通过活塞在气缸中做往复运动，由阀板上的吸气阀片和排气阀片的开、闭实现制冷剂的吸气、压缩、排气过程，因此也将此类压缩机称为往复式压缩机。

图 2-15 所示为典型的活塞式冷水机组的系统。由图可知，活塞式冷水机组除装有压缩机、卧式壳管式冷凝器、热力膨胀阀和干式蒸发器四大部件外，还装设有干燥过滤器、视液镜、电磁阀等辅助设备，以及高低压保护器、油压差保护器、温度控制器、水流开关和安全阀等控制保护装置。整个制冷设备安装在底架上，连接冷却水和冷冻水管以及电动机电源就可进行调试使用。机组的自控装置包括冷冻水供水或回水温度的控制，以及制冷系统的高低压力、缺水、缺油等保护。常用的制冷剂为 R22，也有 R134a、R407C 等替代工质。冷凝器和蒸发器可采用高效传热管，提高换热效果。

目前，活塞式冷水机组常为多机头机组，通过起停压缩机的方法实现冷量调节。活塞式冷水机组最常见机型为开利 HK 和 HR 系列。其中，HK 系列机组可提供 110~370kW 的制冷量，HR 系列制冷量范围为 438~950kW。图 2-16 所示为开利 30HK 典型接线和接管示意图，两系列机组外形如图 2-17 所示。

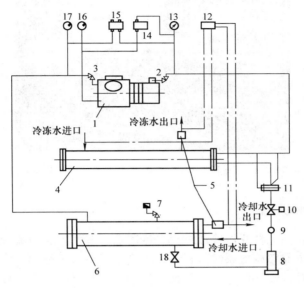

图 2-15 活塞式冷水机组

1—压缩机 2—吸气阀 3—排气阀 4—蒸发器 5—水流开关 6—冷凝器 7—安全阀 8—干燥过滤器
9—视液镜 10—电磁阀 11—热力膨胀阀 12—温度控制器 13—吸气压力表 14—油压保护器
15—高低压保护器 16—油压表 17—排气压力表 18—截止阀

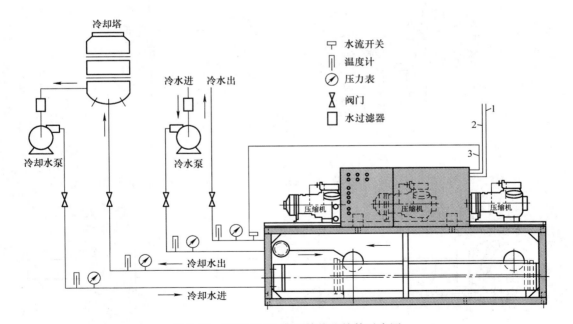

图 2-16 开利 30HK 典型接线和接管示意图

1—380V 主电源三相四线（380V） 2—控制电路电源（220V） 3—流量开关信号线

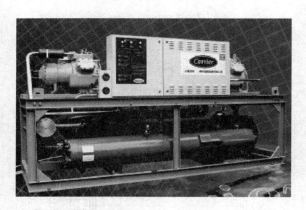

图2-17 开利30HK/HR系列活塞式冷水机组外形

二、螺杆式冷水机组

螺杆式冷水机组是由螺杆式制冷压缩机、冷凝器、蒸发器、节流阀、油分离器、自控元件和仪表等组成的一个完整制冷系统。在大、中型中央空调系统中，广泛使用的螺杆式压缩机分为单螺杆压缩机和双螺杆压缩机。单螺杆压缩机主要是由一个螺杆转子和两个星形轮组成，如图2-18所示，工作原理如图2-19所示；而双螺杆压缩机主要由两个相啮合的螺杆转子组成，如图2-20所示，工作原理如图2-21所示。

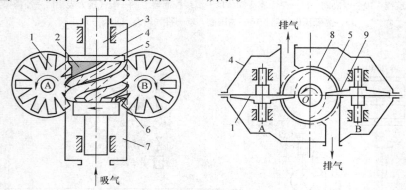

图2-18 单螺杆式制冷压缩机结构简图

1—星轮 2—排气口 3—主轴 4—机壳 5—螺杆 6—转子吸气端 7—进气口 8—气缸 9—孔槽

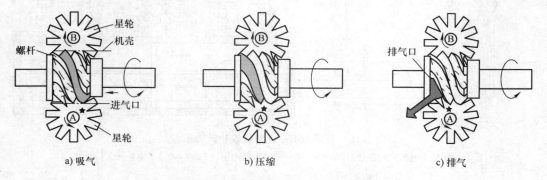

a) 吸气　　　　　　b) 压缩　　　　　　c) 排气

图2-19 单螺杆式制冷压缩机工作原理

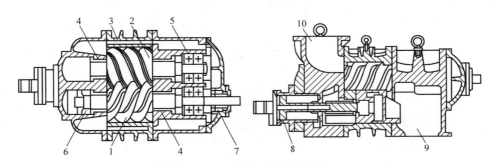

图 2-20 双螺杆式制冷压缩机

1—阳转子 2—阴转子 3—机体 4—滑动轴承 5—止推轴承 6—平衡活塞
7—轴封 8—能量调节阀 9—排气口 10—吸气口

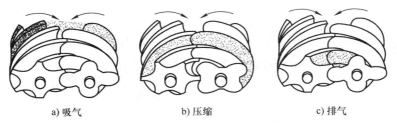

a) 吸气　　　　　　　　b) 压缩　　　　　　　　c) 排气

图 2-21 双螺杆压缩机工作原理图

　　螺杆式制冷压缩机工作也分为吸气、压缩和排气过程，但与活塞式压缩机的工作原理略有不同。活塞式压缩机的三个过程是断续的，而螺杆式压缩机和离心式压缩机的三个过程是连续的。

　　由于螺杆式压缩机运行平稳，所以机组安装时可不装地脚螺栓，直接置于强度足够的水平地面或楼面上即可。螺杆式压缩机调节性能大大优于活塞式压缩机，且在 50% ~ 100% 负荷运行时，其功率消耗几乎正比于冷负荷，致使其部分负荷性能系数优于活塞式冷水机组。

　　螺杆式压缩机的润滑油除了起到润滑运动部件的接触面外，还具有密封、喷油冷却、容量调节机构动作等功能，所以润滑油系统比较复杂。一般情况下，螺杆压缩制冷系统或压缩机本身应具有高效两级甚至多级油分离器，并应设置油过滤器，在必要的情况下，还应设置油泵和油冷却器等安全辅助设备。

　　目前螺杆式冷水机组制冷剂通常为 R22，也有使用 R134a、R407C 等替代工质的机型。空调工况冷量范围约为 120 ~ 1200kW 之间。图 2-22 给出了目前在空调工况下，常见的两种典型螺杆式冷水机组系统流程，以供参考。图 2-23 所示的约克 YS 系列冷水机组是常见的螺杆式水冷机组结构形式。

三、离心式冷水机组

　　离心式冷水机组将离心式压缩机、冷凝器、蒸发器和节流装置等设备组成一个整体，例如图 2-24 所示的约克 MaxE™YK 型离心式冷水机组。离心式冷水机组采用的制冷剂大多为 R11、R123 和 R134a，也有采用 R22 作为制冷剂的机型。

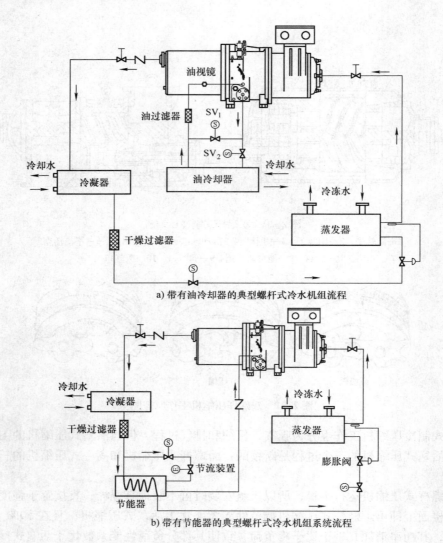

a) 带有油冷却器的典型螺杆式冷水机组流程

b) 带有节能器的典型螺杆式冷水机组系统流程

图 2-22　常见的两种典型螺杆式冷水机组流程

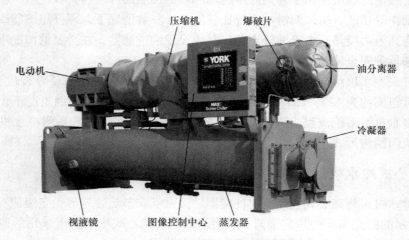

图 2-23　约克 YS 系列冷水机组外形

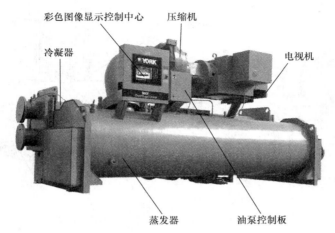

图 2-24　约克 MaxE™YK 型离心式冷水机组外形图

由于离心式压缩机的结构及其工作特性，决定其制冷量一般不小于 350kW。离心式压缩机多采用吸气可调导叶（见图 2-25），或采用变频调速和可调导叶协调调节的方式进行容量调节。此外，单级离心式冷水机组工况范围比较窄，冷凝压力不宜过高，一般控制在 40℃左右，冷凝器进口水温一般在 32℃左右；蒸发压力不宜过低，蒸发温度一般在 0 ~ 5℃之间，蒸发器出口水温一般在 5 ~ 7℃，恰好满足空调工程的要求。

图 2-26 所示为开利 19XR 系列冷水机组结构示意图；图 2-27 所示为开利 19XR 系列冷水机组制冷循环系统；图 2-28 所示为开利 19XR 的电动机冷却和油冷却循环流程图，工作原理如下：

图 2-25　离心式压缩机吸气可调导叶

（1）开利 19XR 系列冷水机组制冷循环

制冷剂在蒸发器中汽化吸取循环水的热量使之降温，得到空调所需的冷水。制冷剂蒸气被吸入压缩机压缩，压缩后制冷剂温度升高，从压缩机排出，进入冷凝器进行冷凝，制冷剂流量由压缩机吸气导叶开启度确定。温度相对较低的冷却水（18 ~ 32℃）流经冷凝器带走气态制冷剂的热量，使之冷凝成液态。液态制冷剂由节流孔进入闪蒸过冷室，如图 2-27 所示。由于闪蒸过冷室压力较低，部分液体制冷剂闪蒸为气体，吸取热量后使大部分液态制冷剂进一步冷却。闪蒸制冷剂气体在冷却水的铜管外再凝结成液体，流至闪蒸过冷室与蒸发器之间的线性浮阀室。在线性浮阀室中一只线性浮阀形成一道液体密封，防止闪蒸过冷室的蒸气进入蒸发器。液态制冷剂流过此浮阀时节流，制冷剂回到低温低压状态进行蒸发，又开始制冷循环。

（2）开利 19XR 系列冷水机组电动机、润滑油冷却循环

电动机和润滑油由来自冷凝器底部的过冷液态制冷剂冷却，如图 2-28 所示。由于压缩机运行保持压力差，使制冷剂不断流动。制冷剂流过一个隔离阀、一个过滤器、一个视镜/湿度指示器之后，分流至电动机冷却和油冷却系统。

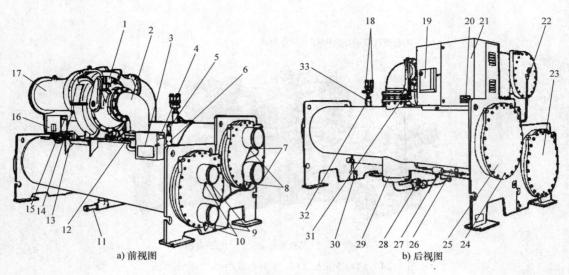

a) 前视图　　　　　　　　　　　　　　　　　　b) 后视图

图 2-26　开利 19XR 系列冷水机组结构图

1—导叶执行机构　2—吸气弯管　3—机组显示模块　4—机组铭牌　5—蒸发器安全阀　6—蒸发器压力传感器
7—冷凝器进出水温度传感器　8—冷凝器水压差传感器　9—蒸发器进出水温度传感器　10—蒸发器水压差传感器
11—制冷剂充注阀　12—标准法兰连接　13—放油及油充注阀　14—油位视镜　15—制冷剂油冷却器（背面）
16—润滑系统动力箱　17—电动机　18—冷凝器安全阀　19—电动机主断路器　20—固态起动柜显示屏
21—机载起动柜　22—电动机视镜　23—蒸发器水室端盖　24—放水口　25—冷凝器水室端盖
26—制冷剂温度指示器　27—制冷剂干燥/过滤器　28—液管隔离阀　29—线性浮阀室　30—筒身可拆卸连接
31—排气隔离阀　32—泵出阀　33—冷凝器压力传感器

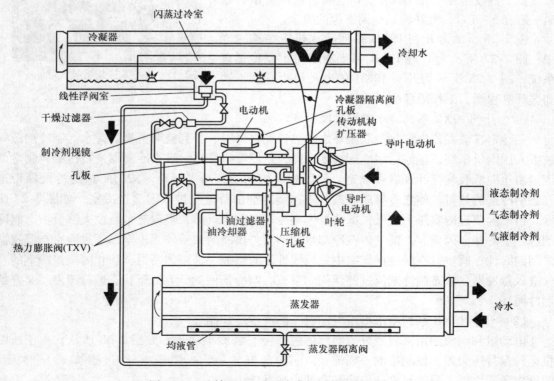

图 2-27　开利 19XR 系列冷水机组制冷循环系统

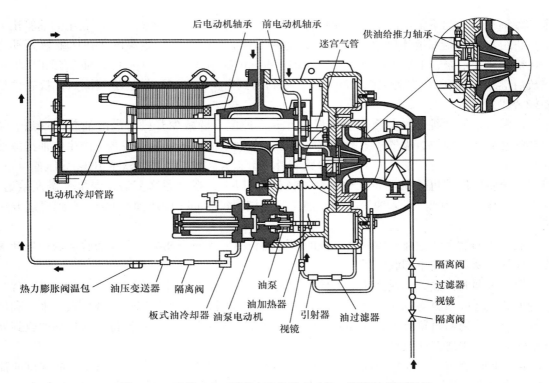

图 2-28　开利 19XR 系列冷水机组电动机、润滑油循环系统

到电动机的这一路，制冷剂经过一只节流孔流进电动机。电动机冷却管路的支路上还有一只节流孔和一只电磁阀，电动机需要进一步冷却时，电磁阀就会开启。流过节流孔，制冷剂就流到喷淋嘴上，喷淋整个电动机。制冷剂集中到电动机室的底部排放，回到蒸发器。回气管路上的一只节流孔使电动机室内的压力高于蒸发器的压力。电动机温度由埋在定子绕组内的温度传感器测取。电动机绕组温度高于电动机预先设定温度点时，如温度进一步升高到比设定点高 5.5℃，就会逐步关闭进气导叶。如果温度高于安全极限，压缩机就会关机。

另一路流经油冷却系统的制冷剂由一只热力膨胀阀调节。通过热力膨胀阀的制冷剂经一只节流孔始终保持一个最小流量。热力膨胀阀温包感应检测冷却后流进压缩机的油温。由膨胀阀调节板式油冷却器的制冷剂量。制冷剂汽化离开油冷却器后回到蒸发器。

（3）开利 19XR 润滑系统循环

油泵、油过滤器和极式油冷却器构成一套润滑系统，位于压缩机电动机组件齿轮传动箱铸件一端。润滑油由油泵压进油过滤器组件去除杂质，送至极式油冷却器，冷却到适当的温度，然后分两路：一部分油流到齿轮和高速轴承，余下的流到电动机轴承。油进入齿轮箱下方的油箱完成润滑循环（见图 2-28）。

在压缩机运行期间，油箱温度范围为 52～66℃。油泵从油箱中吸油，油压释放阀使油泵出油时的压差保持在 124～172kPa。油泵排油到油过滤器，该油过滤器可用截止阀隔离，在更换过滤器芯时，不必使系统中的油全部放掉。油经过管路到达油冷却器，制冷剂使油温降到 49～60℃之间。油离开油冷却器，经过油压变送器和热力膨胀阀温包，然后分开。一部分油到推力轴承和齿轮喷嘴，余下的油润滑电动机轴承和后小齿轮轴承。在油离开止推轴承和颈轴承时，测量轴承腔中的油温作为轴承温度。然后把油排放到压缩机底座的油箱里。

机组集中控制测量油箱中的油温，并使关机时油温保持在一定温度。在压缩机开动之前，机组接通油泵，油压差建立之后，使轴承有 45s 的预润滑。在关机时，油泵会在压缩机关机后继续运行 60s，作为关机后润滑。在控制测试中，油泵还可接通进行测试，检查油压差能否建立。

润滑油系统"控制加负载"能减慢导叶开启速度，以减少开机时润滑油起泡现象。如果导叶开启速度很快，吸气压力的突然降低会引起润滑油中的制冷剂闪蒸，产生的油泡沫使油泵不能有效地运行，油压差下跌，造成润滑状态恶劣。如果油压差跌到 103kPa 压差以下，控制系统将使压缩机停机。如果故障停电超过 3h 以上，在电源恢复后，油泵会定期接通，这有助于除去断电期间进入油箱的制冷剂。这种控制每 30min 接通油泵 60s，直到机组开始运转。

润滑油回油系统主要回收两个区域的润滑油，使之返回到油箱。主要回收区域是导叶罩壳，此外还从蒸发器中回收。

第一种回收方法：油通常从机组导叶罩壳中回收。这是由于机组中制冷剂通常带有油。制冷剂通过导叶被吸入压缩机进行压缩，油往往在此处滴出，落到罩壳底部积累起来。利用排气压力使引射器将罩壳中的油抽回到油箱。另外还从蒸发器制冷剂液位上部将油回收到导叶罩壳后，由引射器回收到油箱。

第二种回收方法：在负荷较轻的情况下，吸入压缩机的制冷剂气体没有足够的速度使油回收。在这种情况下，在蒸发器制冷剂表面上聚集较多的油。油和制冷剂的混合物在蒸发器中闪蒸后被吸入导叶罩壳，管路上有一个过滤器，由于导叶罩壳内的压力比蒸发器压力小得多，制冷剂在其中沸腾，油被留下并被收集后通过第一种方法回收。

四、制冷机组辅助设备

蒸气压缩式制冷循环（或热泵系统）必须有四大部件——冷凝器、压缩机、蒸发器、节流结构，缺一不可。当然，一个实际系统中不止四个部件，还有阀门和其他一些辅助设备和构件，以保证系统安全、可靠、高效运行。其中最常见的附件有：过滤器、干燥过滤器、贮液器、油泵、气液分离器和电动机冷却电磁阀等。

1. 过滤器和干燥过滤器

过滤器是从液态制冷剂或气态制冷剂或冷冻油中去除固体杂质的设备。过滤器装在节流装置、压缩机、润滑油泵等设备之前，以防系统中固体杂质堵塞阀孔或损坏机件，其结构如图 2-29 所示。

干燥过滤器一般装在节流阀机构之前，吸收制冷剂系统中所含的水分，防止水分在节流阀中结冰而堵塞。干燥器中的干燥剂一般是颗粒状的硅胶、分子筛等，其结构如图 2-30 所示。

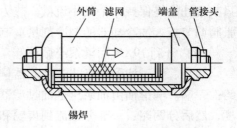

图 2-29　过滤器（氟利昂液体流过）

2. 贮液器

贮液器一般都是用钢板卷成的有压容器，按其外形分，有立式和卧式两种。贮液器一般安装于冷凝器与系统干燥过滤器之间，其功能主要有：

1）接收冷凝器的高压液体，以避免液体浸没冷凝器传热面而影响换热；

2）对系统中的制冷剂流量起到调节的作用，以适应负荷工况变化的需要；

3）起到液封的作用，防止高压侧的气体窜到低压侧；

4）对于小系统还起到贮存系统制冷剂的作用。

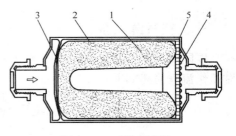

图 2-30　干燥过滤器
1—过滤芯　2—筒体　3—弹性膜片
4—波形多孔板　5—聚醋垫

3. 气液分离器

气液分离器通常安装在压缩机吸气管上，一般是利用惯性原理将质量较大的液体分离下来，其主要功能是避免液态制冷剂"液击"压缩机，保证机组的正常运行。对于大部分蒸气压缩式制冷系统使用的制热工质（如 R134a、R22、R12 等）虽然蒸发器的供液量是根据吸气的过热度控制的，似乎压缩机液击的可能性很小。但是，实际上有多种原因仍然能够造成压缩机"液击"的情况发生。主要原因如下：

1）膨胀阀或毛细管等节流机构选择不当，热力膨胀阀或电子膨胀阀的感温包（或感温头）安装位置不当；

2）制冷系统中充注的制冷剂过多；

3）在低温环境中，制冷机组停止运行一段时间后，再次起动时由于系统压力不均衡引起。

4. 油泵

螺杆式冷水机组常采用油泵用于机组起动时，建立油压，维持机组正常运行。开利 30HXC 型螺杆式冷水机组的油泵安装在从冷凝器出油接管到压缩机的管路上。当机组起动时，控制系统首先激活油泵。如果油泵能建立起足够的油压，表明压缩机起动时能够得到足够的润滑，压缩机就能顺利起动。一旦压缩机开始运转，油泵将停止运转。如果油泵始终不能建立起足够的油压，控制系统将产生一个报警信息。

5. 电动机冷却电磁阀

为了使得压缩机电动机温度始终被控制在一个优化的设定点附近，一旦系统认为电动机绕组需要冷却，液态制冷剂经由电动机冷却电磁阀进入压缩机内进行冷却，由此实现对电动机温度的优化控制。在安装有节能器（或称经济器）的机组上，每个回路有一个电动阀，既控制液态制冷剂的过冷度，又控制电动机绕组的温度，该阀开度根据压缩机电动机温度通过控制系统来调节。

第五节　热泵机组

热泵按照《新国际制冷辞典（New International Dictionary of Refrigeration）》的定义，热泵（Heat Pump）就是以冷凝器放出的热量来供热的制冷系统，因此就其工作原理来讲，与蒸气压缩式制冷循环相同，只是根据使用的目的（即工作温度范围）不同而称呼不同。

按照冷热源的不同，热泵可以分为空气源热泵（即风冷热泵）和地源热泵（水源热泵、地表水热泵、土壤源热泵）两类。

一、空气源热泵

以国产 LSBLGRF350 双螺杆式空气源热泵机组为例，其制冷剂循环流程如图 2-31 所示，对工作流程简述如下。

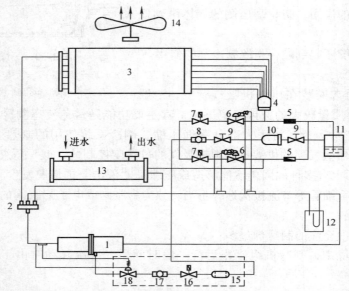

图 2-31　LSBLGRF350 双螺杆式空气源热泵机组系统流程

注：虚线方框内为液喷射系统

1—半封闭双螺杆制冷压缩机　2—四通换向阀　3—空气热交换器　4—液体分配器　5—单向阀
6—热力膨胀阀　7—电磁阀　8—视镜　9—截止阀　10—干燥过滤器　11—高压贮液器
12—气液分离器　13—干式壳管式换热器　14—轴流风机　15—干燥过滤器　16—电磁阀　17—视镜　18—热力膨胀阀

（1）夏季供冷时制冷剂（R22）循环路线

半封闭双螺杆制冷压缩机 1→四通换向阀 2→空气热交换器 3→液体分配器 4→单向阀 5→高压贮液器 11→截止阀 9→干燥过滤器 10→截止阀 9→视镜 8→电磁阀 7→热力膨胀阀 6→干式壳管式换热器 13→四通换向阀 2→气液分离器 12→半封闭双螺杆制冷压缩机 1。

（2）冬季供热时制冷剂（R22）循环路线

半封闭双螺杆制冷压缩机 1→四通换向阀 2→干式壳管式换热器 13→单向阀 5→高压贮液器 11→截止阀 9→干燥过滤器 10→截止阀 9→视镜 8→电磁阀 7→热力膨胀阀 6→液体分配器 4→空气热交换器 3→四通换向阀 2→气液分离器 12→半封闭双螺杆制冷压缩机 1。

与一般的压缩式冷水机组比较，空气源热泵只是在制冷系统管路上多装了一个四通阀。在冬季，系统运行时通过四通阀的转换作用，使夏季运行时的蒸发器变成了冷凝器。相应地，夏季运行时的冷凝器变成了蒸发器，如图 2-31 所示。在冬季，循环水通过换热器 13 不断吸收制冷剂放出的冷凝潜热，获得一定的温升，从而可以向系统末端提供空调热量，而达到冬季送暖的目的。

考虑到冬季运行时，蒸发器（冬季）如果用水冷则可能结冻，一般空气源热泵机组都设计成风冷式。由于冬季运行时蒸发器（冬季）的表面温度可能至 0℃以下，空气通过时表面结霜，将降低热交换效率，并使翅片间空气阻力增大，故需对蒸发器（冬季）施以除霜处理。目前多采用热气除霜法，也有的采用热气旁通法、电加热法、热源喷淋法等除霜。热气除霜时，蒸发器（冬季）风扇停止运转，系统恢复制冷循环，起动压缩机，制冷剂高温、高压蒸气进入蒸发器（冬季）管排内，待管排表面温度降至8℃时即停止除霜，恢复制热循环，继续供热。

空气源热泵机组常采用往复式或螺杆式压缩机，较少采用离心式压缩机。目前，采用往复式压缩机的装机容量一般为3～30kW（中小型）和17～80kW（大型）两类；而螺杆式压缩机的容量可达85～1000kW。

室外气温高于－5℃时，一般可以选用往复式热泵机组；当室外气温低至－15～－10℃时，则应选用螺杆式热泵机组。

二、地源热泵

地源热泵根据利用地热源的种类和方式不同，可分为以下三类：土壤源热泵（GCHP）、地下水热泵（GWHP）、地表水热泵（SWHP）。

地源热泵供暖空调系统是一种利用地表以下百米范围内的浅层地热资源，通过吸收大地的能量，包括土壤、地下水、地表水等天然能源，通过热泵的作用，冬季从大地或水体中吸收热量，夏季向大地或水体中放出热量，由热泵机组向建筑物供冷、供热。

地源热泵系统解决了空气源热泵供暖时受冬季室外空气温度条件的限制，拓展了热泵机组的应用领域，减少了能源浪费。

大多数地源热泵机组同普通冷水机组的制冷剂流程相同，只不过是冬季时，机组通过蒸发器向地热源吸收热量，通过机组冷凝器供给建筑物热量；夏季时，机组将冷凝器产生的冷凝热放热的地热源，通过机组蒸发器向建筑物供给冷量。

土壤源热泵以大地作为热源和热汇，热泵的换热器埋于地下，与大地进行冷热交换。根据地下热交换器的布置形式可分为垂直埋管、水平埋管和蛇形埋管三类。

地下水热泵通常采用水－水板式换热器，一侧走地下水，一侧走热泵机组冷却水。早期地下水系统采用单井系统，即将地下水经过板式换热器后直接排放；现多采用双井系统，一个抽水井，一个回灌井。地下水热泵系统的造价低于土壤源热泵系统，且水井紧凑、占地小，技术也比较成熟，但可供使用的地下水资源有限，而且要注意水处理。

地表水系统可分为开路系统和闭路系统，寒冷地区只能使用闭路系统。地表水系统有造价低廉、能耗小、维修率低、运行费用低等优势，但设备容易损坏。

三、热泵机组的优点

用热泵机组供暖，其供热性能系数（供热量与输入功的比值）可达到3～4。也就是说，用热泵得到的热量是消耗电能热量的3～4倍。提供同样数量的热，热泵远比电热器经济。热泵机组供暖，不但热效率高，而且能避免锅炉供热和其他燃料燃烧供热对环境的污染。

此外，热泵能实现一机两用，对简化空调系统、节省投资和运行费用、方便运行管理和减少设备保养工作量都大有裨益。

第六节　溴化锂吸收式制冷机组

溴化锂吸收式制冷机组由于具有余热利用（如电厂、纺织厂产生的废热源）且运行噪声低，并集供热、供冷、供生活热水于一体等优点，发展非常迅速，是目前中央空调系统中常用冷、热源设备之一。

一、溴化锂水溶液的特性

溴化锂是无色粒状结晶物，性质和食盐相似，化学稳定性好，在大气中不会变质、分解或挥发，此外，溴化锂无毒（有镇静作用），对皮肤无刺激。无水溴化锂的主要物性值如下：

分子式　　　LiBr
分子量　　　86.856
成分　　　　锂 7.99%，溴 92.01%
相对密度　　3.464（25℃）
熔点　　　　549℃
沸点　　　　1265℃

溴化锂具有极强的吸水性，对液态制冷剂来说是良好的吸收剂。当温度 20℃时，在水中的溶解度为 111.2g/100g 水。溴化锂水溶液对一般金属有腐蚀性。

二、直燃双效溴化锂吸收式制冷机组的典型流程和工作原理

溴化锂吸收式制冷机组的工作原理是利用二元溶液在不同压力和温度下能够释放和吸收制冷剂的原理来进行循环的。溴化锂吸收式制冷机是以溴化锂溶液为吸收剂，以水为制冷剂，利用水在高真空下蒸发吸热达到制冷的目的。

直燃双效溴化锂吸收式制冷机组由于具有效率高、功能完善、运行可靠、结构紧凑等优点，是目前最为常用的机组形式。其主要是由高、低温（压）发生器、高、低温热交换器、吸收器、蒸发器、冷凝器、发生器泵和蒸发器泵等构成。

图 2-32 和图 2-33 给出了远大 X 型一体化直燃溴化锂吸收式制冷机制冷工作原理图，其工作原理如下。

（一）夏季空调制冷工作流程

如图 2-32 所示，在高温（压）发生器中，由直燃热源提供的热能使经过高、低温热交换器预热的稀溶液受热而发生 140℃高温、高压冷剂水蒸气，高温、高压冷剂水蒸气首先被引入低温（压）发生器中，用来加热来自低温热交换器中的稀溶液，再与低压发生器中溶液汽化时产生的冷剂蒸汽汇合在一起进入冷凝器，被冷却水冷却后凝结成饱和冷剂水，集聚在水盘中。高压的冷剂水经 U 形管降压后进入蒸发器。蒸发器是一个高真空环境（绝对压力为 6mmHg[⊖]左右），饱和冷剂水骤然沸腾换热，由蒸发器泵吸入在蒸发器中未完全汽化的冷剂水，经加压后再次喷淋在蒸发器的换热铜管上。在汽化的过程中进一步吸收制冷剂水的热量而使之进一步降温至 5℃，使铜管内 14℃的空调水降温至 7℃，向中央空调用户提供冷冻水。在蒸发器中产生的低温、低压冷剂水蒸气被喷淋的浓溶液吸收，并使浓溶液稀释成稀溶液，稀溶液经发生器泵吸入增压后通过高、低温热交换器与来自高、低温发生器中浓溶液进行换热后，再次进入高压发生器，并重复上述过程。

⊖　mmHg：毫米汞柱，1mmHg = 133.322Pa。

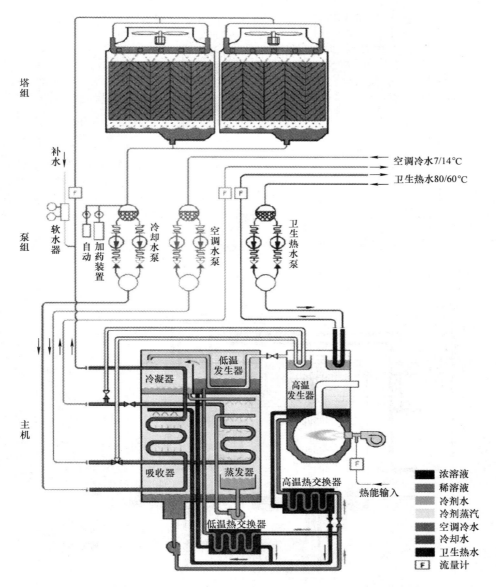

图 2-32 远大 X 型一体化直燃溴化锂吸收式制冷机制冷工作原理图

冷却水为并联的两路：一路经过冷凝器带走高温冷剂水蒸气的冷凝热，另一路经过吸收器带走溶液吸收时的溶解热。

（二）冬季空调供热工作流程

冬季采暖循环的工作流程如下：关闭进入蒸发器中空调制冷剂水，使空调制冷剂水直接进入高压发生器中的热媒换热盘管。经燃烧器输入热能直接加热溴化锂溶液，产生水蒸气将热媒换热盘管中的空调水加热，实现机组制热输出。同时高温发生器中水蒸气经换热盘管换热后凝结冷剂水再次流回高温发生器底部溶液中，再次被加热，如此循环不已。

由图 2-33 所示可以看出：机组作采暖循环运行时，关断主体与高压发生器之间的阀门，使主体处于冬眠状态，可比"主体制热"型寿命延长一倍。

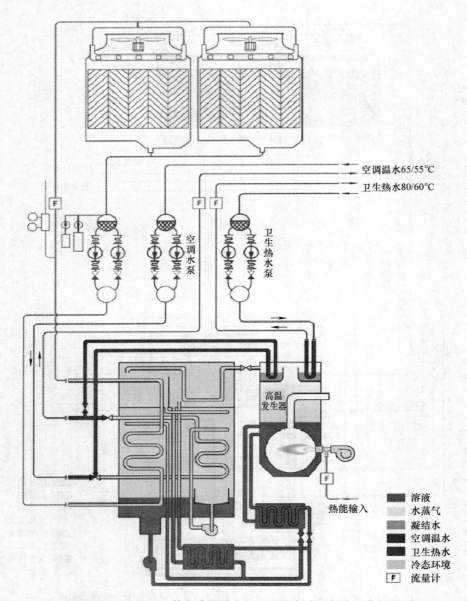

图 2-33 远大 X 型一体化直燃溴化锂吸收式制冷机制热工作原理图

（三）供生活（卫生）热水

如图 2-32 和图 2-33 所示，该型机组在高温发生器中还设置了卫生热水换热盘管，由前面原理分析可知，无论机组是制热状态还是制冷状态都能够实现供应 80℃的生活热水，用以满足生活卫生热水的需求，实现了一机多用。

三、典型溴化锂空调机组

以远大 X 型一体化直燃溴化锂吸收式制冷机为例，其结构如图 2-34 所示，主体为单筒体，上半部为冷凝器和低压发生器，下半部为蒸发器和吸收器，直燃式高压发生器单独设置在筒体外，另外设有高温热交换器、低温热交换器、发生器泵和蒸发器泵等部件。

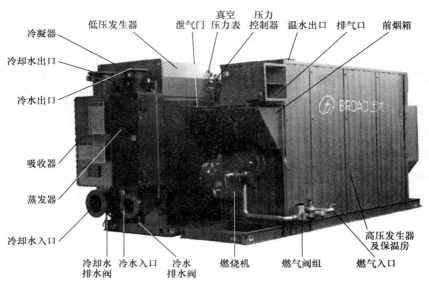

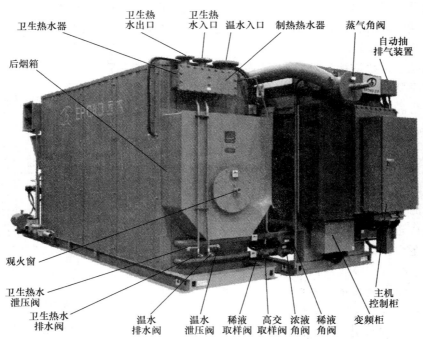

图 2-34　远大 X 型一体化直燃机外形结构

四、溴化锂吸收式制冷机组的主要辅助措施

（一）防腐蚀问题

溴化锂水溶液对一般金属有腐蚀作用，尤其在有空气存在的情况下，腐蚀更为严重。金属腐蚀不但缩短机器的使用寿命，而且产生不凝性气体，使筒内真空度难以维持。

目前，溴化锂机组内部结构大都采用碳钢，传热管采用铜管。为了防止溶液对金属的腐蚀，一方面须确保机组的密封性，经常维持机组内的高度真空，在机组长期不运行时充入氮气；另一方面须在溶液中加入有效的缓蚀剂。

在溶液温度不超过120℃的条件下，溶液中加入0.1%～0.3%的铬酸锂和0.02%的氢氧化锂，使溶液呈碱性，保持pH值在9.5～10.5范围，对碳钢－铜的组合结构防腐蚀效果良好。

当溶液温度高达160℃时，上述缓蚀剂对碳钢仍有很好的缓蚀效果。此外，还可选用其他耐高温缓蚀剂，如在溶液中加入0.001%～0.1%的氧化铅，或加入0.2%的三氧化二锑与0.1%的铌酸钾的混合物等。

（二）抽气设备

由于系统内的工作压力远低于大气压力，尽管设备密封性好，也难免有少量空气渗入，并且因腐蚀也会经常产生一些不凝性气体。所以必须设有抽气装置，以排除聚积在筒体内的不凝性气体，保证制冷机的正常运行。

（三）防止结晶问题

从溴化锂水溶液温度－浓度图（见图2-35）可以看出，溶液的温度过低或浓度过高均容易发生结晶。因此，当进入吸收器的冷却水温度过低（如低于20～25℃）或发生器加热温度过高时就可能引起结晶。结晶现象一般先发生在溶液热交换器的浓溶液侧，因为那里的溶液浓度最高、温度较低、通路窄小。

发生结晶后，浓溶液通路被阻塞，引起吸收器液位下降，发生器液位上升，直到制冷机不能运行。

为解决热交换器浓溶液侧的结晶问题，通常在发生器中设有浓溶液溢流管。该溢流管不经过高温热交换器，而直接与吸收器的稀溶液相连。当高温热交换器浓溶液通路因结晶被阻塞时，发生器的液位升高，浓溶液经溢流管直接进入吸收器。这样，不但可以保证制冷机至少在部分负荷下继续工作，而且由于热的浓溶液在吸收器内直接与稀溶液混合，提高了热交换器稀溶液侧的温度，将有助于浓溶液侧结晶的缓解。

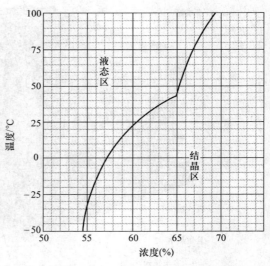

图2-35　溴化锂溶液结晶曲线

（四）制冷量的调节

吸收式制冷机的制冷量一般是根据蒸发器出口被冷却介质的温度，用改变加热介质流量和稀溶液循环量的方法进行调节的。用这种方法可以实现在10%～100%范围内制冷量的无限调节。

（五）溴化锂吸收式制冷机组提高效率的措施

吸收式制冷机主要由换热设备组成，如何强化传热、降低金属耗量、提高效率是其推广应用需解决的重要问题之一。例如，用各种方法对传热管表面进行处理可以提高传热系数；在溶液中加入表面活性剂可以提高制冷量。此外，根据外界条件选择和改进流程，以及能量的综合利用等也是提高效率的重要措施。

本章小结

中央空调冷、热源是中央空调系统中的重要组成部分。中央空调冷、热源设备的运行管理是中央空调运行管理的核心。熟悉和掌握每一类型的中央空调冷（热）机组的工作原理和机组特点是一个长期知识积累的过程，本章重点介绍了以下内容：

1. 制冷原理。"制冷"通俗来讲是指利用人工技术，将物体或某空间的温度降低到低于周围环境的温度，并使之维持在这一低温的过程。目前，在中央空调制冷系统广泛应用的制冷技术为"液体气化制冷"。以电动驱动为主的单级蒸气压缩式制冷循环和溴化锂吸收式制冷循环均属于该类型的制冷方式。

2. 制冷循环。逆卡诺循环是蒸气压缩式制冷循环和热泵循环的理想循环，是建立在所有过程可逆、无温差换热、无耗散效应的理想循环。在所有制冷循环中其效率最高，即制冷系数和制热系数仅与系统冷、热源的温度有关，而与何种工作工质（制冷剂）无关。建立在饱和蒸气制冷循环的理论基础上的实际蒸气压缩式制冷循环，是目前中央空调单级压缩式制冷系统的基础。

3. 提高制冷（或热泵）理论循环效率措施。提高制冷（或热泵）循环的效率应从节流损失和过热损失着手；根据不同的制冷工质（制冷剂）种类、不同运行工况，选择适宜的过热度和过冷度对机组运行是有益的；在一定的情况下，制冷（或热泵）系统的蒸发温度和冷凝温度对系统的运行影响最大；在工况允许的情况下，应尽量的提高机组的蒸发温度、降低冷凝温度。理论分析证明：蒸发温度的温度变化对机组 COP 的影响高于冷凝温度的变化对机组 COP 的影响。

4. 典型中央空调制冷机组。制冷机组就是将制冷系统中的部分设备或全部设备配套组装在一起，成为一个整体。目前在中央空调系统中最常用的制冷机组为水冷式制冷机组。按照压缩机工作类型重点介绍了：以开利 HK/HR 系列为代表的活塞式冷水机组，以约克 YS 系列为代表螺杆式冷水机组，以及以约克 MaxE^{TM}YK 型和开利 19XR 系列为代表的离心式冷水机组的工作特点和构造。

5. 溴化锂吸收式制冷机组和热泵机组，既是中央空调系统的冷源，也是重要热源设备。以远大 X 型一体化直燃溴化锂吸收式制冷机为基础，重点介绍了溴化锂吸收式制冷机组的工作原理、典型流程和维持运行的辅助措施。

思考与练习题

1. 什么是制冷、蒸发温度、蒸发压力、冷凝温度、冷凝压力？

2. 简述逆卡诺循环的工作特点、系统构成和工作原理。

3. 简述逆卡诺循环和饱和蒸气制冷循环的区别，并分析实际制冷循环的特点。

4. 什么是制冷设备的运行工况？试分析机组运行参数对制冷循环系统的影响。

5. 什么是制冷机组？常见的冷水机组有哪些类型？试分析活塞式、螺杆式和离心式冷水机组的工作流程和特点。

6. 什么是热泵？热泵分为哪些类型？试分析空气源热泵与普通冷水机组之间的流程区别，并应注意哪些问题。

7. 以远大 X 型一体化直燃机为例，试简述双效溴化锂机组的工作流程和工作原理，并分析和对比溴化锂吸收式制冷原理与蒸气压缩式制冷系统的异同。

第三章

中央空调运行管理基础

中央空调系统能否正常运行，并保证供冷（热）质量，除了取决于空调设备制造质量、系统施工安装质量外，还与中央空调系统的设计密切相关。只有充分理解和掌握中央空调系统的设计原理，才能够为空调系统的安全、稳定、节能运行打下坚实的基础。否则，就会在中央空调运行管理工作中顾此失彼，得不偿失。

第一节　空调热湿负荷及其计算方法

空调热湿负荷是确定空调系统送风量和空调设备容量的基本依据，也是中央空调系统运行调节的基础。

一、空调负荷的基本构成

空调的目的是要保持房间内的温度和湿度在一定的范围内。对于建筑物来说，客观上总存在一些干扰因素，使空调房间内的温度和湿度发生变化。空调系统的作用就是要平衡这些干扰因素，使房间内的温度和湿度维持在要求的参数范围内。在空调技术中，将干扰因素对室内产生的影响称为负荷。

空调技术中，某一时刻进入一个房间内（或建筑物）的总热量和总湿量称为在该时刻的得热量和得湿量。当得热量为负值时称为耗（失）热量。建筑物得热量通常包括以下几个方面：

1）由于太阳辐射进入的热量；

2）由于室内外空气温差经围护结构传入的热量；

3）人体、照明设备、各种工艺设备及电气设备散入房间的热量。

在某一时刻，为了保持房间或建筑物内部处于一定的温度和湿度，需向房间（或建筑物）供应的冷量称为冷负荷；相反，为补偿房间（或建筑物）失热而需向房间（或建筑物）供应的热量称为热负荷；为维持室内（或建筑物内）相对湿度，需要由房间除去或增加的湿量称为湿负荷。

空调房间内的热湿负荷是由诸多因素构成的，其中热负荷主要由下述因素构成：

1）通过房间的围护结构传入室内的热量；

2）透过房间的外窗进入室内的太阳辐射的热量；

3）房间内照明设备的散热量；

4）房间内人体的散热量；

5）房间内电气设备或其他热源的散热量；

6）室外空气渗入房间的热流量；

7）伴随各种散湿过程产生的潜热量。

上述因素中，除通过房间建筑物围护结构和太阳辐射的热量及室外空气渗入的热流量是室外热源负荷外，其他均为室内热源负荷。

空调房间内的湿负荷是由下述因素构成的：

1）房间内人体的散湿量；

2）房间内各种设备、器具的散湿量；

3）各种潮湿物表面或液体表面的散湿量；

4）各种物料或饮料的散湿量。

空调负荷可以分为房间负荷和系统负荷两种。发生在空调房间内的负荷称为房间负荷；还有一些发生在空调房间以外的负荷，如室外新风状态与室内空气状态不同所引起的新风负荷、风管传热造成的负荷等，它们不直接作用于室内，但最终也要由空调系统负担，称为系统负荷。将以上两种负荷统称为系统负荷。

二、室外空气计算参数

计算通过围护结构传入室内或由室内传至室外的热量，都要以室外空气计算温度为计算依据；另外，空调房间一般使用部分新鲜空气供人体需要，加热或冷却这部分新鲜空气所需热量或冷量也都与室外空气计算干、湿球温度有关。

室外空气的干、湿球温度不仅随季节变化，即使在同一季节的不同昼夜里，每时每刻室外空气的温、湿度都在变化。室外空气温度在一昼夜内的波动称为气温的日变化，气温日变化是由于地球每天接受太阳辐射热和放出热量而形成的。一般在凌晨四五点钟气温最低。随着地面获得的太阳辐射热量逐渐增多，到下午两三点钟，气温达到全天的最高值。此后，气温又随太阳辐射热的减少而下降，到下一个凌晨，气温又达最低值。显然，在一段时间（比如一个月）内，可以认为气温的日变化是以 24h 为周期的周期性波动，如图 3-1 所示。在工程上，为了简化计算，常常将其看成正弦或余弦函数。

气温季节性变化也呈周期性。全国各地的最热月份一般是 7、8 月，最冷月份是 1 月。图 3-2 给出了北京、西安、上海三地区的十年（1961～1970 年）月平均气温变化曲线。

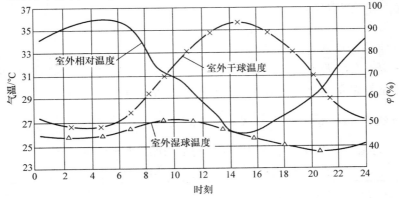

图 3-1　室外温度变化（北京夏季典型日）

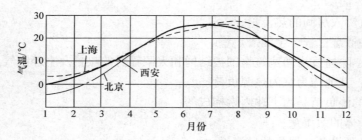

图 3-2　气温月变化曲线

室外空气计算参数的取值，直接影响室内空气状态和设备投资，若夏季取用很多年才出现一次而且持续时间较短（几小时或几昼夜）的当地室外最高干、湿球温度，会因设备庞大而形成投资浪费。因此，设计规范中规定的室外计算参数是按全年少数时间不保证室内温湿度标准而制定的。

下面介绍我国国家标准 GB 50736—2012《民用建筑供暖通风与空气调节设计规范》中规定的室外计算参数。

（一）夏季空调室外空气计算参数

1. 夏季空调室外计算干、湿球温度

夏季空调室外计算干球温度应采用历年平均不保证 50h 的干球温度，夏季空调室外计算湿球温度应采用历年平均不保证 50h 的湿球温度。

2. 夏季空调室外计算日平均温度和逐时温度

夏季计算经围护结构传入室内的热量时，应按不稳定传热过程计算，因此必须已知设计日的室外日平均温度和逐时温度。

夏季空调室外计算日平均温度应采用历年平均不保证 5 天的日平均温度。

工程上，夏季空调室外计算逐时温度，可按下式确定：

$$t_{w,\tau} = t_{w,p} + (t_{w,max} - t_{w,p})\cos(15\tau - 225) \tag{3-1}$$

式中　$t_{w,p}$——夏季空调室外计算日平均温度（℃）；

$t_{w,max} - t_{w,p}$——设计日室外气温波动波幅（℃）；

τ——计算时间，1～24h。

也可根据规范，按下式确定：

$$t_{w,\tau} = t_{w,p} + \beta \Delta t_r \tag{3-2}$$

式中　$t_{w,\tau}$——室外计算逐时温度（℃）；

$t_{w,p}$——夏季空气调节室外计算日平均温度（℃），可通过规范查得该温度值；

β——室外温度逐时变化系数，按表 3-1 所列采用；

Δt_r——夏季室外计算平均日较差，计算式为 $\Delta t_r = \dfrac{(t_{wg} - t_{w,p})}{0.52}$；其中，$t_{wg}$ 为夏季空气调节室外计算干球温度（℃），应采用历年平均不保证 50h 的干球温度。

表 3-1　室外温度逐时变化系数

时刻/时	1	2	3	4	5	6
β	-0.35	-0.38	-0.42	-0.45	-0.47	-0.41

（续）

时刻/时	7	8	9	10	11	12
β	-0.28	-0.12	0.03	0.16	0.29	0.40
时刻/时	13	14	15	16	17	18
β	0.48	0.52	0.51	0.43	0.39	0.28
时刻/时	19	20	21	22	23	24
β	0.14	0.0	-0.10	-0.17	-0.23	-0.26

【**例 3-1**】 试求夏季北京市 13 时的室外计算温度。

【**解**】 根据 GB 50736—2012《民用建筑供暖通风与空气调节设计规范》及表 3-1，查得北京市的 $t_{wg} = 33.5℃$，$t_{w,p} = 29.6℃$，$\beta = 0.48$，则根据式（3-2），北京 13 时设计日室外气温为

$$t_{w,13} = t_{w,p} + \beta \Delta t_r$$

$$= t_{w,p} + \beta \frac{t_{wg} - t_{w,p}}{0.52}$$

$$= \left(29.6 + 0.48 \times \frac{33.5 - 29.6}{0.52} \right)℃$$

$$= 33.2℃$$

（二）冬季空调室外计算干球温度和相对湿度

1. 冬季空调室外计算干球温度

由于冬季空调系统加热、加湿量远小于夏季冷却、减湿量，为了便于计算，冬季围护结构传热量可按稳定传热方法计算，不考虑室外气温的波动。因而可以只给定一个冬季空调室外计算温度作为计算新风负荷和计算围护结构传热之用。

规范规定：冬季空调室外计算温度应采用历年平均不保证 1 天的日平均温度。

2. 冬季空调室外计算相对湿度

由于冬季室外空气含湿量远较夏季小，且其变化也很小，因而不给出湿球温度，只给出室外计算相对湿度值。

规范规定：冬季空调室外计算相对湿度应采用累年最冷月平均相对湿度。

三、计算方法概述

（一）负荷计算中的几个重要概念

1. 综合温度（sol - air temperature）

在计算空气调节房间外围护结构得热量时，采用了一种假想室外空气温度。在该温度的作用下，进入围护结构外表面的热量，等于在室外空气温度和太阳辐射共同作用下进入该外表面的热量。综合温度可用下式来确定：

$$t_z = t_{w,\tau} + \frac{\rho I - \varepsilon \Delta R}{a_w} \tag{3-3}$$

式中 a_w——围护结构外表面与室外空气间的传热系数 $[W/(m^2 \cdot K)]$；

$t_{w,\tau}$——室外空气逐时温度（℃）；

ρ——围护结构外表面对太阳辐射的吸收系数；

I——围护结构外表面接受的总的太阳辐射强度（W/m^2）；

ε——围护结构外表面的长波辐射系数；

ΔR——围护结构外表面向外界发射的长波辐射和由天空及周围物体向围护结构外表面的长波辐射之差（W/m^2）。ΔR 值可近似取用：水平面时 $\Delta R = 0$，垂直面时 $\dfrac{\varepsilon \Delta R}{a_w} = 3.5 \sim 4.0$。

【例 3-2】 夏季北京地区（接近北纬 40°，大气透明度等级为 4）某建筑物的屋顶吸热系数 $\rho = 0.90$、$I = 919W/m^2$，东墙 $\rho = 0.75$、$I = 365W/m^2$，试计算屋顶和东外墙的室外空气综合温度。

【解】 利用例 3-1 的结果，代入式（3-3）得

屋顶 $t_z = \left(33.2 + \dfrac{0.9 \times 919}{18.6} - 3.5\right)℃ = 74.17℃$

东墙 $t_z = \left(33.2 + \dfrac{0.75 \times 365}{18.6}\right)℃ = 47.92℃$

2. 冷负荷温度 $t_{w,L}$

空调房间外围护结构（如外墙、屋面、窗体等）承受着变化的室外气象参数，主要是太阳辐射和室外空气温度，这种热作用经过围护结构的衰减和延迟传至室内表面，再经过该表面的对流和辐射传热一系列变化过程，最终形成房间冷负荷。

由于外围护结构传热形成的冷负荷与建筑物的地理位置、围护结构的朝向、具体构造、外表面的颜色和粗糙度以及空调房间的蓄热特性等诸多因素有关，具体计算很复杂，而且不同的计算理论有不同的计算方法。为了计算上的简便和易于理解，可将上述多因素统统考虑到冷负荷温度 $t_{w,L}$ 之中；而对给定的不同地点和构造类型，可由计算机事先编出计算表供设计人员选用。

我国以 302 种墙体、324 种屋顶结构进行归纳，根据其热工特性，分成六种类型，按不同类型给出逐时冷负荷温度值。具体参数可查阅 GB 50736—2012《民用建筑供暖通风与空气调节设计规范》。

3. 房间得热量和冷负荷的关系

单位时间内（通常取 1h）进入和散入房间的各类热量均为房间得热量，可能是显热量，可能是潜热量，也可能是全热量。从外界进入房间的热量主要包括透过采光口的太阳辐射热，外墙、屋面、内墙、楼板和顶棚的传热，以及室外空气带入的热量等。室内热源产生并散入房间的热量主要包括人员、灯具、设备和器具等的散热量。

房间冷负荷与房间得热量是两个不同的概念，除个别情况和个别瞬时之外，它们在数值上也是不相等的。房间供冷设备（如冷盘管）所能除去的热量只能是对流热量，而绝大多数的得热量中都含有辐射成分，这部分辐射能被围护结构内表面或室内物体等吸收，渐渐使它们变热，表面温度高过室温，从而产生对流放热和长波辐射，其中的对流热即形成冷负荷，而长波辐射热再重复上述过程。显然，当某些时刻得热量不再存在，但由于房间的蓄热放热效应，这些时刻照样会产生冷负荷。这种吸热放热作用使房间冷负荷曲线比起房间得热量曲线变得平滑，峰值下降，谷值上升。因此，在概念上将两者区分开来，对在数值上由得

热量曲线正确计算出冷负荷曲线具有重要意义。

（二）负荷计算方法概述

1. 冷负荷系数法

目前，冷负荷系数法是我国中央空调系统热负荷的主要计算方法。

冷负荷系数法是在传递函数法的基础上，为便于在工程中进行手算而建立起来的一种简化算法。通过冷负荷温度 $t_{w,L}$ 或冷负荷系数直接从各种扰量值求得各分项逐时冷负荷。当计算某建筑物空调冷负荷时，则可按条件查出相应的冷负荷温度与冷负荷系数，用稳定传热公式即可算出经围护结构传入热量所形成的冷负荷和日射得热量形成的冷负荷的一种计算方法。

（1）用冷负荷温度计算围护结构传热形成的冷负荷

墙体、屋顶或窗户瞬变传热所形成的逐时冷负荷，可用下式计算：

$$CLQ_W = KF(t_{w,L} - t_n) \tag{3-4}$$

式中　CLQ_W——外围护结构冷负荷（W）；

K——外围护结构的传热系数 $[W/(m^2 \cdot K)]$；

F——外围护结构的传热面积（m^2）；

$t_{w,L}$——外围护结构的逐时冷负荷温度（℃），包括墙体、屋顶或窗户（各值不同）；

t_n——室内计算温度（℃）。

（2）用冷负荷系数计算窗户因日射得热形成的冷负荷

透过玻璃窗进入室内的日射得热形成的逐时冷负荷按下式计算：

$$CLQ_\tau = FC_Z D_{j,max} C_{LQ} \tag{3-5}$$

式中　CLQ_τ——透过玻璃窗进入室内的日射负荷（W）；

F——窗玻璃的净面积（m^2），可由相关表格查出；

C_Z——窗玻璃的综合遮挡系数，无因次，可由相关表格查出；

$D_{j,max}$——日射得热因数的最大值（W/m^2），可由相关表格查出；

C_{LQ}——冷负荷系数，无因次，可由相关表格查出。

这样，由式（3-5）就可以简便地算出全国范围内任一地点不同朝向的逐时透过玻璃窗进入室内日射得热形成的冷负荷。

（3）室内热源散热形成的冷负荷

$$CLQ = QC_{LQ} \tag{3-6}$$

式中　Q——人体、照明、设备等散热量（W）；

C_{LQ}——相应的人体、照明，设备显热散热冷负荷系数。

（4）房间总负荷

$$CL = CLQ_W + CLQ_\tau + CLQ + Q_X \tag{3-7}$$

式中　CL——房间总负荷（W）；

Q_X——新风负荷（W）。

（5）室内湿负荷

室内湿负荷主要包括：人体散湿、工艺设备散湿以及进入室内的新风湿负荷。其中，人体散湿、工艺设备散湿可以通过查表获取。新风湿负荷，可由室内、外空气计算参数计算获得。

总之，用冷负荷温度和冷负荷系数法计算空调冷负荷，所采用的需要大量的资料，本书因篇幅所限未列入。

2. 估算法

（1）夏季冷负荷的估算

简单计算法。估算时，以围护结构和室内人员的负荷为基础，把整个建筑物看成一个大空间，按各面朝向计算负荷。室内人员散热量按116.3W计算，最后将各项数量的和乘以新风负荷系数1.5即为估算结果，即

$$CL = （CLQ_W + 116.3n）×1.5 \tag{3-8}$$
$$CLQ_W = KF\Delta t \tag{3-9}$$

式中　CL——空调系统的总负荷（W）；

CLQ_W——围护结构引起的总冷负荷（W）；

n——室内人员数；

K——围护结构传热系数 [W/（m² · K）]，计算时查阅相关手册；

F——围护结构传热面积（m²）；

Δt——室内外侧空气温差（℃）。

（2）单位面积估算法

单位面积估算法是一种将空调负荷单位面积上的指标乘以建筑物内的空调面积，得出制冷系统负荷的估算值。部分建筑空调冷负荷热指标值和供热指标见表3-2。

表3-2　部分建筑空调冷负荷热指标值和供热指标

建筑物类型及房间类型		冷负荷热指标 /（W/m²）	供热指标 /（W/m²）
办公楼	普通办公楼	95~115	60~80
	超高层办公楼	105~115	
旅馆	客房（标准层）	80~110	60~70
	酒吧、咖啡厅	100~180	
	室内游泳池	200~350	
	办公室	90~120	
医院	高级病房	80~110	65~80
	一般手术室	100~150	
	洁净手术室	300~500	
百货商场		150~250	60~70
公寓住宅		80~90	60~75

第二节　空调房间新风量和送风量的确定

一、房间新风量的确定

在空调系统中，新风量的多少对空调系统的热、湿负荷影响较大。显然，使用的新风量

越少，系统运行越节能。但实际上，不能无限制地减少新风量，一般规定，空调系统房间内的新风量占房间送风量的百分数不应低于10%。新风量的确定取决于以下三个因素。

（一）卫生要求

在人长期停留的空调房间内，新鲜空气的多少对健康有直接影响。人体总要不断地吸进氧气，呼出二氧化碳。因此在空调系统的送风量中，必须掺入含二氧化碳量少的室外新风来稀释室内空气中二氧化碳的浓度，使之合乎卫生标准的要求。表3-3列出了规定的各种场合下室内二氧化碳的容许浓度。

表3-3 二氧化碳容许浓度

房间性质	二氧化碳容许浓度	
	/ （L/m³）	/ （g/kg）
人长期停留的地方	1	1.5
儿童和病人停留的地方	0.7	1.0
人周期性停留的地方	1.25	1.75
人短期停留的地方	2.0	3.0

在一般农村和城市，室外空气中二氧化碳含量为 0.5 ~ 0.75g/kg。根据以上条件，可利用"工业通风"课程中确定全面通风量的基本原理，来计算某一房间消除二氧化碳所需的新鲜空气量。在实际工作中，一般可以按 GB 50736—2012《民用建筑供暖通风与空气调节设计规范》或 2009JSCS《全国民用建筑工程设计技术措施　暖通空调·动力》来确定。例如，不论每人占房间体积多少，新风量按大于等于 30m³/（h·人）计算；对于人员密集的建筑物，如采用空调的体育馆、会场，每人所占的空间较少（不到 30m³/（h·人））。由于这类建筑物按此确定的新风量占总风量的百分比可能达 30% ~ 40%，从而对系统热负荷影响很大，所以在确定新风量时应十分慎重。

（二）补偿局部排风量

当空调房间内需要排除有害气体而设置排风柜等局部排风装置时，为了不使房间内产生负压，在系统中必须有相应的新风量来补偿排风量。

（三）保持空调房间的"正压"要求

为了防止外界环境空气渗入空调房间，干扰空调房间内温、湿度或破坏室内洁净度，需要在空调系统中用一定量的新风来保持房间的正压（即室内大气压力高于外界环境压力）。一般情况下，室内正压在 5 ~ 10Pa 即可满足要求，过大的正压不但没有必要，而且还会使门的开关发生困难，并还降低了系统运行的经济性。

图 3-3 所示为空调系统的空气平衡关系。从图中可以看出：当把这个系统中的送、回风口调节阀调到使送风量大于从房间吸走的回风量时，房间呈正压状态；而送、回风量差值就通过门窗的

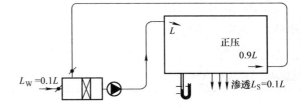

图 3-3　空调系统空气平衡的关系

不严密处，包括门的开启，或从排风孔渗出。室内的正压值正好相当于空气从缝隙渗出时的阻力。

在工程上，要按以上三个因素分别计算出新风量后，取其中最大值。对于一般空调系统，如按上述方法算得的新风量不足系统总风量的10%，则应加大到10%，但洁净度要求高、房间换气次数特别大的系统不在此列。

二、空调系统最小新风量的确定

对于一个空调系统为多个房间服务的场合，为了较为合理地确定空调系统的最小新风量，做到既能够保证人体的健康卫生要求，又能够尽量减少空调系统的能耗，需根据空调房间和系统的风平衡来确定空调系统的最小新风量。

多房间集中式空调系统最小新风量的确定一般可按以下步骤进行：

1）确定各房间的送风量 L_i；

2）根据前述的卫生要求和满足局部排风及正压排风的要求，定出每个空调房间所需要的最小新风量 $L_{w,i}$；

3）算出各个房间的最小新风量百分比 $L_{b,i} = (L_{w,i}/L_i) \times 100\%$。用其中房间新风量百分比最大值作为系统的新风量百分比。

【例3-3】 如图3-4所示，有四个房间采用集中空调系统进行供冷，试求其空调系统的最小新风量？

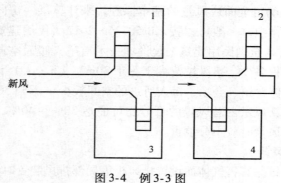

图3-4 例3-3图

【解】 计算结果见表3-4。

表3-4 例3-3计算结果

房间号 计算项目	1号	2号	3号	4号	备注
送风量/（m³/h）	1000	1200	1150	2000	通过计算可得
房间最小新风量/（m³/h）	120	125	130	205	查表计算可得
房间新风量比	0.12	0.104	0.113	0.102	$L_{b,i} = L_{w,i}/L_i$
系统新风量计算结果/（m³/h）	642				$L_w = \sum_{i=1}^{4} L_i \max(L_{w,i}/L_i)$

必须指出，在冬夏季室外设计计算参数下规定最小新风量百分数，是出于经济方面的考虑。多数情况下，在春、秋过渡季节中，可以提高新风量比例，从而利用新风所具有的冷量或热量以节约系统的运行费用。这就成了全年新风量变化的系统。如图3-5所示，设房间内从回风口吸走的风量为 L_X，门窗渗透排风为 L_S，进空调箱的回风量为 L_H，新风量为

L_W，则

对房间来说，送风量 $L = L_X + L_S$

对空调处理箱来说，送风量 $L = L_H + L_W$

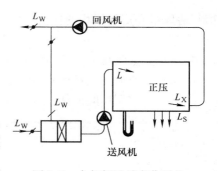

图 3-5　全年新风量变化时的
空气平衡关系

当过渡季节采用比额定新风量比大的新风量而要求室内恒定正压时，则在上两式中必然要求 $L_X > L_H$ 及 $L_W > L_S$，而 $L_P = L_X - L_H$，L_P 即系统要求的机械排风量。由此可见，为了保持室内恒定的正压和调节新风量，应当设置可调风量的排风系统，以保持室内的正压恒定。如果不设置排风系统，室内正压将随新风量的变化而波动，甚至会造成回风排不掉、新风抽不进的情况。系统排风量的大小等于各空调房间的回风量与空气处理室的回风量的差值。

三、房间送风量确定

在已知空调热湿负荷的基础上，通过确定送入房间内空气的状态参数和房间室内空气设计参数，可以确定送入房间的送风量，用于消除房间内的余热、余湿。下面将根据不同的送风和排风情况讨论房间送风状态和送风量。

（一）夏季送风状态及送风量

空调房间夏季空调运行时，一般为除湿冷却过程。图 3-6 所示为一个空调房间送风示意图。室内余热量（即室内冷负荷）为 Q（W），余湿量为 W（kg/s）。为了消除余热、余湿，保持室内空气状态点为 N，送入的空气流量为流量 G（kg/s），其状态点为 O。当送入空气吸收余热 Q 和余湿 W 后，由状态点 O（h_O，d_O）变为状态点 N（h_N，d_N）而排出，从而保证了室内空气状态为 h_N，d_N。

根据热、湿平衡，可得

$$G = Q/(h_N - h_O) \tag{3-10}$$
$$G = W/(d_N - d_O) \tag{3-11}$$

由于送风量同时吸收室内余热、余湿，则根据式（3-10）和式（3-11），两式相比即为空调房间的热湿比 ε（空气处理方向线）：

$$\varepsilon = Q/W = (h_N - h_O)/(d_N - d_O) \tag{3-12}$$

这样，在 $h - d$ 图上就可利用热湿比 ε 的过程线（方向线）来表示送入空气状态变化过程的方向（见图 3-7）。因为室内参数设计点 N（h_N，d_N）是已知的，因此只要经室内参数设计点 N（h_N，d_N）沿热湿比 ε 的过程线（方向线）直到点 O' 均可作为送风状态点，点 O' 为机器露点。由式（3-10）或式（3-11）可以看出，送风点 O（h_O，d_O）距室内设计点 N（h_N，d_N）越近，则送风量越大，相反，所需送风量 G 越小，因此送风量的大小取决于送风温差 Δt 的大小。

值得注意的是，如送风温度过低，送风量过小时，可能使人感受到冷气流的作用，且室内温度和湿度分布的均匀性和稳定性将受到影响。

国标 GB 50736—2012《民用建筑供暖通风与空气调节设计规范》中规定了夏季送风温差的建议值，该值和恒温准确度有关（见 GB 50736—2012 中表 7.4.10-1 和表 7.4.10-2）。表 3-5 还给出推荐换气次数。换气次数是空调工程中常用的衡量送风量的指标，它的定义是

房间通风量和房间体积的比值，即

$$n = L/V \qquad (3\text{-}13)$$

式中　n——换气次数，衡量空调房间送风量的指标；

　　　L——空调房间送风量（m^3/h）；

　　　V——空调房间的体积（m^3）。

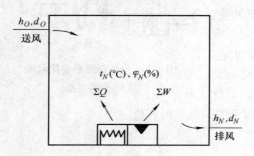

图 3-6　空调房间送风示意图

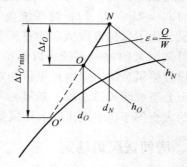

图 3-7　送入空气状态变化过程线

表 3-5　送风温差与换气次数

室内运行温度波动范围/℃	送风温差/℃	换气次数/（次/h）
±0.1~0.2	2~3	150~20
±0.5	3~6	>8
±1.0	6~9	≥5
> ±1.0	人工冷源：≤15 天然冷源：可能的最大值	

对于有洁净度要求的净化厂房，换气次数有的高达每小时数百次，这种情况不在此限。
选定送风温差之后，即可按以下步骤确定送风状态和计算送风量：

1）在 $h-d$ 图上找出室内空气状态点 N；

2）根据算出的余热和余湿量计算出热湿比 $\varepsilon = Q/W$，再通过点 N 画出过程线 ε；

3）根据所取定的送风温差 Δt 求出送风温度 t_O，t_O 等温线与过程线 ε 的交点 O 即为送风状态点；

4）按式（3-10）或式（3-11）计算送风量。

【例 3-4】　某空调房间总余热量 $Q = 3314W$，总余湿量 $W = 0.2649g/s$，要求室内全年维持空气状态参数为 $t_N = (22 \pm 1)℃$、$\varphi_N = (55 \pm 5)\%$，当地大气压力为 101325Pa，求送风状态和送风量。

【解】

1）求热湿比（取三位有效数字）

$\varepsilon = Q/W = (3314/0.264)$ kJ/kg ≈ 12600kJ/kg

2）在 $h-d$ 图上确定室内空气状态点 N，作过点 N 的热湿比 $\varepsilon = 12600$kJ/kg 的过程线（$\varepsilon > 10000$ 的情况下各参数的误差会比较大），取送风温差 $\Delta t = 8℃$，

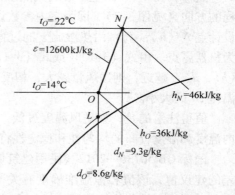

图 3-8　例 3-4 示意图

则送风温度 $t_O =$ （22 − 8）℃ = 14℃，由送风温度与热湿比线的交点（见图 3-8），可得出

$$h_O = 36\text{kJ/kg}, \quad h_N = 46\text{kJ/kg}$$
$$d_O = 8.6\text{g/kg}, \quad d_N = 9.3\text{g/kg}$$

3）计算送风量：

$$G = \frac{Q}{h_N - h_O} = \frac{W}{d_N - d_O} = \left(\frac{3314}{46 - 36}\right)\text{g/s} = \left(\frac{0.264}{9.3 - 8.5}\right)\text{kg/s} = 0.33\text{kg/s}$$

（二）冬季送风状态与送风量的确定

在冬季，通过围护结构的温差传热往往是由内向外传递，只有室内热源向室内散热，因此冬季室内余热量往往比夏季少得多，有时甚至为负值。而余湿量则冬夏季一般相同。这样，冬季房间的热湿比值常小于夏季，也可能是负值。所以空调送风温度 t_O 往往接近或高于室温 t_N，$h_N > h_{O'}$（见图 3-9）。

由于送热风时送风温差可比送冷风时大，所以冬季送风量可比夏季小。当然，冬季送风量也必须满足最小换气次数的要求，同时送风温度不应超过 45℃。空调送风量是先确定夏季送风量，冬季的可采取与夏季送风量相同，也可以低于夏季送风量。全年采用固定送风量运行方便，而冬季减少送风量可节省电能，尤其对较大的空调系统减少风量的经济意义更为突出。

【例 3-5】 仍按上题基本条件，如冬季余热量 $Q = -1.105\text{kW}$，加湿量 $W = 0.2649\text{g/s}$，试确定冬季送风状态及送风量。

1）求热湿比

$$\varepsilon = Q/W = \left(\frac{-1.105}{0.264/1000}\right)\text{kJ/kg} \approx -4190\text{kJ/kg}$$

2）在 $h-d$ 图上确定室内空气状态点 N，作过点 N 的热湿比 $\varepsilon = -4190\text{kJ/kg}$ 的过程线，若送风温度 $t_{O''} = 36$℃，由送风温度与热湿比线的交点，可得出送风点 O''：

$$h_{O''} = 54.9\text{kJ/kg}, \quad d_{O''} = 7.2\text{g/kg}$$

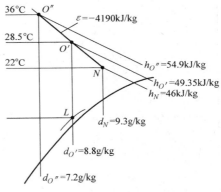

图 3-9 例 3-5 示意图

3）计算送风量

$$G = \frac{Q}{h_N - h_{O''}} = \frac{W}{d_N - d_O} = \left(\frac{-1.105}{46 - 54.9}\right)\text{kg/s} \approx 0.125\text{kg/s}^{\ominus}$$

4）若全年取固定送风量，计算送风参数。在 $h-d$ 图上作过点 N 的热湿比 $\varepsilon = -4190\text{kJ/kg}$ 的过程线，它与 8.6g/kg 的交点即为送风状态点（因为余湿量没有发生变化），得

$$h_{O'} = 49.35\text{kJ/kg}, \quad t_{O'} = 28.5\text{℃}$$

其实，在送风量不变的条件下，也可用下式来确定空气的状态参数，再通过查图可确定送风温度。

$$h_{O'} = h_N + \frac{Q}{G} = \left(46 + \frac{1.105}{0.33}\right)\text{kJ/kg} = 49.35\text{kJ/kg}$$

⊖ 计算结果为 0.124kg/s，但取稍大一点对结果有利。

第三节 普通集中式空调系统

集中式空调系统是典型的全空气系统，是工程中最常用的系统之一。各集中式空调系统中最常用的是混合式系统。它处理的空气来源一部分是新鲜空气，一部分是室内的回风；夏季送冷风和冬季送热风都用同一风道；此外管道内风速都用得较低（一般不大于8m/s），因此风管断面较大。它常用于工厂、公共建筑等有较大空间可供设置风管的场合。

根据新风、回风混合过程的不同，工程上常见的有两种形式：一种是回风与室外新风在喷水室（或空气冷却器）前混合，称一次回风式；另一种是回风与新风在喷水室（或空气冷却器）前混合并经喷雾处理后，再次与回风混合，称二次回风式。下面着重对这两种系统的空气处理过程进行分析和计算。

一、一次回风系统

如图 3-10a、b 所示，一次回风系统按照回风与室外新风在喷水室（或空气冷却器）的加湿设备不同，有两种主要结构形式。

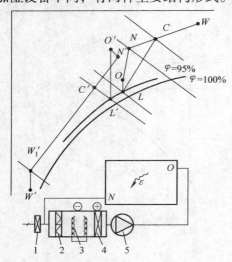

a) 喷水室(等焓加湿)处理的一次回风　　　　b) 空气冷却器(等温加湿)处理的一次回风

图 3-10　一次回风系统结构及空气处理在 $h-d$ 图上的表示

1—一次加热器　2—空气过滤器　3—喷水室　4—表面式换热器　5—风机　6—蒸汽加湿器

（一）一次回风系统的夏季处理过程

1. 空气处理原理

在夏季空调运行时，空调系统主要任务为降温、去湿，因此在夏季空气处理设备的一次加热器（或称空气预热器）不工作。其一次回风的空气处理过程为：室外空气状态点为 W（h_W，d_W）的新风与来自空调房间状态点为 N（h_N，d_N）的回风混合后进入喷水室（或空气冷却器）冷却、去湿，达到机器露点状态点 L（它一般位于 $\varphi=90\%\sim95\%$ 的线上），然后经过再热器（表面式换热器或电加热器）加热至所需的送风状态点 O（h_O，d_O）送入室内吸热、吸湿，沿着等热湿比 ε 的空气处理方向达到室内设计状态点 N（h_N，d_N）后部分排出室外，部分进入空气处理系统与室外新鲜空气混合，如此循环。整个处理过程如下：

$$W \searrow \quad \underrightarrow{\text{混合}} \ C \ \underrightarrow{\text{冷却减湿}} \ L \underrightarrow{\text{加热}} \ O \ \overset{\varepsilon}{\thicksim\thicksim} \ N$$

$$N \nearrow$$

2. 一次回风系统夏季冷量分析

根据 $h-d$ 图分析，为了把 G（kg/s）的空气从混风点 C 降温、减湿（减焓）到点 L，所需配置的制冷设备的冷却能力，就是这个设备夏季处理空气所需的冷量（kW），即

$$Q_0 = G(h_C - h_L) \tag{3-14}$$

式中，根据室内、外的空气状态参数，送风量 G 和新风量 G_W，不难求出空气的混风状态点 i_C，即

$$G_W/G = (h_C - h_N)/(h_W - h_N) \Rightarrow h_C = h_N + \frac{G_W}{G}(h_W - h_N)$$

$$G_W/G = (d_C - d_N)/(d_W - d_N) \Rightarrow d_C = d_N + \frac{G_W}{G}(d_W - d_N)$$

值得说明的是：在采用喷水室或表面式冷却器（简称表冷器）的处理室时，这个冷量是由制冷机或天然冷源提供的；而对于采用直接蒸发式冷却器的处理器来说，这个冷量是直接由制冷机的制冷剂提供的。

如果从另一个角度来分析这个"冷量"的概念，则可从空气处理和房间所组成的系统的热平衡关系，来认识它所反映的以下三个部分：

1）室内冷负荷（kW）。在已知送风量 G 的基础上，根据上一节我们介绍的内容，它的数值相当于

$$Q_1 = G(h_O - h_N)$$

2）从空气处理的流程看，新风量 G_W 进入系统时焓值为 h_W，排出时为 h_N。这部分冷量称为"新风冷负荷"（kW），其数值为

$$Q_2 = G_W(h_W - h_N)$$

3）除上述两者外，为了减少"送风温差"，有时需要把已在喷水室（或表面式冷却器）中处理过的空气再一次加热，这部分热量称为"再热量"（kW），其值为

$$Q_3 = G(h_O - h_L)$$

抵消的这部分热量也是由冷源负担的，故 Q_3 称为有"再热负荷"。

从系统热平衡上，不难看出上述三部分冷量之和就是系统所需要的冷量，即

$$Q_0 = Q_1 + Q_2 + Q_3 \tag{3-15}$$

（二）一次回风系统的冬季处理过程

在冬季空调运行时，空调系统主要任务为加热、加湿处理，根据回风与室外新风在喷水室（或空气冷却器）的加湿原理不同，分别介绍这两种空气处理过程：等焓加湿（喷水室）一次回风处理和等温加湿（喷蒸汽）一次回风处理。

1. 等焓加湿（喷水室）一次回风处理

冬季采用等焓加湿（喷水室）一次回风处理过程如图 3-10a 所示，其空气处理过程如下：

冬季室外空气状态点为 $W'(h_{W'}, d_{W'})$ 的室外新鲜空气经一次加热器等湿加热升温后

成为点 W_1'（$h_{W_1'}$，$d_{W_1'}$）的新鲜空气，与来自冬季空调房间内状态点为 N'（$h_{N'}$，$d_{N'}$）的回风混合后进入喷水室等焓加湿，达到机器露点状态点 L（它一般位于 $\varphi = 90\% \sim 95\%$ 的线上）；然后经过二次加热器（表面式换热器或电加热器）加热至冬季送风状态点 O'（$h_{O'}$，$d_{O'}$），并沿着等热湿 ε' 的空气处理方向达到冬季室内设计状态点 N'（$h_{N'}$，$d_{N'}$）后，部分排出室外，部分进人空气处理系统与经过预热后的新鲜空气 W_1' 混合至点 C'（$h_{C'}$，$d_{C'}$），如此循环。整个处理过程如下：

$$W' \xrightarrow[\text{加热}]{\text{一次}} W_1' \quad\diagdown \atop N' \diagup \quad \xrightarrow{\text{混合}} C' \xrightarrow{\text{等焓加湿}} L' \xrightarrow[\text{加热}]{\text{二次}} O' \stackrel{\varepsilon'}{\leadsto} N'$$

根据空气平衡条件和空气处理过程不难得出以下结论：

设冬季室内送风量为 G，室外新风量为 $G_{W'}$ 则计算如下。

（1）一次加热量的计算

$$Q' = G_W(h_{W_1'} - h_{W'}) \tag{3-16}$$

在冬季一次回风系统中设置新风一次加热（或称空气预热）的主要目的，是为了防止在与室内 N'（$h_{N'}$，$d_{N'}$）状态的空气混合时，空气处于机器露点以下（即出现水蒸气结露的现象），如图 3-11 所示的虚线。

（2）二次加热量的计算

$$Q'' = G(h_{O'} - h_{L'}) \tag{3-17}$$

（3）加湿量计算

$$W = G(d_{L'} - d_{C'}) \tag{3-18}$$

（4）冬季混风状态点 C' 的确定

根据室内、外的空气状态参数、送风量 G 和新风量 $G_{W'}$ 不难求出空气的混风状态点，即

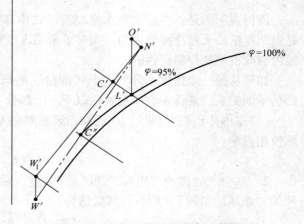

图 3-11　空气预热器的确定示意图

$$G_W/G = (h_{C'} - h_{N'})/(h_{W_1'} - h_{N'}) \Rightarrow h_{C'} = h_{N'} + \frac{G_W}{G}(h_{W_1'} - h_{N'})$$

$$\tag{3-19}$$

$$G_W/G = (d_{C'} - d_{N'})/(d_{W_1'} - d_{N'}) \Rightarrow d_{C'} = d_{N'} + \frac{G_W}{G}(d_{W_1'} - d_{N'})$$

2. 等温加湿（喷蒸汽）一次回风处理

空气处理系统设备构成与空气处理过程如图 3-10b 所示，其空气处理过程如下：

$$W' \xrightarrow[\text{加热}]{\text{一次}} W_1' \quad\diagdown \atop N' \diagup \quad \xrightarrow{\text{混合}} C' \xrightarrow{\text{二次加热}} O_1' \xrightarrow[\text{加湿}]{\text{等温}} O_1 \stackrel{\varepsilon'}{\leadsto} N'$$

设冬季室内送风量为 G，室外新风量为 $G_{W'}$ 则计算如下。

（1）一次加热量的计算

见式（3-16）

（2）二次加热量的计算

$$Q'' = G\ (h_{O_1'} - h_{C'})\qquad\qquad(3\text{-}20)$$

（3）加湿量计算

$$W = G\ (d_{O'} - d_{O_1'})\qquad\qquad(3\text{-}21)$$

（4）混风状态点 C' 的确定

同式（3-19），不再赘述。

二、二次回风系统

从上面一次回风系统的空气处理过程中可以看出，在夏季，空调送风时为了避免送风温度过低影响人体舒适感，一般都要设置再热器，这样就产生了冷热相抵的现象，造成了能源浪费。于是为了充分利用能源，就在保持新风和回风比例不变的情况下，把回风分两次与新风进行混合，以减小不必要的能量损失。二次回风系统结构及夏季空气处理在 $h-d$ 图上的表示如图 3-12 所示。

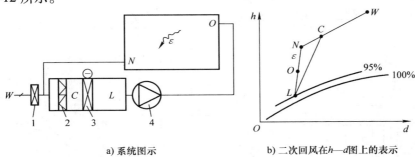

a）系统图示　　　　b）二次回风在 $h—d$ 图上的表示

图 3-12　二次回风系统结构及夏季空气处理在 $h-d$ 图上的表示

1—新风阀　2—过滤器　3—表面式冷却器　4—送风机

（一）二次回风系统的夏季处理过程

1. 二次回风夏季空气处理过程

二次回风系统的夏季设计工况空气处理过程如图 3-12 所示，其过程可描述为：夏季室外空气状态为 W 的新风与室内空气状态点为 N 的第一次回风混合至状态点 C，进入喷水室（表面式冷却器）冷却除湿后到机器露点状态点 L，然后再与状态点为 N 的室内空气第二次回风混合至送风状态点 O 再沿等热湿比 ε 送到室内吸热吸湿达到状态室内设计状态点 N 后，再部分排出室外，部分进入空气处理系统进行混合，如此循环。整个处理过程如下：

$$
\begin{array}{c}
W \\
\diagdown \\

\end{array}
\xrightarrow{\text{混合}} C \xrightarrow{\text{冷却减湿}} L \xrightarrow[\underset{N}{\text{混合}}]{} O \overset{\varepsilon}{\rightsquigarrow} N
$$

$$
\begin{array}{c}
\diagup \\
N
\end{array}
$$

2. 空气状态确定和冷量计算

二次回风空调系统的室内状态点 N、室外状态点 W、等热湿比 ε、送风状态点 O 和送风量状态点 G 的确定方法与一次回风系统相同（也可参照本章第二节内容）。同时，应注意二次回风系统 N、O、L 三点在同一条直线（热湿比线）上，由运行送风温差可以确定改点空气状态参数。由以上分析不难得出以下结果：

（1）第一次回风状态点 C 空气状态参数确定

$$\frac{G_W}{G_1 + G_W} = \frac{h_C - h_N}{h_W - h_N} \Rightarrow h_C = h_N + \frac{G_W}{G_1 + G_W}(h_W - h_N)$$

$$\frac{G_W}{G_1 + G_W} = \frac{d_C - d_N}{d_W - d_N} \Rightarrow d_C = d_N + \frac{G_W}{G_1 + G_W}(d_W - d_N)$$

(3-22)

式中　G_W——新风量（kg/s）；

　　　　G_1——室内空气一次回风量（kg/s）。

（2）二次回风系统冷量可用下式计算：

$$Q_0 = G_1 + G_W(h_C - h_L)$$

(3-23)

（二）二次回风系统的冬季处理过程

二次回风系统的冬季空调过程与一次回风系统相似，也分为喷循环水的等焓加湿处理过程和喷蒸气的等温加湿过程。但是研究表明，冬季采用等温加湿的二次回风系统的能耗与一次回风系统基本相同。因此，工程上多采用喷循环水等焓加湿方法，如图 3-13 所示。空气处理过程如下：

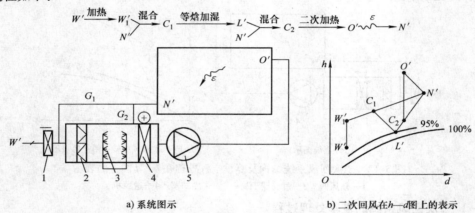

a) 系统图示　　　　　b) 二次回风在 h—d 图上的表示

图 3-13　二次回风系统结构及冬季空气处理在 $h - d$ 图上的表示

1—新风阀　2—过滤器　3—喷水室　4—二次加热器　5—送风机

等焓加湿量、室外空气状态点、室内状态点、热湿比、室内送风量的确定与一次回风一样，不再赘述。注意到，第一次混风 W_1'、N'、C_1 三点在一条直线上，可由混风定律求得其混风状态；第二次混风 L'、N'、C_2 三点也在同一条直线上，同样也可由混风定律求得其混风状态。

（1）第一次回风状态点 C_1 空气状态参数确定

$$\frac{G_W}{G_1 + G_W} = \frac{h_{C_1} - h_{N'}}{h_{W_1'} - h_{N'}} \Rightarrow h_{C_1} = h_{N'} + \frac{G_W}{G_1 + G_W}(h_{W_1'} - h_{N'})$$

$$\frac{G_W}{G_1 + G_W} = \frac{d_{C_1} - d_{N'}}{d_{W_1'} - d_{N'}} \Rightarrow d_{C_1} = d_{N'} + \frac{G_W}{G_1 + G_W}(d_{W_1'} - d_{N'})$$

(3-24)

式中　G_W——新风量（kg/s）；

　　　　G_1——室内空气一次回风量（kg/s）。

（2）空气预热量（一次加热量）

$$Q' = G_W \left(h_{W_1'} - h_{W'} \right) \tag{3-25}$$

在冬季，设置新风一次加热（或称空气预热）的主要目的，是为了防止在与室内状态点为 N'（$h_{N'}$，$d_{N'}$）的空气混合时，空气处于机器露点以下（即出现水蒸气结露的现象）。当然，一些地区如果室外温度不是很低的话，可以不设置空气预热器，以节省设备投资。

（3）二次加热量的计算

$$Q'' = G \left(h_{O'} - h_{C_2} \right) \tag{3-26}$$

三、集中式空调系统的特点

1. 集中式空调系统的优点

1）空气处理设备和制冷设备集中布置在机房内，便于集中管理和集中调节。

2）过渡季节可充分利用室外新风，减少制冷机运行时间。

3）可以严格控制室内温度、湿度和空气洁净度。

4）对空调系统可以采取有效的防振消声措施。

5）使用寿命长。

2. 集中式空调系统的缺点

1）机房面积大，层高较高，风管布置复杂，占用建筑空间较多，安装工作量大，施工周期较长。

2）对于房间热湿负荷变化不一致或运行时间不一致的建筑物，系统运行不经济。

3）风管系统各支路和风口的风量不易平衡，各房间由风管连接，不易防火。

3. 关于一次回风系统和二次回风系统的选择

从夏季工况来看，二次回风系统比一次回风系统节省能量，尤其可以不用再热源。但是二次回风系统机器露点温度较低，影响它在某些场合的应用。二次回风系统在空气处理设备构造和运行调节方面较一次回风系统复杂一些。对于夏季只作降温用的空调系统，如果对送风温差没有限制，即不必采用再热器或二次风来保证送风温差，这时采用一次回风系统就更合理。

四、组合式空调机组

组合式空调机组是由各种空气处理段组装而成的不带冷、热源的一种空调设备。机组的功能段是对空气进行一种或几种处理功能的单元体。

（一）组合式空调机组各功能段作用

（1）回风段

回风段是用于接回风管的，在该段的顶部或侧部装有对开式多叶风量调节阀。风阀的控制有手动、电动和气动三种形式，凡有自动调节的，要与自控方式相适应。在组合式空调机组中，只有双风机系统才单独设回风段（若是单风机系统，则用新风、回风混合段）。

（2）新风段或新回风混合段

新风段用来接新风风管。新风进口有顶进风和侧进风两种形式，配有对开式多叶风量调节阀，同样有手动、电动和气动三种控制形式。对单风机系统用的新回风混合段，顶部接回风管，侧部接新风管；或者顶部接新风管，侧部接回风管，由设计者根据具体情况而定。若是直流式系统，则封闭回风管口即可。有的厂商的产品不单独设新回风混合段，而是将它与初效过滤段结合在一起，成为混合初效过滤段。

（3）初效过滤段

初效过滤段内装有初效无纺布为滤料的平板式过滤器或袋式过滤器，经清洗后仍可重复使用。也有装有无纺布的自动卷绕式过滤器。

（4）表冷段或表冷挡水段

表冷段或表冷挡水段内设有铜管套铜片或铜管套铝片的表冷器，凝结水盘下面设有冷凝水排出管。因表冷器常处于空调机组的负压段，为确保冷凝水顺利地排出，需要安装水封装置。为防止被处理空气带走表冷器表面的冷凝水，保证空气的冷却减湿处理效果，可在表冷器后装设特制的挡水板。

（5）中间段

中间段（或称空段）内部不装任何空气处理设备，仅为某些功能段（如初效、中效过滤段，表冷挡水段，加热段和喷水段等）提供内部检修空间而设置。在操作面一侧设有供人员出入的检修门。此外，在风机段和混合段操作面一侧，同样要设检修门。

（6）加湿段

冬季需要加湿的场合，应设加湿段对空气进行加湿处理。设有干蒸汽加湿器或电极式加湿器的，属于等温加湿；设有湿膜、高压喷雾加湿器等的，属于等焓加湿。该段内应设有排水措施。

（7）送风段

送风段设在送风机段之后，为调整送风出口方向（如顶部出风或侧面出风）并与送风风道相连接，接口处装有对开式多叶送风阀。

（8）消声段

消声段内设有片式消声器或微穿孔板消声器。按空气流动方向，处在回风机段前面的是回风消声段，设在送风机段后面的是送风消声段。

（9）均流段

有些厂商的组合式空调机组中有均流段，其作用是使机组断面保持有均匀的风速。当风机处于空气过滤段、消声段前面时，建议在风机段之后、消声段（或过滤段）之前增设均流段。

目前，我国有些厂商生产的组合式空调机组设有能量回收段。该段为双风机系统运行时，将新风与排风在交叉板式能量回收器中进行热交换，达到回收显热能量的目的。具体地说，冬季利用排风中的热量来预热新风；夏季利用排风中的冷量预冷新风。由于新风、排风互不接触，所以尤其适用于回收直流式系统中排风的能量。

（二）工程中常见组合式空调机组的形式

1. 一次回风式单风机系统

（1）典型的一次回风式单风机系统

系统如图3-14所示。

夏季空气处理流程如下：

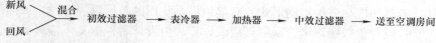

冬季空气处理流程如下：

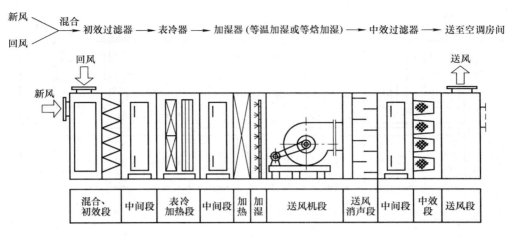

图3-14　一次回风式单风机系统

（2）一次回风式双风机系统

图3-15所示为具有表冷挡水段、再热段、喷蒸汽加湿段，并具有能量回收段的组合式空调机组。该机组由于机房面积充裕，所组合的功能段比较全面。在回风段与回风机段之间设回风消声段；在送风机段之后设送风消声段、中效过滤段。特别值得一提的是，该机组的能量回收段，将排风与回风的分流、新风的进入与回风相混合有机地结合在一起。

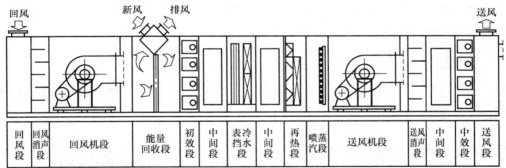

图3-15　一次回风式双风机系统

2. 二次回风式单风机系统

图3-16所示为具有预热段、喷水段和再热段的组合式空调机组。二次回风式系统主要用于有恒温洁净要求的工艺性空调，而舒适性空调夏季以降温为主，采用一次回风式即可。

夏季空气处理流程如下：

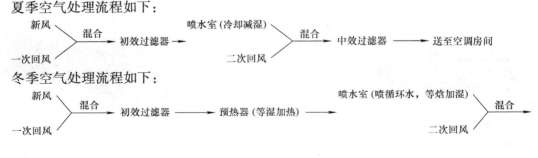

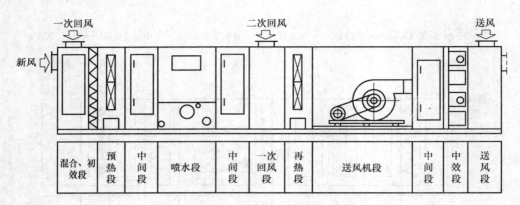

图 3-16　二次回风式单风机系统

第四节　风机盘管加新风空调系统

　　虽然普通集中式空调系统是一种最早出现的、应用广泛的中央空调系统，但由于它存在系统大、风道粗、占用建筑物面积和空间较多等问题。因此难以在高层建筑物中使用。风机盘管加新风系统就是为了克服集中式空调系统在这方面的不足而发展起来的一种半集中式空气－水空调系统。它的冷热媒集中供给，新风可单独处理和供给，由于它具有占用建筑空间少、运行调节方便等优点，近年来得到广泛应用。

一、风机盘管的构造和特点

　　风机盘管也是一种末端装置，其构造如图 3-17 所示，主要由盘管（换热器）和风机组成，并由此得名。

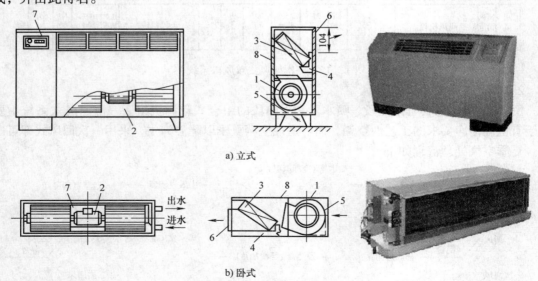

a) 立式

b) 卧式

图 3-17　风机盘管构造

1—风机　2—电动机　3—盘管　4—凝水盘　5—循环风进口及过滤器

6—出风格栅　7—控制器　8—吸声材料

　　风机盘管内部的电动机多为单相电容运转调速电动机，可以通过调节电动机输入电压使风量分为高、中、低三档，因而可以相应地调节风机盘管的供冷（热）量。除风量调节外，风机盘管的供冷（热）量也可以通过室温调节器控制自动调节水量调节阀，控制通过盘管换热器的水流量来达到调节风机盘管的供冷（热）量的目的。风机盘管机组的室温自动调节装置是由感温元件、室温双位调节器和小型电动三通分流阀构成的。在感温元件作用下，通过调节器来控制水流量，达到调节室温的目的。

　　从结构型式上看，风机盘管有立式、卧式两种。在安装特点上分为明装和暗装两种。明装一般外形美观易于布置，但要占据一定的建筑物空间。吊顶式暗装机组，这种机组的主要优点是不占房间的使用面积，安装、检修、保养简单。但在冬季使用这种机组时，会使室内温度梯度大，一般不适用于以冬季采暖为主的场所。

　　风机盘管的形式仍在不断发展，近些年来已有冷量超过几十千瓦的高余压的风机盘管出现。有些地方就用它们代替小空调系统的空调箱。

二、独立新风加风机盘管空调系统

　　独立的新风系统是把供给新风经集中处理到一定参数。根据所处理的空气终参数的情况，新风系统来承担新风负荷和部分空调房间的冷、热负荷。在过渡季节，可以增大新风量，必要时关闭风机盘管机组，而单独使用新风系统。目前，对于大型建筑物或高层建筑物而言，最常用的空调系统就是独立新风加风机盘管空调系统，如图 3-18 所示。

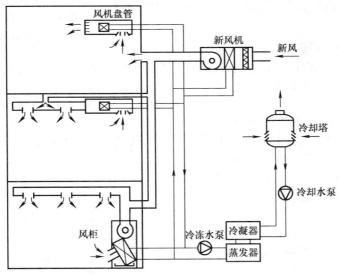

图 3-18　独立新风加风机盘管空调系统示意图

（一）夏季空气处理过程

　　采用这种系统时，多数是将风机盘管出口与新风口并列，外罩一个整体格栅，既美观又便于回风与新风混合后再进入工作区。这种情况下，空气调节过程 $h-d$ 图如图 3-19 所示。室外新风由新风系统处理到机器露点 L，室内回风由风机盘管处理到点 2，由状态点 L 及 2 混合可得送风状态点 O，即

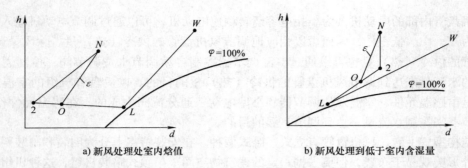

a) 新风处理处室内焓值   b) 新风处理到低于室内含湿量

图 3-19 新风加风机盘管空调系统风口分开时空气调节过程在 $h-d$ 图上的表示

比较图 3-19 所示的两种情况可知,风机盘管在第二种情况下可按干工况工作。这种做法可减少排凝水带来的麻烦,但是要求新风系统的机器露点更低。

工程上有时也将新风先送到风机盘管内部,使之与回风混合,再经过盘管处理的方法,如图 3-20 所示。这种做法虽然增加了盘管的负担,但新、回风的混合较好,而且在部分房间的风机盘管不使用时,也可节省处理新风的费用。

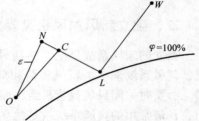

图 3-20 由新风系统向风机盘管内供新风($h-d$ 图)

(二) 冬季处理过程

在冬季工况下,如图 3-21a 所示,新风直接进入室内的空气处理流程如下:

$$W \longrightarrow W_1 \xrightarrow{\text{蒸汽加湿}} E$$
$$N \xrightarrow{\text{加热}} N' \qquad \text{混合} \qquad O \overset{\varepsilon}{\leadsto} N$$

新风接入风机盘管时,如图 3-21b 所示,空气处理流程如下:

$$W \longrightarrow W_1 \xrightarrow{\text{蒸汽加湿}} E$$
$$N \xrightarrow{\text{加热}} N' \qquad \text{混合} \qquad O \overset{\varepsilon}{\leadsto} N$$

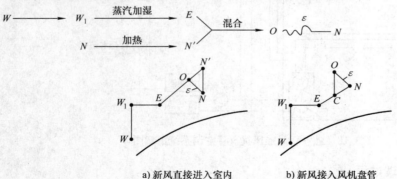

a) 新风直接进入室内   b) 新风接入风机盘管

图 3-21 新风加风机盘管空调系统冬季空气调节过程($h-d$ 图)

由于风机盘管的产品样本上有不同的水温、水量、风量,以及不同进风参数下的冷、热量,所以在选定供新风方式及参数后,便可计算需要由风机盘管承担的室内负荷,据此可以选择满足使用要求的风机盘管。

三、风机盘管机组的供水系统

1. 双水管系统（见图 3-22）

具有供、回水管各一根的风机盘管水系统称为双水管系统。这种系统冬季供热水，夏季供冷水。其优点是系统简单、投资省；缺点是在过渡季节时，有些房间要求供冷而有些房间要求供热就不能全部满足要求。对这种情况往往采取将整个建筑物按朝向分为几个区的方法，不同区域通过各自的区域热交换站控制供水温度并进行调节，来满足不同房间对温、湿度的要求。

2. 三水管系统（见图 3-23）

具有一根供冷水管、一根供热水管和一根公共回水管的风机盘管水系统称为三水管系统。水管系统的每个风机盘管在全年内都可使用热水或冷水，而热水或冷水的接通是由温度调节器自动控制每一个机组上的水阀转换实现的。这种系统的最大缺点是回水管中可能出现冷、热水混合现象，造成冷量和热量的损失，故实际工程中很少采用这种形式。

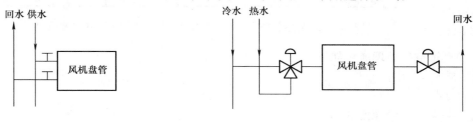

图 3-22　双水管系统　　　　　　　　　　图 3-23　三水管系统

3. 四水管系统

四水管系统有两种形式：一种是在三水管的基础上加一根回水管，如图 3-24a 所示；另一种是把风机盘管分为冷却、加热两部分，使它们的供、回水系统完全独立，如图 3-24b 所示。由于第 2 种形式中冷、热水的供给和回水完全分开，使其既能对房间温度实现灵活调节，又克服了三水管系统冷热量损失的问题。它的缺点是一次投资大，管道占用建筑空间较多。

在选择风机盘管空调的水管系统时，需对以上三种系统作全面综合比较。目前，在我国多数空调工程中均采用双水管系统供水。对舒适性要求很高的建筑物，在有可靠的自控元件的前提下，也可采用四水管系统供水。

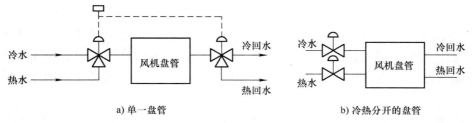

a) 单一盘管　　　　　　　　　　　　　b) 冷热分开的盘管

图 3-24　四水管系统

四、新风机组

一般室内新风均由建筑物内各层独立设置的新风机组承担，其湿负荷满足其卫生要求。

典型的新风机组如 WZK 型，该机组典型构造（见图 3-25）和处理过程如下：

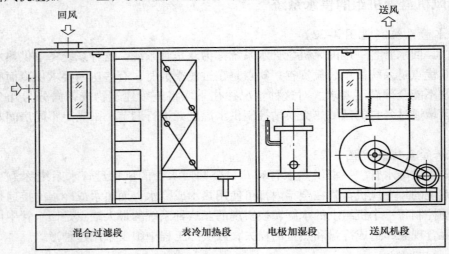

| 混合过滤段 | 表冷加热段 | 电极加湿段 | 送风机段 |

图 3-25　具有表冷加热段和电极加湿段的卫生型组合式空调机组

夏季空气处理流程如下：

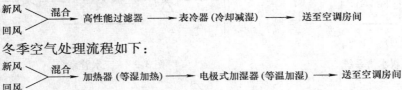

新风
　　混合　高性能过滤器 ⟶ 表冷器（冷却减湿）⟶ 送至空调房间
回风

冬季空气处理流程如下：

新风
　　混合　加热器（等湿加热）⟶ 电极式加湿器（等温加湿）⟶ 送至空调房间
回风

第五节　气 流 组 织

一、气流组织形式

　　通常用送回风口在空调房间内设置的相对位置来表示气流组织形式。气流组织形式不同，房间内气流的流动状况、流速的分布状况乃至空气的温度、湿度、含尘量的分布状况均不同。常用的气流组织形式主要有上送下回、上送上回、下送上回和中送下回四种形式。

　　1. 上送下回

　　上送下回是最常用的气流组织形式。这种气流组织形式如图 3-26 所示，其送风口设在空调房间或区域的上部（如顶棚、侧墙或风管侧壁），回风口设于空调房间或区域的下部（如地板侧墙），气流从上部送出，由下部排出，有侧送侧回、上送侧回、上送底回三种基本形式。

　　上送下回式的主要特点是，送风气流在进入工作区之前就与房间空气进行了比较充分的混合，易形成均匀、稳定的温度场、湿度场和速度场，能保证工作区气流速度和温度、湿度的均匀性。此外，侧送侧回的送风射流射程比较长，射流能充分衰减，故可采用较大的送风温差和较小的送风量。上送下回式的缺点主要表现在回风方面，如采用回风口接风管回风，则风管布置较困难；如采用集中回风口直接回风，则机房噪声的影响又难以避免等。这种气

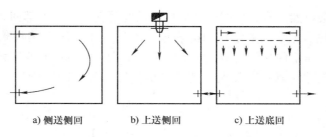

a) 侧送侧回　　　b) 上送侧回　　　c) 上送底回

图 3-26　上送下回气流分布

流组织形式适用于有恒温要求和洁净度要求的工艺性空调，以及以冬季送热风为主且空调房间层高较高的舒适性空调。

2. 上送上回

把送回风管及送回风口均设在空调房间或区域的上部时，气流从上部送风口送出，经工作区后再从上部回风口排出，即形成上送上回的气流组织形式。其基本形式有上送上回和侧送上回等，如图 3-27 所示。

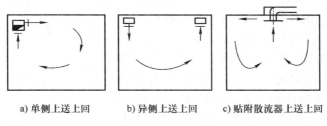

a) 单侧上送上回　　　b) 异侧上送上回　　　c) 贴附散流器上送上回

图 3-27　上送上回气流分布

上送上回这种气流组织形式的主要优点是，送回风管均设在房间的上部或隐藏在顶棚内，不占用房间的使用面积，容易与室内装修协调。当回风管不与回风口相连而使房间上部空间也成为回风通道时（俗称顶棚回风或吊顶回风），吊顶内由房间照明装置散发的部分发热量可由回风气流带走，在夏季可减少工作区的冷负荷量，从而可在送风量不变的情况下减小送风温差，使房间的舒适度提高；或在送风温差不变的情况下减小送风量，使风机能耗降低。这种气流组织形式的主要缺点是，部分工作区处于射流区，部分工作区处于回流区，不易形成均匀的温度场、湿度场和速度场，而且如果风口布置不当，很容易造成送回风气流短路，影响空调质量。上送上回这种气流组织形式主要适用于以夏季降温为主且房间层高较低的舒适性空调。当房间下部无法布置回风口时，通常也都采用这种气流组织形式。

3. 下送上回

图 3-28 所示为地面均匀送风、房间上部集中回风的下送上回气流组织形式。由图可见，这种气流组织形式的送风口设在空调房间或区域的下部，回风口设于上部，气流从下部送风口送出，经工作区后再从上部回风口排出。由于这种气流组织形式的送风是直接进入工作区，为满足人的舒适要求和生产的工艺要求，在相同条件下，下送形式的送风温差必然要小于上送形式的。同时考虑到人的舒适条件，送风速度也不能太大，就必须要增大送风口的面积或数量，这会给风口的布置带来困难。此外，地面容易积聚脏污，这也会影响送风的洁净度。但从房间下部送风能使新鲜空气首先通过工作区，有利于改善工作区的空气质量。送冷

风时，空气吸热后会自然上升，可减少回风机的动力消耗。由于上部回风，还能使房间上部余热（照明装置散热、上部围护结构的得热等）不进入工作区而被直接排出室外，故具有一定的节能效果。下送上回这种气流组织形式主要适用于空调房间或区域的下部工作区有大量余热要带走的工艺性空调，以及人员密集且房间层高很高的影剧院等公共建筑的舒适性空调。

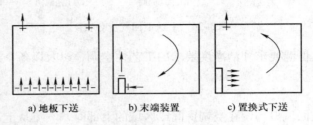

a) 地板下送　　　b) 末端装置　　　c) 置换式下送

图 3-28　下送上回气流分布

4. 中送下回

在某些高大的空调房间内，若实际工作区在房间下部，则不需要将整个空间都作为控制调节的对象，常采用图 3-29 所示的中送下回的气流组织形式，只对位于房间下部的空调区域进行控制能耗。房间上部的非空调区域可另外采用通风排热，这样既能满足工作区空调的要求，又能节能。显然，中送下回气流组织形式的送风口是设在空调房间的中部，回风口设于下部，气流从中部送风口送出，经工作区后再从下部回风口排出。由于这种气流组织形式在竖向空间造成了温度"分层"现象，因此这种空调

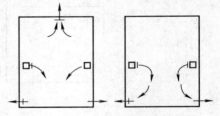

图 3-29　中送下回气流分布

方式又称为分层空调。采用这种气流组织形式时应符合下列要求：

1）空调区宜采用双侧送风，当房间跨度小于 18m 时，可采用单侧送风，其回风口宜布置在送风口的同侧下方。

2）侧送多股平行射流应互相搭接，采用双侧相对送风时，两侧相向气流应在人员活动区以上搭接，以便形成覆盖，实现分层，即形成空调区和非空调区。

3）应尽量减少非空调区向空调区的热转移，必要时应在非空调区设置送排风装置。

综上所述，空调房间的气流组织方式有很多种，在实际使用中，应根据人的舒适要求、生产工艺对空气环境的要求、工艺特点和建筑物条件来选择合适的气流组织方式。

二、送风口形式

送风口按形式分类，有百叶、格栅送风口，散流器，孔板送风口，喷射式送风口，旋流送风口。

（1）百叶、格栅送风口

空调中使用最多的是百叶、格栅送风口，其外形主要为方形和矩形，其结构与形式见表 3-6 所示。

表 3-6 百叶、格栅送风口

序号	型式	形状	送风方向	特点和应用场合
1	格栅送风门	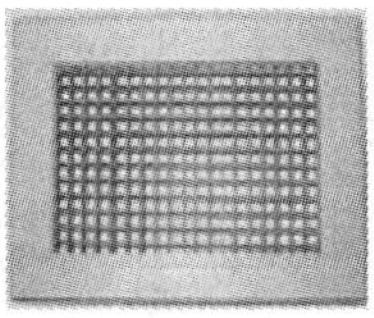	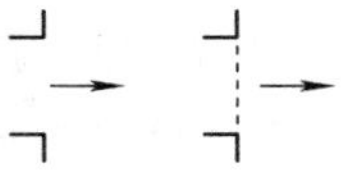	叶片或空花图案的格栅,用于一般空调工程
2	单层百叶送风口		平行叶片 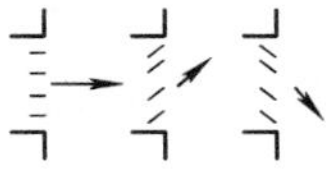	叶片活动,可根据冷、热射流调节送风的上下倾角,用于一般空调工程
3	双层百叶送风口	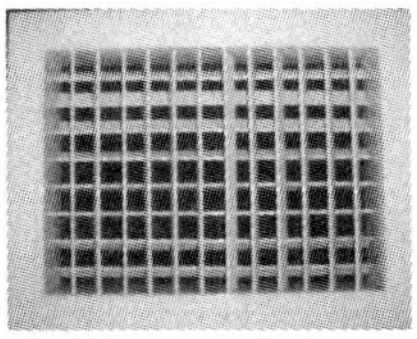	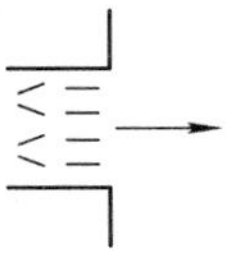 对开叶片	叶片可活动,内层对开叶片用以调节风量,用于较高准确度空调工程

（2）散流器

散流器是装在空调房间的顶棚或暴露在风管的底部作为下送风口使用的风口,其造型美观,易与房间装饰要求配合,是使用最为广泛的送风口之一。散流器按外形分为圆形、方形和矩形,具体的形式见表 3-7。

表 3-7 常用散流器形式

风口图式	风口名称及气流流型
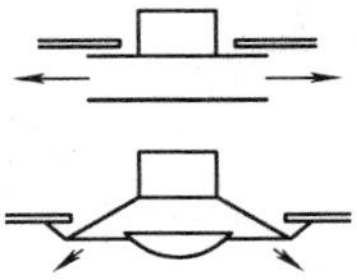	（a）盘式散流器:属平送流型,用于层高较低的房间,挡板上可贴吸声材料,能起消声作用
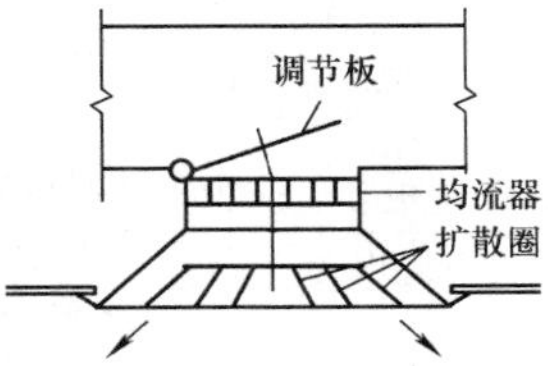 调节板 均流器 扩散圈	（b）直片式散流器:平送流型或下送流型（降低扩散圈在散流器中的相对位置时可得到平送流型,反之则可得下送流型）
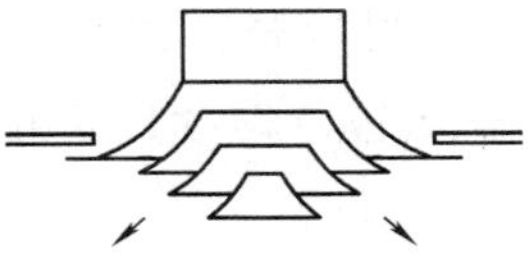	（c）流线型散流器:属下送流型,适用于净化空调工程
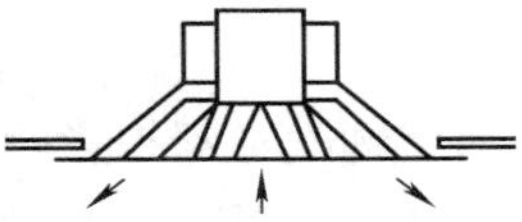	（d）送吸式散流器:属平送流型,可将送回风口结合在一起

（3）孔板送风口

孔板送风是利用顶棚上面的空间作为送风静压箱（或另外安装静压箱），空气在箱内静压作用下，通过在金属板上开设的大量小孔（孔径一般为 6 ~ 8mm），大面积地向室内送风。孔板在顶棚上的布置形式不同，可分为全面孔板和局部孔板。前者是指在空调房间的整个顶（除布置照明灯具所占面积外）均匀布置送风孔板（见图 3-30）；后者是指在顶棚的一个位置或多个局部位置，以带形、梅花形、棋盘形或其他形式布置孔板，如图 3-31 所示。

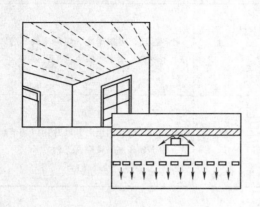

图 3-30 孔板送风口

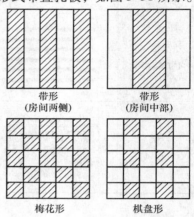

带形
（房间两侧）

带形
（房间中部）

梅花形

棋盘形

图 3-31 局部孔板布置示意图

送风量比较大、室温允许波动范围较小的有恒温及净化要求高的空调房间，宜采用孔板送风的方式。

（4）喷射式送风口

由喷射式送风口（见图 3-32）的高速喷口送出的射流带动室内空气进行强烈混合，使射流流量成倍地增加，射流截面积不断扩大，速度逐渐衰减，室内形成大的回旋气流，工作区一般是回流区。

这种送风方式射程远、送风系统简单、投资较省，一般能够满足工作区舒适条件

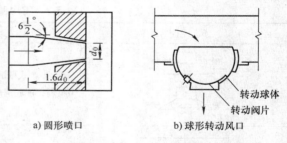

a) 圆形喷口

b) 球形转动风口

图 3-32 喷射式送风口

的要求。它是具有高大空间大型建筑物（如体育馆、剧院、候机大厅、工业厂房等）常用的一种送风口。

（5）旋流送风口

图 3-33 所示为旋流送风口的一种形式。送风经旋流叶片形成旋转射流，送风气流与室内空气混合好，速度衰减快。这种送风口很适合于要求送风射程短的体育馆看台及电子计算机房的地面送风。

三、回（排）风口

由以上分析可知，回风口处的气流速度衰减很快，因此回风对室内气流组织影响不大。高大空间的风口的安装位置通常都比较隐蔽。这种对回风功能要求很低、外观对室内环

境美化作用影响又不大的特点决定了其形式很少，构造也简单。常用的回风口有百叶式回风口、活动算板式回风口和蘑菇形回风口。

1. 百叶式回风口

百叶式回风口的叶片通常固定为某一角度，它既可在房间的侧墙或风管的侧面垂直安装。也可在房间的顶棚或风管的底面水平安装。当回风量有调节要求时，也可采用活动叶片的百叶式回风口。

2. 活动算板式回风口

图 3-34 所示的活动算板式回风口是由两层算板叠合而成的，两块算板均开有相同的长条形洞，移动调节螺栓可使内层算板左右移动，从而改变开口面积，达到调节回风量的目的。

3. 蘑菇形回风口

图 3-35 所示的蘑菇形回风口是一种安装在地面上的回风口，主要用于影剧院，通常布置在座椅下方，直接插入地面的预留洞与地下回风管相接。蘑菇形的外罩起防止杂物直接进入回风口的作用。其离地面的高度一般可以通过支撑螺杆调节，使回风口的空气吸入面积发生改变，从而达到节约回风量的目的。

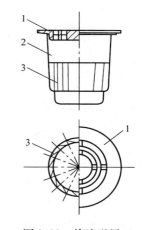

图 3-33　旋流送风口
1—出风格栅　2—集尘箱　3—旋流叶片

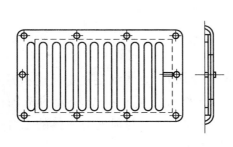

图 3-34　活动算板式回风口

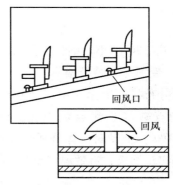

图 3-35　蘑菇形回风口

四、空气分布性能的评价

当设计或选择了空调房间的气流组织形式及送风方式后，需要对其性能进行科学的评估。下面对评价气流组织的性能指标进行介绍。

（一）不均匀系数 R_t、R_V

为了反映空调房间的气流组织的效果，需要对工作的温度、速度分布的均匀程度进行评价，主要有以下两种指标：

1）温度不均匀系数 R_t；

2）速度不均匀系数 R_V。

当工作区有 n 个测点，分别测得各点的温度和速度，其算术平均值为

$$\left.\begin{array}{l} \bar{t} = \dfrac{\sum t_i}{n} \\[3mm] \bar{v} = \dfrac{\sum v_i}{n} \end{array}\right\}$$

这样，工作区内空气温度和速度的方均根偏差为

$$\left.\begin{array}{l} \sigma_t = \sqrt{\dfrac{\sum (t_i - \bar{t})^2}{n}} \\[4mm] \sigma_v = \sqrt{\dfrac{\sum (v_i - \bar{v})^2}{n}} \end{array}\right\}$$

式中　n——工作区内测点数；

　　t_i、v_i——各测点的温度和速度；

　　$\bar{t}$、$\bar{v}$——所得测点温度和速度的算术平均值。

温度和速度的方均根偏差 σ_t、σ_v 分别与平均温度 $\bar{t}$ 和平均速度 $\bar{v}$ 的比值，即为温度不均匀系数 R_t 和速度不均匀系数 R_v，即

$$\left.\begin{array}{l} R_t = \dfrac{\sigma_t}{\bar{t}} \\[3mm] R_v = \dfrac{\sigma_v}{\bar{v}} \end{array}\right\}$$

显然 R_t、R_v 越小，则气流分布的均匀性越好。

（二）空气分布特征指标

空气分布特征指标（Air Diffusion Performance Index，ADPI）是指满足规定风速和温度要求的测点数与总测点数之比。对舒适性空调而言，相对湿度在一个较大的范围内（30% ~ 40%）波动对人体舒适性影响较小，可主要考虑空气湿度与风速对人体的综合作用。根据实验结果，有效温度差与室内风速之间存在下列关系：

$$\Delta ET = (t_i - t_N) - 7.66\,℃ \cdot s/m(v_i - 0.15)$$

式中　ΔET——有效温度差（℃）；

　　t_i、t_N——工作区某点的空气温度（假定壁面温度等于空气湿度）和给定的室内温度（℃）；

　　v_i——工作区某点的空气流速（m/s）。

当 ΔET 在 -1.7 ~ $+1.1$ 之间，多数人感到舒适，因此空气分布特征指标应为

$$ADPI = \dfrac{在 -1.7 < \Delta ET < 1.1 \text{ 范围内的测点数}}{总测点数} \times 100\%$$

一般情况下，应使 $ADPI \geqslant 80\%$。

第六节　消声隔振及防火排烟

一、中央空调消声隔振处理

（一）通风空调工程中的主要噪声源

通风空调工程中的主要噪声源有通风机、制冷机、水泵、风冷式冷却塔等。其中，风机是空调系统的主要声源，风机噪声包括空气动力性噪声和机械噪声，又以动力性噪声为主。风机噪声的主要影响因素：叶片形式、片数、风量、风压及转速等。风机噪声频率大约在200～800Hz，主要噪声处于低频范围。风机的噪声通常用声功率级和比声功率级及其频率特性计算。

（二）房间允许噪声

有消声要求的空调房间大致可分两类。一类是生产或工作过程本身对噪声有严格要求，广播电台和电视台的播音室、录音室等。这类房间的噪声标准应根据工艺的需要由工艺设计员提出，经有关方面协商确定。另一类是在生产或工作过程中要求给操作人员创造较安静的环境，如仪表装配间及半导体器件生产车间等。某些房间的允许噪声值见表3-8。

表3-8　某些房间的允许噪声值

建筑物类别	声功率级（A计权）/dB
广播录音室、播音室	26～34
音乐厅、剧院、电视演播厅	34～38
电影院、讲演厅、会议厅	38～42
办公室、设计室、阅览室、审判庭	42～46
餐厅、宴会厅、体育馆、商场	46～54
候机厅、候车厅、候船厅	50～58
洁净车间、带机械设备的办公室	58～66

（三）减少噪声的主要措施

空调系统噪声的消除，首先应从如何减少系统噪声着手，把采用消声器只作为一种辅助措施。减少空调系统噪声的主要措施如下：

1）设计空调系统时，应尽可能选用低速叶片向后弯曲的离心式通风机，使通风机的正常工作点接近最高效率点运转。

2）采用噪声最小的电动机与通风机直接传动，其次可采用联轴器传动。如必须采用间接传动，应选用无缝V带传动。

3）校正好通风机的动平衡与静平衡。

4）在低速空调系统中，风道内空气流速不宜过高，以防止产生附加噪声。风速一般应限制在允许的范围内。

5）通风机、电动机应安装在减振基础上，风机进出口要避免急剧转弯，同时安装软接头。

6）空调机房应尽可能远离有消声要求的空调房间。为防止设备运转时噪声传出，可在机房内贴吸声材料。

7）为防止风管振动，对矩形风管应按规定进行加固，通过墙壁或悬吊在楼板下时，风管和支架要采取隔振措施。

8）当风管穿过高噪声的房间时，应对风管进行隔声处理。

采取上述措施，并扣除噪声在风管内的自然衰减值后，若仍不能满足室内允许的噪声标准，多余的噪声就要靠消声器消除。有时在实际工程中，也有不去计算和考虑自然衰减量的，这样使消声设计更为安全可靠。

（四）消声器

管道系统的消声器是系统噪声控制的重要措施，消声器的作用是降低和消除通风机噪声沿通风管道传入室内或传向周围环境。

1. 消声器的消声原理

空调系统所用的消声器的消声原理可分为阻性和抗性两大类。阻性利用装在风管内壁上或在管道中按一定方式排列的吸声材料的吸声作用，使沿通道传播的噪声声能部分地转化为热能而消耗掉，达到消声的目的。抗性是利用管道内截面的突变，使沿管道传播的声波向声源方向反射回去，而不再向前传播，从而起到消声作用。

2. 消声器的常用形式

根据消声原理，消声器可分为阻性消声器、抗性消声器和阻抗复合消声器。

（1）阻性消声器

此类消声器对中、高频噪声的消声效果较好，如图 3-36 所示。

（2）抗性消声器

此类消声器对低、中频噪声的消声效果较好；不使用消声材料，主要利用声阻抗的不连续性引起声波传输损失；从结构上可分为膨胀型和共振型，如图3-37、图 3-38 所示。

（3）阻抗复合消声器

此类消声器是采用阻性和抗性消声器原理相结合的消声器，具有阻性消声器和抗性消声器的优点。

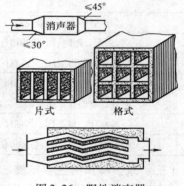

图 3-36　阻性消声器

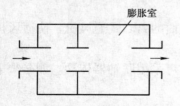

图 3-37　膨胀型消声器示意图

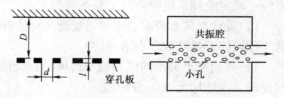

图 3-38　共振型消声器原理图

二、空调系统的隔振

（一）振源

空调系统的振源主要来自于通风机、水泵和制冷压缩机等设备。因转动部件质量中心偏离轴中心而产生振动,该振动传给支撑结构(基础或楼板),并以弹性波的形式从运转设备的基础跟建筑物结构传递到其他房间,再以噪声的形式出现,称为固体声。振动噪声会影响人的身体健康、工作效率和产品质量,甚至危及建筑物的安全,所以,对通风空调系统中的一些运转设备,需要采取减振措施。

(二)减振措施

空调装置的减振措施就是在振源和它的基础之间安装弹性构件,即在振源和支承结构之间安装弹性避振构件(如弹簧减振器、软木、橡皮等)。在振源和管道间采用柔性连接。这种方法称为积极减振法。而对于精密设备、仪表等采取减振措施,以防止外界振动对它们的影响,这种方法称为消极减振法。

(三)常用减振器

通风与空调设备常用的减振垫和减振器有橡胶减振垫、橡胶减振器、弹簧减振器等。

1. 橡胶减振垫、减振器(见图3-39、图3-40)

橡胶弹性好、阻尼比大、制造方便,是一种常用的较理想的隔振材料,可以一块或多块叠加使用,但易受温度、油质、阳光、化学溶剂的侵蚀,所以容易老化。通常采用经硫化处理的耐油丁腈橡胶制成。橡胶减振垫是将橡胶材料切成所需要的面积和厚度,直接垫在设备的下面,一般不需要预埋螺栓固定。橡胶减振垫易加工、制作、安装方便,但易老化变形,降低减振效果。

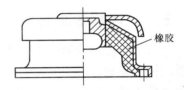

图3-39 JG型橡胶减振器

橡胶减振器是由丁腈橡胶制成的锥形的弹性体,并粘贴在内外金属环上。受剪切力的作用,它有较低的固有频率和足够的阻尼,减振效果好,安装和更换方便,且价格低廉。一般情况下,设备转速 $n > 1200r/min$ 时,宜采用橡胶减振器。有关产品目录和设计手册提供了必要的参数,当已知机组质量和静态压缩量后便可选定减振器。

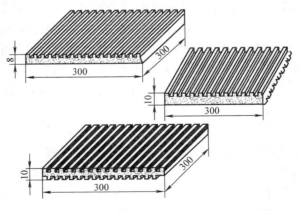

图3-40 肋形橡胶减振垫

2. 弹簧减振器

由单个或数个相同尺寸的弹簧和铸铁护罩组成,用于机组座的安装及吊装,它的固有频率低、静态压缩量大、承载能力大、减振效果好、性能稳定,所以应用广泛,但价格较贵。另外,在弹簧减振器底板下面垫有10mm厚的橡胶板,能起到消声作用。

当设备转速 $n < 1200r/min$ 时，宜采用弹簧减振器，如图 3-41 所示。

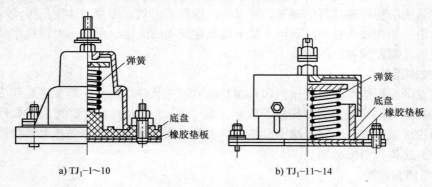

a) TJ₁–1～10   b) TJ₁–11～14

图 3-41 弹簧减振器

三、空调系统防火排烟

建筑物防排烟分为防烟和排烟两方面。防烟的目的是将烟气封闭在一定区域内，以保证疏散线路的畅通，无烟气侵入；排烟的目的是将火灾时产生的烟气及时排除，防止烟气向防烟分区外扩散，以保证疏散通路和疏散所需时间。为达到排烟的目的必须在建筑物中设置周密、可靠的防排烟系统和设施。建筑物防排烟设计必须严格遵照现行国家有关防火设计规范的规定。

（一）建筑物防火和防烟分区

在建筑设计中，为了保障建筑物和人员的安全，必须遵守我国颁布的有关规范，采取有效的防火排烟措施。

1. 防火分区

根据我国高层建筑物防火规范，防火分区的划分规定为：一类高层建筑物每层防火单元最大允许面积为 $1000m^2$；二类高层建筑物为 $1500m^2$；地下室为 $500\ m^2$。如果防火单元内设有自动灭火系统时，则防火面积可再增加一倍。为了把火灾控制在一定范围内，阻止火势蔓延扩大，减少火灾危害，常用防火墙、耐火楼板和防火门来进行防火分区。在建筑物设计中，通常规定，楼梯间、通风竖井、风道空间、电梯、自动扶梯升降通路等形成竖井的部分应作为防火分区。

2. 防烟分区

防烟分区是对防火分区的细化。防烟分区不能防止火灾的扩大，仅能有效地控制火灾产生的烟气流动。首先要在有发生火灾危险的房间和用作疏散通道的走廊间加设防烟隔断，在楼梯间设置前室，并设自动关闭门，作为防火防烟的分界。防烟分区可按如下规定：需设排烟设施的走道；净高不超过 6m 的房间，应采用防烟垂壁、隔墙或从顶棚下突出不小于 50cm 的梁划分防烟分区；每个防烟分区的建筑物面积不宜超过 $500m^2$；对装有自动喷水灭火系统的建筑物，防烟分区的面积可再增大一倍；防烟分区不应跨越防火分区。

（二）空调系统防火、防烟

1. 防火、防烟调节阀

从防火、防烟的观点出发，空调系统最好不用风道，而采用全水系统。但是，空调系统的选择，除考虑防火、防烟之外，还要综合考虑其他因素。在某些工程上，采用全空气的空调系统是有利的。一般认为在高层建筑物中一个空调系统负担4～6层时，投资比较经济，而防火、防烟性能尚可。因此，在实际工程中，空调系统的风道常穿过防火分区或防烟分区，为此系统上要设防火、防烟阀，如图3-42所示。

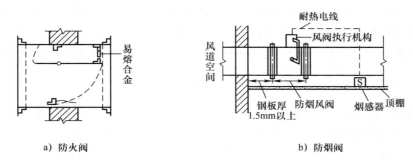

a) 防火阀　　　　　　　　　b) 防烟阀

图3-42　防火、防烟阀构造

2. 防火、防烟阀安装位置

通风空调系统应设置防火阀的部位如下：

1）为防止通风机房火灾时，通过风管蔓延到相邻房间，在送风、回风和排风管穿过机房隔墙或楼板处，应设置防火阀。

2）为防止火灾从危险性大的房间，经风管蔓延到邻近房间，应在通过其隔墙和楼板处的送、回风管和排风管上设置防火阀。

3）为防止防火分区之间火灾的相互蔓延，在穿越防火分区隔墙处的送、回风管道上设置防火阀。

4）多层和高层建筑物的楼板，一般可视为防火隔断，为防止火灾在上下层蔓延扩大，应在每层送、回风水平管与垂直总管的交接处设置防火阀。

5）穿越沉降缝、变形缝的墙的两侧风管上，应各设一个防火阀。在风管与墙、防火阀关闭的方向应与设置防火阀的通风管道有一定的强度。在设置防火阀的管段处，应设单独的支吊架，以免由于管段变形而影响防火阀关闭的严密性。

6）为了使防火阀能及时、有效地关闭，控制防火阀关闭的易熔金属片或其他感温元件应设在容易感温的部位，易熔片及其感温元件的控制温度应比通风空调系统最高正常温度高出25℃，一般情况下可采用70℃。

7）直接接室外的新风管一般可不设防火阀。只有在靠近、邻近一层建筑物且离建筑物距离小于3m时，或邻近建筑物为2层及2层以下且距离小于5m时，才应设置防火阀，以防止火灾通过新风管蔓延到邻近建筑物。

（三）通风空调系统的防火措施

1）为了防止火灾沿着通风空调系统的风管和管道的保温材料、消声材料蔓延，上述保温、消声材料及其粘结剂，应采用非燃烧材料。在采用非燃烧材料有困难时，才允许采用难燃材料，易燃材料是绝对禁用的。常用的非燃烧材料有超细玻璃棉、岩棉、矿渣棉等。难燃材料有自熄性聚氨酯泡沫塑料、自熄性聚苯乙烯泡沫塑料等。

2）为了防止通风机已停止运转而电加热器仍继续工作而引起火灾，电加热器开关与通风机的起停必须联锁，做到风机停止运行时，电加热器电源相应切断。此外，在电加热器前后各800mm范围内的风管，应采用非燃烧材料进行保温。

3）空气中含有易爆物质的房间，当风机停止运行时，此类物质容易从风管倒流至风机内。为防止风机发生火花，引起燃烧爆炸事故，其送排风系统的通风机应采用防爆型的。即风机的叶轮采用有色金属制造，且电动机是全封闭的。但如果通风机设在单独隔离的机房内，而且送风干管内设有止回阀，能防止上述危险时，也可采用普遍型通风设备。

本章小结

中央空调系统的设计与其运行管理密不可分，了解和掌握中央空调系统的设计方法和过程，对在中央空调系统运行管理过程中遇到的问题和难题进行理论分析，从而保证中央空调系统的稳定、有效地运转。本章就中央空调系统的设计主要介绍了以下内容：

1. 空调热湿负荷计算。空调冷（热）、湿负荷是消除室内外扰动量对空调区域的影响，保持室内温湿度稳定，满足人体的舒适性要求和设备的平稳运转。掌握负荷计算中的几个重要概念：综合温度的计算、冷负荷温度的计算，以及得热量和冷负荷的辩证关系。现在我国主要的负荷计算方法是冷负荷系数法。

2. 空调房间新风量的计算。GB 50736—2012《民用建筑供暖通风与空气调节设计规范》中规定："空调系统的新风量应不小于人员所需新风量，以及补偿排风和保持室内正压所需风量中的较大值"。当全空气系统服务于不同新风比的多个空调区域时，应根据空调系统的风平衡来确定空调系统的最小新风量。

3. 普通集中式空调系统。集中式空调系统是典型的全空气系统，根据新风、回风混合过程的不同，主要可分为一次回风和二次回风系统，不能简单地认为二次回风比一次回风系统节能，要根据实际情况，并通过经济技术比较来确定。

4. 风机盘管加新风空调系统。该系统属于半集中式空调系统。风机盘管处理部分或全部室内热湿负荷，新风机组承担新风负荷和部分室内热湿负荷。其水系统可根据冬夏季负荷特点分为双水管、三水管和四水管系统，比较常用的水系统是双水管系统。

5. 气流组织设计。合理的气流组织设计，保证了室内温湿度的均匀性和气流的稳定性。常用的气流组织形式主要有上送下回、上送上回、下送上回和中送下回四种形式。熟悉气流组织的评价两个主要指标：温度、速度的不均匀系数和ADPI。不均匀系数越小，气流分布的均匀性越好；一般情况下，应使ADPI≥80%。

6. 消声隔振及防火排烟。空调系统中噪声的控制除了合理的气流设计外，消声器是系统噪声控制的重要措施，主要有阻性、抗性和阻抗复合消声器三种形式。通风与空调设备常用的减振垫和减振器有橡胶减振垫、橡胶减振器、弹簧减振器等。正确设置防火、防烟阀，可以有效地隔绝火情和防止火势蔓延。

思考与练习题

1. 哪些负荷属于房间负荷？哪些负荷属于系统负荷？
2. 房间得热量和冷负荷有什么区别？
3. 如何确定空调系统的最小新风量？如何计算空调系统的送风量？

4. 如何实现等焓加湿？
5. 简述一次回风空调系统夏季和冬季处理空气的过程。
6. 简述二次回风空调系统夏季处理空气的过程。
7. 请简要叙述一下集中式空调系统的优缺点。
8. 简述风机盘管加新风空调系统夏季的空气处理过程。
9. 简述风机盘管系统三种供水方式的特点。
10. 对于室内气流组织该如何评价？
11. 减少空调系统噪声的主要措施都有哪些？
12. 空调系统中哪些部位应设置防火阀？

第四章

中央空调系统的调试

第一节　空调系统的调试程序与仪表

空调系统的测试与调整统称为调试，这是保证空调工程质量、实现空调功能不可缺少的重要环节，也是中央空调运行管理工作的重要组成部分。对于新建成的空调系统，在完成安装、交付使用之前，需要通过测试、调整和试运转，来检验设计、施工安装和设备性能等各方面是否符合生产工艺和使用要求；对于已投入使用的空调系统，当发现某些方面不能满足生产工艺和使用要求时，也需要通过测试查明原因，以便采取措施予以解决。

一、调试的准备工作

（一）资料的准备

1）设计图样和设计说明书，以便掌握设计构思、空调方式和设计参数等。

2）主要设备（空调机组、末端装置和冷水机组等）产品安装使用说明书，以便了解各种设备的性能和使用方法。

3）弄清楚风系统、水系统和自动调节系统以及相互间的关系。

（二）现场准备

1）检查中央空调各个系统和设备安装质量是否符合设计要求和施工验收规范要求。尤其要检查关键性的监测仪表（如冷水机组蒸发器，冷凝器进、出水口是否装有压力表、温度计）和安全保护装置是否齐全，安装是否合格。如有不合要求之处，必须整改合格，具备调试条件后，方可进行调试。

2）检查电源、水源及冷、热源等，是否具备调试条件。

3）检查空调房间建筑围护结构是否符合设计要求，以及门窗的密闭程度。

（三）编制调试计划

调试计划的内容包括以下几个方面：

1）调试的依据，包括设计图样、产品说明书以及设计、施工与验收规范等。

2）调试的项目、程序及调试要求。

3）调试方法和使用仪表及其准确度。

4）调试时间和进度安排。

5）调试人员及其资质等级。

6）预期的调试成果报告。调试计划由调试单位编制，经建设单位或监理单位认可。

（四）测试仪表和用具的准备

测试仪表须经有关计量部门校验合格，超过校验期的仪表须重新校验。

二、调试的项目和程序

由于空调系统的性质和控制准确度的不同，所以调试的项目和要求也有所不同。对于空调准确度要求较高的中央空调系统，调试项目和程序有以下几个方面。

1. 空调系统电气设备与线路的检查测试

该项工作通常是在空调制冷专业人员配合下，由电气专业调试人员操作。

2. 空调设备单机空负荷试运转

1）风机单机的空负荷试运转，包括通风机、新风风机、冷却塔风机等。运转前须加适量的润滑油；检查各项安全措施；盘动叶轮，不应有卡壳和摩擦现象，检查叶轮旋转方向是否正确；试运转时检查风机的减振器是否移位；滑动轴承最高温度不得超过70℃；滚动轴承最高温度不得超过80℃。

2）制冷机或制冷机组试运转。

3）水泵单机无负荷试运转。水泵试运转前应按照说明书注油并填满填料，检查轴封是否密封良好；水泵连接法兰和密封装置等不得有渗漏；叶轮与泵壳不应互相摩擦，各阀门应调节灵活；水泵转向要正确。

4）空调机组内的表面式冷却器和喷淋装置的通水试运转。检查供水管压力是否正常，有无漏水，表面式冷却器的冷凝水排放是否通畅，喷淋装置的喷嘴是否齐全，挡水板过水量是否正常。

5）空气过滤装置试运转，按设计要求和产品说明书检查运转是否正常。

6）冷却塔的试运转，检查风机转向是否正确，布水器的布水是否均匀等。

3. 空调设备的空负荷联合试运转

联合试运转包括风系统、水系统（冷冻水系统和冷却水系统）以及制冷系统，在建筑物无热、湿负荷的情况下，同时起动运转，应进行如下项目的测试与调整：

1）测定通风机的风量、风压、转速及电流。

2）风管系统及风口的风量测试与平衡，要求实测风量与设计风量的偏差不大于10%。

3）制冷系统的压力、温度、流量，以及冷、热量的测试与调整。要求各项技术参数应符合有关技术文件的规定。

空调系统带冷（热）源的正常联合试运转不少于8h。当竣工季节条件与设计条件相差较大时，仅做不带冷（热）源的试运转。

当空调设备空负荷联合试运转合格后，即可进行工程验收。

4. 空调系统综合效能调试

该项试验应由建设单位负责，设计单位和施工单位配合进行。根据工艺和设计要求进行测试和调整以下内容：

1）室内空气参数的测定与调整。

2）室内气流组织的测定。

3）室内洁净度和正压的测定。

4）室内噪声的测定。

5）自动调节系统的参数整定和联动调试。

空调系统的综合效能调试，应在接近设计负荷条件下进行测定与调整。

三、空调系统测试常用仪表

空调系统测试的常用仪表，主要是温度、湿度、风速和风压的测量仪表。

（一）温度测量仪表

1. 标准温度计

标准温度计是用充注水银或酒精的玻璃毛细管和感温包制成的。充注水银的称水银温度计，充注酒精的称酒精温度计。为了看清液柱的液面位置，酒精常染上红色。

标准温度计的刻度有 2.0℃、1.0℃、0.5℃、0.2℃、0.1℃几种。其中，0.5℃、0.1℃两种刻度可满足空调系统的测试要求。此外，还有 0.05℃、0.02℃和 0.01℃刻度的温度计，可用于高准确度测量中。水银温度计的测量范围为 -30~600℃，但只有 -0~50℃、0~100℃两种规格可适用于空调工程。酒精温度计的测量范围为 -100~75℃。

2. 热电偶温度计

热电偶温度计是一种间接测量温度的仪表，它具有测量范围宽、热惰性小、便于远距离和集中测量，还可同时进行多点测量等特点，因此在空调工程测试中应用较多。

热电偶温度计的原理：将两种不同成分的金属导体的两端焊在一起形成闭合回路，两端接点的温度不同，闭合回路中将产生热电动势。两端接点的温差越大，电动势也越大。如果将一端接点的温度恒定，另一端接点置于被测介质中，再接入一只毫伏计，所测得的热电动势即为介质温度的函数值。通过这种方法可以测量介质的温度。在空调系统中，温度较低，一般在 25℃以下，通常采用热电偶（一次仪表）与电位差计（二次仪表）配合测量热电动势。

3. 双金属自记温度计

双金属自记温度计是由双金属片感温元件、自记钟、自记针等组成的自动温度记录仪，其测量准确度为 ±1℃。通常用于自动记录室外温度、恒温室技术夹层温度和室温允许波动范围大于 ±1℃的空调房间的温度变化。

双金属温度计的原理是将两种热膨胀系数不同的金属片焊接或挤压在一起，当温度变化后，双金属片产生弯曲，其弯曲程度与温度变化的大小成正比。利用这种原理以双金属片作为感温元件，配以指针等机构即可用于温度测量和记录。

4. 电阻温度计

电阻温度计是由对温度变化敏感的热电阻为温度传感器（一次仪表）和电阻测量仪表（二次仪表）组成的温度测量仪器。电阻温度计所测量的电阻值可直接以所对应的温度值指示或自动记录下来，因此可用来直接读出温度值。

目前，市场有售的半导体温度计实际上是由半导体热敏电阻与电桥组成的。半导体温度计可以用于空调系统小型制冷机各部分的表面温度的测量。

（二）湿度测量仪表

空调系统测试中，常用的相对湿度测量仪表有：普通干湿球温度计、通风干湿球温度计、毛发湿度计、湿敏电阻湿度计等。

1. 普通干湿球温度计

普通干湿球温度计是将两支完全相同的标准温度计并排固定在一块平板上，其中一支温度计作为干球温度计，另一支在感温包上缠上湿纱布作为湿球温度计。

干湿球温度计的原理：由于感温包上包有湿纱布，水分不断蒸发吸热，温度降低，所测温度低于干球温度计所测温度。干、湿球温度差值的大小与空气相对湿度的高低有关。差值越大，相对湿度越低，空气越干燥；差值越小，则反之。根据干、湿球的温度差，可以通过专门的表格查得空气的相对湿度，或者由空气的焓－湿图查得。

普通干湿球温度计的测量准确度较差，室内气流速度的变化和周围有热辐射表面时，对测试结果影响较大。

2. 通风干湿球温度计

这是在普通干湿球温度计的基础上增加通风装置，使干湿球温度计的温包周围保持2.0m/s 的气流速度，湿球纱布周围处于良好的蒸发状态；两支温度计分别装有防辐射热的金属防护套。通风干湿球温度计的准确度高于普通干湿球温度计。

3. 毛发湿度计

这是一种用脱脂处理过的毛发制成的直接测量相对湿度的仪器。它是利用毛发长度随空气的湿度变化而伸长或缩短这一特性来测量相对湿度的。

毛发湿度计的种类较多，有单根毛发的、多根毛发的，有指针式的和自记式的等。

（1）指针式毛发湿度计

指针式毛发湿度计是将单根脱脂人发的一端固定在金属架上，另一端与杠杆相连。当空气中相对湿度变化时，毛发伸长或缩短，杠杆随之动作，带动指针沿弧形刻度尺移动，指示空气相对湿度值。

毛发湿度计在使用前要进行校验：用清洁毛笔蘸蒸馏水将毛发全部润湿，其指针将升至90% 以上，过一段时间水分蒸发后指示值逐步降低至稳定值。然后用通风干湿球温度计对照测量，如指示值不符，可调整毛发拉紧螺钉进行校正。

（2）自记式毛发湿度计

这种湿度计以脱脂毛发束为湿度感应元件，配以传动机构、自动记录筒、记录笔等制成。

4. 湿敏电阻湿度计

湿敏电阻湿度计是以氯化锂等金属盐类制成的湿敏电阻为感湿元件，配以测量电阻的二次仪表便组成湿度计。

湿敏电阻材料具有很强的吸湿特性，吸湿后的导电性与空气的湿度存在一定的函数关系，利用这一特性制成湿敏电阻测头。当测头周围空气的湿度发生变化时，湿敏电阻材料的电阻值也随之变化。通过测量电阻值可以间接地测量空气的相对湿度。

（三）压力测量仪表

1. 液柱式压力计

U 形管压力计是最常用的液柱式压力计。其结构是在 U 形管中充入工作液体，中间设有标尺，可以用来测量空调通风系统、水系统的压力或压差。工作液体可根据介质的性质和压力的大小选用：当介质为空气且压力不大时，采用水作为工作液体（有必要时可染色）；当介质为水而压力较大时，采用水银作为工作液体；如介质为水而压力不大时，可采用不溶于水的液体（如四氯化碳）。

2. 倾斜式微压计

倾斜式微压计是在液柱式压力计的基础上，将液柱倾斜放置于不同的斜率上的一种压力计。它可增大测量的量程，提高测量的准确度。在空调系统的压力测量中，若要测得较小的压力，常采用倾斜式压力计。

3. 毕托管

毕托管又称皮托管、比德管或测压管。毕托管是与压力计配套使用的一次仪表，用于测量风管内气流的静压、全压和动压。由于气流的动压与流速的二次方成正比，测量动压值即可求出速度值。因此，毕托管与微压计配套，既是测量压力的仪表，又是测量风速的仪表。这种方法可靠，在空调系统测试中应用较广。

毕托管通常用不锈钢材料制成，由外管、内管、端部、水平测压段、引出接头等组成。端部纵剖面为椭圆形，开口处为总压感受孔，由内管连接引出至总压引出接头；水平测压段距端部 8 倍直径处的四周设静压感受孔，由外管连接引出至静压引出接头。

（四）风速测量仪表

除了毕托管配微压计可用于测量风管内风速以外，常用的风速测量仪表还有机械型风速仪、热球式风速仪等。

1. 机械型风速仪

（1）叶轮式风速仪

叶轮式风速仪主要由叶轮、指示针、计时装置等组成，测速范围为 0.5 ~ 10m/s。

（2）杯式风速仪

杯式风速仪主要由风杯、指示针机构等组成，测速范围为 1 ~ 40m/s。

2. 热球式风速仪

热球式风速仪由于测量速度快，因而是空调系统测试中的常用仪表。热球式风速仪由两个电路组成：一个为加热电路；另一个为测温电路。在恒定的加热条件下，被测气流流过测试头，使玻璃球体散热。流体速度的变化使玻璃球体温度随之变化，测温电路中的二次仪表测量值反映出这种速度的变化。此外，仪表中还设有温度补偿电路，用以抵消送风温度对测试头的影响。热球式风速仪有两种规格，测量范围分别为 0 ~ 10m/s 和 0 ~ 30m/s。

第二节 空调系统送风量的调试

一、送风机的试运转

（一）试运转前的检查工作

试运转前的检查工作包括：

1）清理场地，防止杂物吸入风机和风管中。

2）核对风机和配套电动机的型号、规格是否与设计一致。

3）检查传动带松紧是否适当，传动带的滑动系数应调到 1.05 左右（即电动机转速 × 槽轮直径与风机转速 × 槽轮直径之比）。

4）检查风机、电动机带轮或联轴器中心是否在一条直线上，地脚螺钉是否拧紧。

5）检查风机进出口柔性接头是否严密。

6）检查轴承润滑油是否足够，如不足应加足。

7）搬动风机叶轮，检查是否有卡、碰现象。

8）检查风机调节阀门开闭是否灵活，定位装置是否牢靠。

9）检查电气控制装置、开关等是否正常，接地是否可靠。

（二）风机的起动与试运转

1. 风机起动前的准备工作

风机起动前的准备工作包括：

1）关好空调机上的检查门和风道上的人孔门。

2）打开主干管、支干管、支管上的调节阀门，将三通调节阀调至中间位置。

3）打开送、回风口的调节阀门。

4）新风入口，一、二次回风口和加热器前的调节阀开至最大位置。

5）回风管的防火阀调在开启位置。

6）加热器旁通阀关闭。

2. 风机起动时要做的工作

1）检查叶轮旋转方向是否与机壳上箭头标志方向一致，如不一致应停机，改变接线，保证风机正转。

2）起动中应观察风机运转响声是否正常，如有异常应停机检查。

3. 风机起动后要做的工作

1）用钳形电流表测量电动机电流值，若超过额定电流值，可逐步关小总管风量调节阀，直至达到额定值为止。

2）风机运转一段时间后，用表面式温度计测量轴承温度。一般风机轴承允许最高温度为70℃，最高温升为35℃；滚动轴承允许最高温度为80℃，温升为40℃；

3）特殊风机按技术文件规定检查，如发现超过规定值应停机检查。

当上述运转检查正常后，即可投入连续运转。

二、空调系统风量的测试

（一）测量截面位置的确定

1. 测量截面的位置

原则上应选择气流比较均匀稳定的管段作测量截面位置。一般测量截面选在产生局部阻力之后 4~5 倍风管直径（或风管大边尺寸）和产生局部阻力之前 1.5~2.0 倍风管直径（或风管大边尺寸）的直管段上。

2. 矩形风管截面测点的位置

在矩形风管截面内测量平均风速时，应将风管截面划分为若干相等的小截面，并使各小截面接近正方形，其面积不大于 0.05m² （即每个小截面的边长为 220mm 左右）。测点即各小截面的中心点，如图 4-1 所示。

3. 圆形风管截面测点的位置

在圆形风管截面内测量平均风速时，应将风管截面划分为若干个面积相等的同心圆环，每个圆环测量 4 个测点，并且 4 个测点应在互相垂直的两个直径上。划分的环数根据风管直径确定：直径 200mm 以下为 3 个；直径 200~400mm 为 4 个；直径 400~700mm 为 5 个；直径 700mm 以上为 5~6 个，如图 4-2 所示。

各测点距风管中心的距离按下式计算：

$$R_n = R\sqrt{\frac{2n-1}{2m}} \tag{4-1}$$

式中　R——风管的半径（mm）；

　　　R_n——从风管中心到第 n 个测点的距离（mm）；

　　　n——从风管中心算起的测点顺序；

　　　m——风管划分的圆环数。

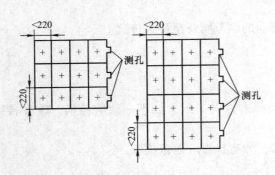

图 4-1　矩形截面的测点

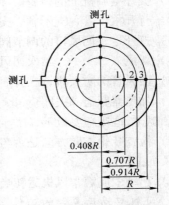

图 4-2　圆形截面的测点

实际测量时，为方便起见，应将计算的距离换算成测点至管壁（即测孔处）的距离。

（二）风管内风量的测试与计算

1. 测量方法

用毕托管倾斜式微压计配合进行测量。

2. 平均静压力与平均全压力的计算

平均静压力与平均全压力按算术平均法进行计算，即

$$p = \frac{p_1 + p_2 + \cdots p_n}{n} \tag{4-2}$$

式中　　　　　p——平均静压力或平均全压力（Pa）；

p_1、p_2、$\cdots$、p_n——测定截面上各测点的静压力或全压力值（Pa）；

　　　　　　n——测点的总数。

3. 平均动压力的计算

$$p_d = \left[\frac{\sqrt{p_{d1}} + \sqrt{p_{d2}} + \cdots \sqrt{p_{dn}}}{n}\right]^2 \tag{4-3}$$

式中　　　　　p_d——平均动压（Pa）；

p_{d1}、p_{d2}、$\cdots$、p_{dn}——各测点的动压力值（Pa）。

4. 平均风速的计算

按下式计算风管截面上的平均风速：

$$v = \sqrt{\frac{2p_d}{\rho}} \tag{4-4}$$

式中　v——平均风速（m/s）；

p_d——平均动压力（Pa）；

ρ——空气密度（kg/m^3），一般多取 1.2kg/m^3。

5. 风量的计算

按下式计算风管内风量：

$$L = 3600Fv \tag{4-5}$$

式中　L——风量（m^3/h）；

F——风管截面积（m^2）；

v——平均风速（m/s）。

（三）送（回）风口风量的测定

1. 测量方法和仪表

通常采用热球式风速仪或叶轮风速仪，在风口处直接测量风口的风量。为了使测量准确，可使用加罩的方法。

2. 测点位置和测点数

测点位置和测点数是按截面大小划分等面积小块，测其中心点风速，测点数不少于4个。

3. 风口平均风速的计算

按算术平均值计算风口平均风速，即

$$v = \frac{v_1 + v_2 + \cdots + v_n}{n} \tag{4-6}$$

式中　　　　　　v——平均风速（m/s）；

v_1、v_2、$\cdots$、v_n——各测点的风速（m/s）；

n——测点的总数。

4. 风口风量的计算

一般按下式计算风口风量：

$$L = 3600F_w vK \tag{4-7}$$

式中　L——风量（m^3/h）；

F_w——风管风口外截面积（m^2）；

v——平均风速（m/s）；

K——考虑格栅等的影响引入的修正系数，取 0.7～1.0。

三、通风机性能的测试

（一）风机风压的测量

风机的风压通常指全压，即静压与动压之和。风机的全压应是风机出口处测得的全压与风机入口处测得的全压的绝对值之和，即

$$p_q = |p_{po}| + |p_{pi}| \tag{4-8}$$

式中　p_q——风机的全压（Pa）；

p_{po}——风机出口处的全压（Pa）；

p_{pi}——风机入口处的全压（Pa）。

全压的测量与风管内全压的测量方法相同，使用的仪表也相同。当风机全压在 500Pa 以

下时，用毕托管和倾斜微压计测量。如压力超过 500Pa 以上时，应以 U 形管压力计代替倾斜微压计。

风机出口的测量截面，应选在靠近风机出口而气流比较稳定的直管段上，如风管设计时已经预留好测孔位置，尽量利用测孔进行测量。如测量截面离风机出口较远，应将测得的全压值加上从测量截面至风机出口处风管的理论压力损失。

风机入口的测量截面位置应尽可能靠近风机吸入口。单面进风的风机，可在风机吸入端帆布接头处开测孔，或进入风机前小室用毕托管在风机吸入口安全网处测量。双面进风的风机，可在空调箱内直接用风速仪测得平均风速，换算成动压，再用毕托管、压力计测风机室静压，将静压与动压的绝对值相加即为风机入口的全压绝对值（在风机室内测量过程中要注意安全）。

（二）风机风量的测量

风机风量的测量应分别在风机出口和入口进行，是与风机的风压测量同时进行的。测量方法与风管内测量风量的方法相同。风机的平均风量取出口和入口测量风量值的平均值，如用相同仪表测量的出口和吸入端风量相差 5% 以上时，应重新测量。

（三）风机转速的测量

风机与电动机的转速可直接用转速表测量。当风机采用 V 带与电动机连接时，往往难以直接测量风机的转速；可用实测的电动机转速按下式换算出风机的转速：

$$n_f = \frac{n_d D_d}{K_p D_f} \tag{4-9}$$

式中　n_f——风机的转速（r/min）；
　　　n_d——电动机的转速（r/min）；
　　　D_d——电动机带轮直径（mm）；
　　　D_f——风机带轮直径（mm）；
　　　K_p——传动带的滑动系数，取 1.05。

（四）风机轴功率的测量

风机的轴功率，即电动机的输出功率。可用功率表直接测得，也可用钳形电流表、电压表测得电流、电压值，并按下式计算：

$$N = \frac{\sqrt{3}VI\cos\varphi}{1000}\eta_d \tag{4-10}$$

式中　N——风机的轴功率（kW）；
　　　V——实测的相或线端的电压（V）；
　　　I——实测的相电流或线电流（A）；
　　$\cos\varphi$——电动机的功率因数，$\cos\varphi = 0.8 \sim 0.9$；
　　　η_d——电动机效率，$\eta_d = 0.8 \sim 0.9$。

（五）风机效率的计算

将实测的风机风压、风量和轴功率等代入下式，即可计算出风机的效率：

$$\eta = \frac{Lp_q}{3.6 \times 10^6 \eta_k N} \tag{4-11}$$

式中　η——风机效率（%）；

L——风机的风量（m^3/h）；

p_q——风机的全压（Pa）；

η_k——机械传动效率，联轴器传动效率为 0.98，V 带传动效率为 0.95；

N——轴功率（kW）。

四、空调系统送风量的调整

（一）风量调整的原理

风量调整的依据是流体力学的基本原理，风管系统内空气的阻力与风量之间存在如下关系：

$$\Delta p = \mu L^2 \tag{4-12}$$

式中　Δp——风管系统的阻力（Pa）；

　　　L——风管内风量（m^3/h）；

　　　μ——风管系统的阻力特性系数（$Pa/(m^3/h)^2$）。

就任一风管的管段而言，风管的压力损失（即阻力）Δp 与风量 L 的二次方成正比，其比例常数即为该管段的阻力特性系数 μ。而 μ 值是与空气的密度、风管直径、风管长度、摩擦阻力系数和局部阻力系数等有关的常数。

风管系统是由大小长短不同的管段组成，各管段间也存在上述关系。图 4-3 所示的简单风管系统有两根支管，其阻力分别为：管段 1，$\Delta p_1 = \mu_1 L_1^2$，管段 2，$\Delta p_2 = \mu_2 L_2^2$。由于两根支管共有一个节点 A（三通），该点的压力 p_A 是一定的，因此两支管的阻力应相等，即 $p_A = \mu_1 L_1^2 = \mu_2 L_2^2$。由此可得

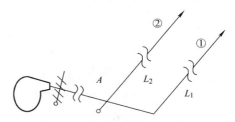

图 4-3　送风管道风量分配

$$\frac{L_1}{L_2} = \sqrt{\frac{\mu_1}{\mu_2}} \tag{4-13}$$

当点 A 处的三通调节阀保持不动，仅改变总调节阀，即可改变总风量。此时两支管的风量随之改变为 L_1' 和 L_2'，但是其比例关系仍保持不变，即

$$\frac{L_1'}{L_2'} = \frac{L_1}{L_2} = \sqrt{\frac{\mu_2}{\mu_1}} \tag{4-14}$$

只有当用点 A 处的三通调节阀进行调节时，才能使两根风管的风量比例发生变化。风管的风量调整就是利用这一原理。具体的调整方法有：流量等比分配法、基准风口调整法和逐段分支调整法。由于逐段分支调整法太费时，所以只介绍前两种调整风量的方法。

（二）风量调整的方法

1. 流量等比分配法

流量等比分配法是靠测量风管内的风量进行调整的方法。其方法是由最远管路的最不利风口开始，逐步进行调整。现以图 4-4 所示为例，进行风量调整的步骤如下：

首先，选择离风机最远的 1 号风口为最不利风口，即最不利管路为 1—3—5—9，从 1 号支管开始测量和调整；用两套仪器（毕托管与倾斜微压计）分别测量支管 1 和 2 的风量，并用三通调节阀进行调节（或用支管上安装的其他类型阀门），使两支管的实测风量的比值

与设计风量的比值相等为止，即 $L_{2c}/L_{1c} = L_{2s}/L_{1s}$。

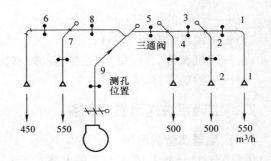

图 4-4　风管风量的调整

用同样的方法测量并调整各支管、支干管，使 $L_{4c}/L_{3c} = L_{4s}/L_{3s}$，$L_{7c}/L_{6c} = L_{7s}/L_{6s}$。此时，实测风量并不等于设计风量，不过已经为达到设计风量创造了条件。最后，根据风量平衡原理，通过调节风机出口总管上的总风量调节阀，使总风量达到设计风量。各支干管、支管的风量就会按各自的设计风量进行等比分配。

对于流量等比分配法，测量次数不多，结果比较准确，适用于较大的集中式空调系统的风量调整。该方法的缺点是测量时须在每一管段上打测孔，比较麻烦而且困难。

2. 基准风口调整法

此方法以风口风量测量为基础，比流量等比分配法和逐段分支调整法方便，不需要在每支管段上打测孔，适用于大型建筑空调系统风口数量较多的风量测试与调整。现以图 4-5 所示为例，具体步骤说明如下：

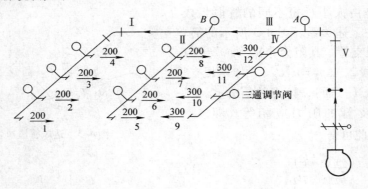

图 4-5　送风系统

1）测送风量。图 4-5 所示的系统共有三条支干管，其中支干管 I 有 1～4 号风口；II 有 5～8 号风口；IV 有 9～12 号风口。

首先用风速仪初测全部风口的送风量，并计算每个风口的实际风量与设计风量的比值，写入记录表中。

2）从表中选出每条支干管上比值最小的风口，作为调整各支干管上风口风量的基准风口（例如，支干管 I 上的 1 号风口；支干管 II 上的 7 号风口；支干管 IV 上的 9 号风口）。

3）从最远支干管 I 开始进行测量与调整：可采用两套风速仪同时测量 1、2 号风口的风量，再调节三通阀，使 1、2 号风口的实测风量与设计风量的比值近似相等，即 $L_{2c}/L_{2s} \approx L_{1c}/L_{1s}$；用同样方法测量 1、3 号风口，1、4 号风口的风量，并调节使 $L_{3c}/L_{3s} \approx L_{1c}/L_{1s}$，$L_{4c}/L_{4s} \approx L_{1c}/L_{1s}$。

4）按相同的方法对支干管 II、IV 上的风口进行调整，达到与各自的基准风口 7、9 号风口平衡，即 $L_{5c}/L_{5s} \approx L_{6c}/L_{6s} \approx L_{8c}/L_{8s} \approx L_{7c}/L_{7s}$，$L_{10c}/L_{10s} \approx L_{11c}/L_{11s} \approx L_{12c}/L_{12s} \approx L_{9c}/L_{9s}$。

5）选取 4、8 号风口为Ⅰ、Ⅱ号支干管的代表风口，调节节点 B 处的三通阀使 4、8 号风口风量比值数相等，即 $L_{4c}/L_{4s} \approx L_{8c}/L_{8s}$。此时Ⅰ、Ⅱ号支干管的总风量已调整平衡。

6）再以同样的方法，选取 12 号风口作为支干管Ⅳ的代表风口，选取 4、8 号风口中的任一个风口（如 8 号）代表管段Ⅲ。调节节点 A 处的三通阀，使 12、8 号风口风量的比值近似相等，即 $L_{12c}/L_{12s} \approx L_{8c}/L_{8s}$ 这样支干管Ⅳ与管段Ⅲ的总风量已调整平衡。

7）最后调整总干管Ⅴ的风量调节阀使之达到设计风量，各支干管和各风口将按比例自动调整到设计风量。

第三节　冷（热）交换器与空调机组制冷量的测试

一、空调喷水室性能的测试

（一）喷水量

可利用喷水底池测量喷水量，其计算公式为

$$W = \frac{F\Delta H \rho_w}{\tau} \tag{4-15}$$

式中　W——喷水量（kg/s）；
　　F，ΔH——底池截面积（m²）和水位变化高度（m）；
　　　　τ——时间（s）；
　　　　ρ_w——水的密度（kg/m³）。

（二）冷却能力

在喷水室前挡水板前和后挡水板后分别布置干湿球温度计或热电偶、铂电阻等测温仪表，在测量截面上分区测量各测点的干、湿球温度；同时在相同的测点上测量风速。各点的温度和风速应作多次测量并取平均值，然后计算喷水室前、后空气的焓值和通过的风量。挡水板后的干湿球温度计的温包要防止水滴溅上。喷水室冷却能力的计算公式为

$$Q = G(h_1 - h_2) = L\rho(h_1 - h_2) \tag{4-16}$$

式中　Q——喷水室的冷却能力（kW）；
　　　G——通过的质量风量（kg/s）；
　　　L——通过的体积风量（m³/s）；
　　　ρ——空气的平均密度（kg/m³）；
　　h_1，h_2——喷水室前、后空气的比焓（kJ/kg）；
　　　从水系统一侧也可以计算其冷却能力，即

$$Q' = WC(t_{w2} - t_{w1}) \tag{4-17}$$

式中　Q'——冷却能力（kW）；
　　　W——通过的水量（kg/s）；
　　　C——水的比定压热容，在常压下，$C = 4.19$kJ/（kg·K）；
　　t_{w1}，t_{w2}——进、出口水的温度（℃）。

二、表面式冷却器和加热器的测试

（一）表面式冷却器的测定

测定方法与喷水室的测定方法类似，使用的仪表也相同。不过，通过表冷器的水量可以用水系统上安装的流量计测量。表面式冷却器的冷却能力也可按式（4-16）和式（4-17）计算。

（二）加热器的测试

用标准温度计在加热器前、后测量空气的温度（温度计温包应有防热辐射罩）；用毕托管、微压计在进入（或出口）加热器的风管上测量风量；再用棒式温度计测量加热热媒的进、出口温度，用流量计测量加热热媒的流量。

1. 加热器的加热量

加热能力的计算公式为

$$Q = L\rho C(t_2 - t_1) \tag{4-18}$$

式中　Q——加热器的加热量（kW）；

L——经过加热器的空气量（m³/s）；

ρ——空气的密度（kg/m³）；

C——空气的比定压热容 [kJ/（kg·K）]；

t_1，t_2——进、出加热器的空气温度（℃）。

2. 热媒的放热量

1）当热媒为热水时，按下式计算：

$$Q = WC(t_{w1} - t_{w2}) \tag{4-19}$$

式中符号与式（4-17）相同。

2）当热媒为蒸汽时，按下式计算热媒放热量：

$$Q = G(r + C\Delta t) \tag{4-20}$$

式中　G——蒸汽流量（kg/s）；

r——蒸汽的潜热（kJ/kg）；

Δt——在饱和压力下的水温与加热器出口凝水温度之差（℃）。

三、空调机组的测试

（一）出风量的测试

用风速仪测量出风口的风速，由平均风速计算出风量。

（二）进、出口空气参数的测试

在空调机组的吸风口与出风口处，用干湿球温度计测量进、出口空气的干、湿球温度，计算出进、出口空气的焓值（或者由空气焓－湿图查出焓值）。

（三）空调机组产冷量的测试

按式（4-17）计算空调机组的产冷量。

对于水冷式空调机组，为了鉴别测量的准确度，还可通过测量冷凝器中冷却水所带走的热量和空调机组输入的总功率来计算产冷量，计算公式为

$$Q' = W(t_{w2} - t_{w1})N \tag{4-21}$$

式中 Q'——产冷量（W）；

W——冷凝器通过的（实测）水量（kg/s）；

t_{w1}，t_{w2}——冷凝器进、出口水温（℃）；

N——空调机输入总功率（W）。

比较式（4-16）与式（4-21）的计算结果，Q' 与 Q 的差值不应超过 10% 为测量有效。

第四节　室内空气状态参数的测试

一、温、湿度的测试

（一）测量仪表
测量仪表为水银玻璃温度计（量程为 0～50℃，分度值为 0.1℃）、通风干湿球温度计、自记式温湿度计等。

（二）测点的布置
测点的布置可按设计要求确定，对于恒温、恒湿房间，测点应离地面 0.5～1m，离墙 0.5m，垂直方向上测点一般距离为 0.5m，平面上一般按 1m² 小方格布置测点。对于一般空调房间，测点应选在工作区及人员经常活动的范围，或者将测点布置于回风口。

（三）测试要求
在进行温湿度测量时，要求空调系统连续、稳定地运行，达到稳定状态后开始测量。通常每隔 0.5～1h 测量一遍，连续测量时间视具体情况确定，一般可连续一个白天或一个昼夜。测量结果要求绘制出温、湿度分布图。

二、气流组织的测试

（一）测试房间室内气流组织
测定适用于如下空调房间：

1）恒温准确度要求高于 ±0.5℃ 的房间。

2）洁净房间。

3）对气流组织要求较高的房间。

（二）测量内容
室内气流速度和气流流型。

（三）测点布置
测点基本上与室内空气温、湿度测点布置相同。测量结果要求绘制出速度分布图和气流流型图。

三、室内正压值的测试

（一）正压值指标
通常要求空调房间的室内压力高于室外压力 5～10Pa。

（二）测量仪表

一般使用倾斜式微压计。

（三）测量要求

测量时要求调整好空调系统送、回风量；关闭所有门、窗；测量室内外压力差。

（四）正压值的调整

其方法是通过调节房间的回风口风门，即调节回风量，来调整房间的正压值。

第五节　中央空调制冷机组运行调试

一、活塞式制冷机组的调试与运行

（一）活塞式制冷机组试车

1. 无负荷试车

由于中央空调系统所采用的活塞式压缩机具有单机制冷量较大的特点，因此大多采用半封闭式压缩机或开启式压缩机。活塞式制冷机组无负荷试车也称为不带阀无负荷试车。也就是指，机组在调试时，不装配吸、排气阀和气缸盖的试车行为。

该项试车目的是检查除吸、排气阀之外的制冷压缩机的各运动部件装配质量，如活塞环与气缸套、连杆大头轴承与曲轴、连杆小头轴承与活塞销等的装配间隙是否合理；检查各运动部件的润滑情况是否正常。

试车前，应对电气系统、自动控制系统、电动机进行空负荷试运转等试验，冷却水管路可正常投入使用，曲轴箱内已加入规定数量的润滑油之后方可进行试车。

试车时，在气缸壁均匀注入润滑油，手动盘车无异常现象后，点动运转观察，旋转方向是否正确，当无任何异常时即可正式起动进行间歇运转。间歇时间为 5、15、30min。间歇运转中调节油压，检查各摩擦部件温升，观察气缸润滑情况及轴封的密封状况，并进行相应的调整处理。正常后连续运转 2h 以上，以进一步磨合各运动部件。

无负荷试车时应注意下述问题：

1）操作人员要注意安全，防止气缸套或活塞销螺母飞出伤人，为此可用自制的卡具压住气缸套。

2）用卡具压气缸套时，应注意不要碰坏气缸套的密封线，也不要影响顶杆的升降。

3）缸口用布盖好，防止进入尘土。

4）试车过程中，如声音或油压不正常，应立即停车，检查原因，排除故障后再重新起动。

5）作好试车记录，整理存档。

2. 空气负荷试车

空气负荷试车也称带阀有负荷试车。该项试车应装好吸、排气阀和缸盖等部件。

空气负荷试车的目的是进一步检查压缩机在带负荷时各运动部件的装配正确性及各运动部件的润滑情况及温升。

该项试车是在无负荷试车合格后进行的。试车前应对制冷压缩机进行进一步的检查和做好必要的准备工作。首先，打开吸气过滤器的法兰，包上浸油的洁净纱布，以对进入机器的空气加以过滤；检查曲轴箱油位；开启气缸冷却水阀门，选定一个通向大气的阀门，调节其开度，以控制系统压力，起动制冷压缩机，调节选定的阀门，使系统压力保持在 0.35MPa。连续运转2h。运转时严格控制排气温度，对于制冷剂为 R717、R22 的制冷压缩机，排气温度不应超过 145℃；对于制冷剂为 R12、R1234a 的制冷压缩机，排气温度不应超过 130℃。运转过程中，油压应较吸气压力高 0.1 ~ 0.3MPa，油温不应超过 70℃，冷却水进门温度不应高于 35℃，冷却水出口温度不应超过 45℃。此时，检查下述各项内容应达到要求：

1）吸气，排气阀片跳动声音正常。

2）各运动部件的温升符合设备技术文件的规定。

3）各连接部位、轴封、气缸盖、填料和阀件无泄漏现象。

空气负荷试车合格后，应清洗制冷压缩机的吸、排气阀，活塞、气缸、油过滤器等部件，更换润滑油。

（二）制冷系统的气密性和真空试验

在气密性试验之前，应对制冷系统进行除污，因为制冷系统应该是一个洁净、干燥的密封系统。而在系统安装过程中，系统内部必然会残留一些焊渣、钢屑、铁锈、氧化皮等污物，这些污物残留在系统内部必然会造成一系列不良后果，使得系统不能正常运行，因此必须对系统进行除污工作。

除污工作可用空气压缩机、氮气瓶、制冷压缩机本身来完成。吹污压力应为 0.5 ~ 0.6MPa，排污口应选择在系统最低速点。当压力升到要求压力值后，打开设备底部的阀门，使气流急速冲击，在距离阀门 200mm 处用白布检查，直到吹出气体干净为止。对氟利昂制冷系统，以用氮气吹污为宜。

制冷系统的除污工作合格后，应对系统进行气密性试验。

气密性试验是对整个制冷系统充一定的压力气体，以检验系统各部位有无渗漏，气密性试验压力值见表 4-1。

表 4-1　气密性试验压力值（表压力）

制冷剂种类	R717、R22	R12、R134a
低压侧压力/MPa	1.18	0.98
高压侧压力/MPa	1.76	1.57

在整个制冷系统进行气密性试验时，先进行低压侧的试验。首先，关闭所有通向大气的阀门，开启其他所有阀门。在高压端管道上的允气阀上连接氮气或二氧化碳气瓶，逐渐向系统内充气。观察气瓶压力表达到低压侧试验压力时，停止充气，立即检漏。确认无渗漏后，低压侧即为合格。接着，关闭高低压间相连的阀门，进行高压侧气密性试验。打开氮气或二氧化碳气瓶阀门。注意观察制冷系统内的压力表数值，使压力逐渐上升，到达高压侧试验压力时，停止充气，进行检漏。检漏方法一般采用肥皂水检漏法。

制冷系统的气密性试验也可以用压缩空气，最好由空压机提供。如无空压机，可用系统中一台制冷压缩机来提供压缩空气。当用制冷压缩机试压时，使系统上的阀门均处于应有的状态后，打开排气阀门，关闭吸气阀门，并使压缩机吸气腔与大气连通，然后起动制冷压缩机，使压力逐步上升；达到试验压力时，即可停车，进行检漏。如前所述，先进行低压侧试压，再进行高压侧试压。使用此种方法应注意要逐次升压，每次不应超过 0.5MPa，并应使压缩机排气温度不得超过规定值。

试验时应使整个系统在试验压力下保持24h，前6h由于气体冷却后会产生压力降，此时压力降不得大于0.02~0.03MPa；如用氮气或二氧化碳试压时，不允许有压力降。此后18h，若室温变化不大，则不允许有压力降；若室温度化较大，则允许压力有变化。

压力变化值可按下式进行确定：

$$\Delta p = p_1 - p_2 = p_1\left(1 - \frac{t_2+273}{t_1+273}\right) \tag{4-22}$$

式中　Δp——允许压力变化值（MPa）；

　　p_1、p_2——开始和结束时的压力（MPa）；

　　t_1、t_2——开始和结束时的温度（℃）。

制冷系统的真空试验是在制冷系统的除污和气密性试验结束且合格后进行的。真空试验的目的是检验制冷系统在真空状态下的气密性和去除系统中残留的气体和水分，以保证整个制冷系统的真空和干燥状态，为充注制冷剂创造条件。

对于较大的制冷系统，因为系统内容积较大、空气量较大，可以用制冷压缩机和真空泵交替运转的方法抽真空。此时应选用一台已试运转合格的压缩机先进行系统抽真空，在系统内大部分空气已抽出后，再用真空泵进行抽真空，即所谓的精抽，如此可以尽快地完成抽真空工作。对于使用全封闭和半封闭式制冷压缩机的制冷系统，则不能用其压缩机抽真空。因为这两种形式的制冷压缩机的电动机封闭在机壳内，由制冷剂回气来冷却。真空试验时，通过的气体量很少，导致电动机冷却不良，极易烧毁电动机绕组，因此这种系统应使用真空泵抽真空。用制冷压缩机进行真空试验的操作要点如下：

1）如果系统装有油压继电器和低压继电器时，先调整油压继电器和低压继电器，使其触头闭合，保持常通状态。

2）打开系统内全部阀门，包括调节阀和电磁阀，使系统全部畅通。关闭系统所有通向外界的阀门。

3）关闭压缩机的吸气阀和排气阀，旋下排气阀下的多用孔道螺塞（堵头），装上锥形螺纹接头及排气管，点动压缩机观察排气管是否有气体喷出。

4）起动压缩机，待油压正常后慢慢打开吸气阀，有能量调节装置的压缩机，先用两个缸工作，抽真空应间断地分数次进行。

5）当系统真空度达到0.0877MPa（658mmHg）以下，排气管已感觉不到有气体排出时，将排气阀阀杆反旋退足，即关闭多用孔道，然后使压缩机停车。

6）持续24h，其真空度不变，即为合格。使用制冷压缩机进行真空试验时应注意：

① 整个系统要畅通，尤其应使电磁阀处于开启状态。

② 打开吸气阀时，应慢慢开启，以免排出压力过高引起事故。

③ 油压应比吸气压力高26kPa（0.026MPa）。

④要注意压缩机的冷却问题。

用真空泵抽真空可以从低压侧和高、低压两侧同时进行操作。用真空泵抽真空操作比较简单：首先应打开系统内全部阀门，使系统管路畅通，关闭所有通向外界的阀门；然后将真空泵的吸气管装接于制冷压缩机吸气阀或排气阀的多用孔道上，起动真空泵进行抽真空，持续到真空度达到规定值，迅速反旋吸气阀或排气阀阀杆以关闭多用孔道，旋紧后即停止真空泵运转。

用真空泵抽真空时，一般选择能达到 0.27kPa（2mmHg）的真空度、排气量为 300L/min 的旋转式真空泵较为适宜。

（三）对制冷系统充注制冷剂

制冷系统首次注制冷剂是在气密性试验，检漏、排污，真空试验合格后进行的；当系统制冷剂不足时，也必须向系统内补充添加制冷剂。因此，充注制冷剂分为首次充注和补充添加两种情况。

中小型氟利昂系统或装置，有时无专用充剂阀，制冷剂通常从压缩机吸排气阀门的多用孔道充入系统。通常有两种方法进行充注。

（1）方法一

从压缩机排气阀多用孔道直接充注制冷剂液体。其优点是充注速度快，适用于抽真空后首次充注。其操作步骤如下：

1）连接好压力表的制冷剂钢瓶置于磅秤上，瓶口向下与地面约成30°角的倾斜。

2）完全打开压缩机的排气阀，旋下排气阀的多用孔道螺塞（堵头），用事先准备好的充剂接管将制冷剂钢瓶和压缩机排气阀多用孔道连接，同时接入干燥过滤器。

3）稍开制冷剂钢瓶的阀门，随即关闭，用制冷剂蒸气冲净制冷剂接管内的空气，然后迅速拧紧排气阀多用孔道接头螺母。

4）在充剂接管及干燥过滤器均不受力状态下，对钢瓶称重，做好记录。

5）将排气阀顺时针关2~4圈，使多用孔道与钢瓶连接，逐渐开启钢瓶出液阀，由于此时系统内呈真空状态因此瓶内制冷剂充入系统。如钢瓶立现结霜，充剂速度减慢，可用浸过不高于40℃温水的湿布敷在钢瓶下，以加快充注速度。

6）当系统内压力高于 0.03MPa 时，应停止从高压侧充注。如果系统内充液量不够，则应改在压缩机吸气侧进行气体充注。

注意，从高压侧充注液体时，切不可起动压缩机，以防发生事故。

（2）方法二

从压缩机吸气阀多用孔道充注，这种方法适用于系统补充添加制冷剂。其特点是开动压缩机进有气体充注，其操作步骤如下：

1）把制冷剂钢瓶置于磅秤上。

2）在吸气阀的多用孔与钢瓶之间接管，其操作步骤同方法一的2）~4）。

3）向水冷式冷凝器供水或开动风冷式冷凝器的风机，开启排气阀门，保证蒸发器中应加注制冷剂，保证蒸发器的安全运行。

4）起动压缩机，开启制冷剂钢瓶阀门。

5）将吸气阀顺时针关半圈左右，多用孔道与钢瓶接通，制冷剂蒸气被吸入。此时，应注意压缩机有无液击声，若有异常声音，应立即将吸气阀反旋退足，待机器声音正常后，再将吸气阀顺时针旋转半周。当机器完全正常时，再把吸气阀顺时回转1~2圈。

6）当磅秤指示已达到规定充注量时，先关闭钢瓶阀门，再关闭压缩机吸气阀的多用孔道（即开足吸气阀），停止压缩机运转，卸下充剂接管，将吸气阀多用孔道螺塞（堵头）旋上拧紧。

（四）制冷系统的起动和停车

制冷系统经过调试运转、检漏、抽真空，充注制冷剂和润滑油等各项工作，并均已达到设备制造厂商的技术文件或施工设计技术文件的技术要求后，正确的操作就成为保证制冷系统安全、可靠、高效运行的一个至关重要的问题了。制冷系统的操作技术比较复杂，因此应由专业人员来进行操作。

1. 制冷系统的起动

本节所述制冷系统的起动是指安装施工验收或经维修长期停车后的一般人工起动的制冷系统的起动操作。

2. 起动前的准备工作和检查

1）制冷压缩机的曲轴箱油面应达到规定的油位高度。

2）系统的所有设备（包括风机、水泵、冷却塔、蒸发器等）均应达到符合正常运转要求的良好状态。

3）操作工作、劳动保护用具、防火安全用具均已齐备。

4）电源，水源及电气设备均能保证系统投入正常运行。

5）制冷机房室内温度，冬季不低于 $\pm 5℃$，夏季不高于 $\pm 4℃$；并保持操作通道畅通，以便于操作和排除故障。

6）各岗位操作人员均已到位。

7）按操作规程调整系统各部位阀门。

3. 制冷系统的起动冷却剂系统

1）起动冷却剂系统。打开水冷冷凝器和压缩机冷却水套的进、出口阀门，或起动风冷冷凝器风机、起动冷却塔风机及水泵。起动冷却水水泵，使冷却水系统运行。

2）给蒸发器加负荷打开蒸发器冷冻水进、出口水阀，或起动直接蒸发冷却器的风机。起动蒸发器的循环水泵，使冷冻水系统运行。

3）对于手动操作的制冷系统，将制冷压缩机能量调节手柄调至最小容量挡。

4）对于手动操作的制冷系统，应将补偿器手柄调至起动位置，起动电动机；当电动机将要达到正常转速时，将手柄移至运行位置，并迅速打开压缩机排气阀门。

5）对于手动操作的制冷系统，微开压缩机吸气阀，若发现有液击声，立即关闭吸气阀。液击现象消除后，再次缓慢打开吸气阀。

6）压缩机起动正常后，根据蒸发器负荷逐渐调整节流阀和能量调节装置，直到达到所要求的工况。

4. 制冷系统启动操作时应注意的问题

1）压缩机的排气压力近似冷凝器的冷凝压力。此压力在制冷压缩机的高压压力表上读得，并且排气压力和排气温度都不得超过规定的压缩机限定工作条件。

2）压缩机吸气压力近似于蒸发器的蒸发压力。此压力可在压缩机的低压压力表上读得。蒸发压力应符合设计运行参数。

3）润滑油温度最高不应超过 $70℃$，但也不宜过低。油压比蒸发压力高 $0.1 \sim 0.31 kPa$。

4）压缩机运行时应无异常声音、无过热现象、无泄漏等情况。

5）电动机的电流、电压、温升应正常。

6）辅助设备应正常运行。

5. 制冷系统的停车操作

1）停车前 10～30min 关闭蒸发器的供液阀，适当降低蒸发压力。对小型制冷系统，应将蒸发器中液体全部抽回冷凝器中。

2）关闭压缩机的吸气阀，使油轴箱内的压力降至 0.03MPa。

3）切断电源，关闭排气阀和回油阀。

4）对于手动操作的制冷系统，将能量调节手柄移至最低容量挡。

5）压缩机停车 10～30min 后，关闭冷却水系统，再关闭蒸发器负荷系统。

6）按操作规程关闭系统中各部位阀门。停车操作时应注意如下几个问题：

① 停车期间，制冷机房应保持规定的室内温度。

② 制冷系统在寒冷的冬季长时间停车时，应放净水冷冷凝器等设备内的水，放净压缩机水套内的冷却水，以免发生冻裂设备的现象。

二、离心式制冷机组的调试与运行

（一）试车及开车前的准备工作

制冷机内未灌注制冷剂及润滑油之前，一定不能开动压缩机或油泵，短时间的起动设备或检查叶轮转向时也决不允许，否则会使设备严重损坏。

1. 制冷机真空度的检测

制冷机安装好后或较长时没有用，再次使用之前，要对制冷机的密封性能进行检查。其检查方法可按真空减低速度法来进行，真空减低速度为

$$真空减低速度 = \frac{真空度增加数值}{检查起止时间}$$

将机内真空度抽至 700mmHg，在检查时间内，若真空减低速率为每天（24h）1.25mmHg 时，认为制冷机的密封性能良好；若真空减低速率超过每天 1.25mmHg，制冷机密封性较差，为不合格。需向机内注入少量制冷剂进行加压试验，并进行设备检漏、检修，然后再重夏进行上述工作，直至合格为止。进行密封性能检查时，一定要使用 U 形真空计或旋转式真空计，这样计算值才能准确。

2. 制冷剂加压试验

利用外接真空泵将机内抽真空至 125mmHg，向机内加入制冷剂（如 R11 或 R22）（少量，可利用卤素检漏仪检漏），然后向机内充氮气。其充入压力为各厂商技术说明书规定的数值。若制冷剂为 R11，充气压力不要超过 0.07MPa，否则会损坏设备。这时可利用卤素灯或电子卤素检漏仪进行检漏。主要检查各接头，阀门及管路附件等处是否有渗漏，如有，要将渗漏部位修复后，再重做加压及真空试验，直到符合要求。

3. 制冷机内部去湿

一般制冷机出厂之前已对机器内部进行去湿处理。如果因检修压缩机而把压缩机拆开、或长时间不使用时，再开车前要对机器进行去湿工作。

制冷剂去湿可按下述方法进行：将真空泵接到制冷剂灌注阀，开动真空泵，使制冷机内部真空度达 575mmHg 后继续使真空泵运转 2h。然后，关闭制冷剂灌注阀，等 2h 后再记录 U 形水银压差计的读数。如读数不变，则表示去湿工作已基本完成；若读数升高，则仍需再次启动真空泵抽至 575mmHg。重复上述步骤，读数若再次上升，说明系统有泄漏处。制冷

剂内部去湿工作要等完成检修、检漏过程之后进行。

4. 润滑系统的调试

不同厂商生产的离心制冷机的润滑油的牌号不同，需仔细阅读产品说明书。现以上海产 FLZ 型离心机为例，该机采用 30 号冷冻机油，或与该规格性质相近似的其他型号润滑油。30 号冷冻机油主要技术指标见表 4-2。

表 4-2　30 号冷冻机油主要技术指标

运动粘度	不小于 30cSt①
闪点	不小于 100℃
凝固点	不大于 −10℃
水分	无
杂质	不大于 0.007%

① cSt：厘斯［托克斯］，$1cSt = 10^{-6}m^2/s$。

向机组内注入润滑油后，用油泵循环 8h 以上，然后拆洗油过滤器，并把润滑油全部放出更换为新油，并重复进行清洗工作，直至确认润滑油系统清洁为止。为保证压缩机良好的润滑，系统油过滤器的滤芯必需保持清洁，这就要经常进行清洗。机器正常运行时，其油箱油温一般保持在 40~60℃，油温最高不得超过 65℃，主机轴承温度不宜超过 80℃。油温的调节仍靠油箱内的电加热器及油冷却降温盘管来保证。当油温过低时，润滑油中溶解的制冷剂（如 R11）增加，对润滑不利。这时可调节冷却降温盘管的进水阀门，减少冷却水量，以提高油温。油箱中加热器只在开车前或停车时投入使用，以提高油温减少润滑油中制冷剂的含量。

（二）正式试车

正式试车前要检查下列项目：

1）主机电动机、油泵、水泵，以及冷却塔电动机、电源是否接好。

2）冷却塔贮水池贮水量。

3）曲轴箱油位应达到视镜的 1/2 处。

4）曲轴箱油温是否在 40~60℃ 之间。

5）制冷剂量的液面应达到标记位置。

6）冷冻水及冷却水阀门应全开。

7）压缩机运转方向是否正确。按下起动按钮，当压缩机开始转动时，立即再按停止按钮，从视窗处观察电动机转动方向。如与设计不符，需将电源接线三相中的任何两相调换即可。然后再试转电动机，检查转动方向。

8）确认压缩机转向无误后，再次按下起动按钮，使压缩机运转到达全速后，立即按停止按钮。当压缩机逐渐降速至完全停止时，要仔细观察是否有异常现象及不正常声音。停车时要注意观察电动机转子的惯性，其转动时间应能延续 1min 以上。一定要防止压缩机停止运动后短时间内再次起动，一般等停机 15min 后主机才能再次起动。

（三）负荷试车

完成正式试车后，对制冷机要进行负荷试车。负荷试车主要步骤如下：

1）开动冷冻水泵和冷却水泵。向冷凝器和蒸发器供水。此时应缓慢打开供水阀门，防止水流冲击，并打开制冷机水系统上的放气旋塞，排空管道中的空气。

2）如电动机为水冷却，则需打开电动机冷却水阀门，向电动机冷却水套供水。

3）起动油泵，并调节油泵使润滑油系统运行正常。

4）起动抽气回收装置，排出机内的不凝气体，当蒸发器内的液温压力与蒸发压力一致时表示机内不凝气体基本排除干净。

5）检查离心机吸气导叶阀应处于关闭状态，并检查各仪表及指示灯是否正常。

6）检查无误后，起动压缩机电动机，待电动机运转稳定后。缓慢打开进口导叶阀，直至电动机电流达到100%全负荷为止。但不可使电动机电流达到或超过铭牌规定的全负荷电流的105%，并按表4-3所列出的电动机负荷电流的百分数来制定电流限制开关的设定点。

表4-3　电动机负荷电流百分数

电动机负荷电流的百分数	电流限制开关的设定点
105%	100%
85%以上	80%
65%～84%	60%
45%～65%	40%
45%以下	不必限制

试车后，冷冻水温、冷却水温趋于稳定时，操作人员应经常注意下列几项：

① 油压、油温和油箱的油位；
② 蒸发器中制冷剂的液位；
③ 电动机温升；
④ 冷冻水、冷却水的压力、温度和流量；
⑤ 机器的响声和振动；
⑥ 冷凝压力和蒸发压力的变化。

当机器发生喘振时，应立即采取措施予以消除。应详细记录冷凝压力、蒸发压力、冷却水和冷冻水进出口温差，以便与以后运行中的参数进行比较。试车时应对各种仪表、继电器的动作进行调整和整定。

负荷试车手动起动正常后，应进行自动起动试车。目前离心式制冷机组都配备自动运转电气设施，只有起动、停止时需人工进行操作。人工起动后，随之进行自动运转，制冷量自动进行调节。当控制仪表动作后自动停机时，控制盘上会有灯光显示及声响报警。自动运转方式需在各种仪表继电器的动作进行调整和整定后才能进行。

全自动运转方式目前应用还不多，需给自动控制装置预先给定值，以后根据冷冻水的温度及开机的主要程序进行自动起动，运转停机。但要求在发生故障停机的情况下，必须自动发出报警，并指示故障的部位。只有在排除故障，并经确认无误后，由操作人员输入运转信号，才能再次投入全自动运转。

（四）制冷机的正常运行

1. 开车前的准备工作

1）察看上一班的运行记录，有无故障及排除、检修情况，留言注意事项。

2）检查用电电源。

3）检查压缩机、齿轮增速器、抽气回收装置、压缩机的油面，不足时应加注冷冻油。

4）检查压机机内油温，过低时应加热。

5）起动抽气回收装置，排除可能渗入机内的空气，运行 5～10min。

6）开动冷冻水泵、冷却水泵、油冷却器，并同时供水。

7）压缩机吸气导叶应处于全关位置。

8）开动油泵，检查并调整各部位油压。

9）检查控制盘各指示灯或人机指示界面是否投入工作状态。

2. 开车

1）闭合操作盘上开关至起动位置。

2）起动后注意电流表指针的摆动，监听机器有无异常声音。

3）当电流稳定后，慢慢开启压缩机吸气进口导叶，待冷冻水温达到设计要求温度时，导叶控制由手动改为自动调节控制。

4）调节冷却水量，保持温度在规定范围内。

5）检查制冷剂液位或浮球阀动作情况。

6）起动完毕后，机组转入正常运转，操作人员要定时检查并做好运转记录。

3. 停车

1）按停车开关，停主机。

2）压缩机吸气导叶阀自动关闭。

3）等主机完全停止运行后，停油泵、冷冻水及冷却水泵、冷却塔风机、油冷器冷却水水泵。

4）切断所有电源。

三、溴化锂吸收式制冷机的调试与运行

（一）运行前的准备

1. 气密性检查

机组运行前要进行气密性检查，虽然机组在出厂前已进行了严格的气密性检查，但在运输或安装过程中仍可能产生泄漏。为保证机组的品质需进行真空检漏。真空检漏方法是将机器抽真空至 0.5mmHg 的绝对压力，24h 后绝对压力升高不超过 0.7mmHg，或过一周后绝对压力升高不超过 1.5mmHg 为合格。如果超过这个数值，需重复上述检漏、处理漏点、抽真空等，直至达到合格为止。测量机组真空度时最好采用 U 形管压力计或旋转式真空计，这两种真空计均能读出机组内的绝对压力。

出厂前的气密性检验是在干燥状态下进行的，但机组运行一段时间后，其内都积有溴化锂溶液及冷剂水，这样就不能在干燥状态下做气密性试验。此时真空检漏可按下述方法进行：测定机器中溶液的温度和浓度，查表求出饱和蒸气压力。启动真空泵抽气，直至压力达到饱和水蒸气压力，并放置24h后，运转溶液泵5min左右，然后用真空计测定机器内压力。若测定的压力与从图表查出的饱和水蒸气压力相差不超过 0.5mmHg 时，即可认为合格。以上检查只能检查机器是否有泄漏，何处泄漏仍需通过压力检漏来查找。机组进行气密性检查后还应进行以下项目的检查。

2. 其他检查

① 检查电源是否已接上，控制箱动作是否可靠，自控仪表的指示值是否符合要求，执行机构动作是否灵敏。

② 检查各阀门位置是否符合要求。

③ 检查真空泵油位是否在视镜中部，油质是否符合要求，若油液呈乳白色，应立即更换。然后检查真空泵旋转是否灵活。

④ 检查屏蔽泵绝缘电阻值是否符合要求，机组内注入溶液和冷剂水后，运转屏蔽泵，检查运转是否正常。

⑤ 检查蒸汽供汽或燃气燃烧系统，以及冷却水系统是否正常。

3. 溴化锂溶液配制

市场供应的溴化锂有液体与固体两种，液体溴化锂浓度一般为50%左右，运转时可按使用要求加以调整。为防止溴化锂溶液对金属的腐蚀，在溶液中添加质量分数为0.3%的铬酸锂缓蚀剂。为使铬酸锂溶解均匀，可先将铬酸锂溶于蒸馏水中，然后加入溴化锂溶液中。这时溴化锂溶液的pH值为9.5~10.5。为提高制冷能力，在溴化锂溶液中加入质量分数为0.1%~0.3%的正辛醇。

4. 溶液注入

1）用真空泵抽真空，使机器内绝对压力保持在1mmHg以下。

2）在灌注阀与溶液桶之间设溶液灌注瓶，如图4-6所示。软管3内应充满溴化锂溶液以排除空气，而瓶与溶液桶间的连接管路（软管4）内则无需充灌。

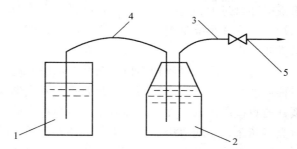

图4-6　溶液注入管路示意图
1—溶液桶　2—溶液灌注瓶　3—软管　4—软管　5—截止阀

3）打开溶液灌注阀，溴化锂溶液则由溶液桶进入灌注瓶，然后注入机器内。在加液时，要注意软管一定要插入溶液中，以防止空气进入，同时要使管端距瓶底不小于30min，以免瓶底部的沉淀物和杂质进入容器内。

4）当溶液超过视镜的液位时，起动溶液泵，溶液则由吸收器进入发生器。溶液的灌注量应根据厂商的要求而定。

5. 冷剂水的灌入

冷剂水一般用蒸馏水，冷剂水的灌注方法与溴化锂溶液相同。冷剂水的灌注量与加入机组的溶液浓度有关。当溶液浓度低于50%时，可先不加冷剂水，通过溶液浓缩来产生冷剂水，冷剂水量不够时再进行补充。

（二）制冷机的起动

制冷机的起动有自动与手动两种。正常运转时采用自动方式，而初次运转时应采用手动方式。手动起动程序如下：

1）起动冷却水泵和冷冻水泵。

2）起动溶液泵。

3）慢慢打开蒸汽阀门，并调整减压阀出口的蒸汽压力至给定值。

4）随着溶液的循环，在发生器中溶液温度与浓度不断升高，吸收器液位逐渐下降，发生器液位逐渐上升。当蒸发器液位超过给定值时，起动冷剂泵，则机组完成起动过程，并逐渐进入正常运转。

吸收式制冷机的控制盘上有手动－自动选择开关。当开关在自动位置上，按起动按钮后冷却水泵、冷冻水泵、溶液泵、冷剂水泵按照设定程序进行起动，蒸汽调节阀慢慢打开而向机组供汽。按照控制参数自动调整至正常工况运行。

（三）溴化锂机组起动后的测定与调整

机组转入正常运转后，操作人员应做好以下三项工作。

1. 溶液浓度的测定与调整

溴化锂制冷机运转初期，当外界条件（如加热蒸汽压力、冷却水进口温度和流量、冷剂水出口温度和流量等）基本达到要求后，应对进入高、低压发生器的溶液循环量进行调整，以便获得较好的运行效果。如果溶液循环量过小，就不仅会影响机组的制冷量。而且可能出现因为溶液量过小而产生的制冷剂蒸汽过多，使溶液浓度过高，而引起结晶，影响机组的正常运转。反之，溶液循环量过大，也会引起制冷量降低，严重时，还会出现因发生器中液位过高而引起冷剂水污染，同样影响机组的正常工作。因此，调节溶液循环量，是溴化锂制冷机运转初期的一项重要工作。

溶液循环量是否合适，可通过测量吸收器出口稀溶液的浓度和高、低压发生器出口浓溶液的浓度来判断。测量稀溶液浓度的方法比较简单，只要打开发生器泵出口阀，用量筒取样即可。取样后，用浓度计可直接测出其浓度值。而测量浓溶液浓度取样就比较困难，这是因为浓溶液取样部位处于真空状态，不能直接取出。需借助图4-7所示的取样器，通过抽真空的方式对浓溶液取样。之后，把取样器取出的溶液倒入量杯，通过图4-8所示的溶液浓度测量装置来测量溶液的密度和温度，然后从溴化锂溶液的密度图表中查出相应的浓度。

图4-7　取样器示意图

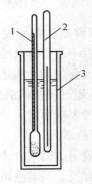

图4-8　溶液浓度测量示意图

1—密度计　2—温度计　3—量筒

通常高、低压发生器的放气范围为 4%～5%，通过调节进入高、低压发生器的溶液循环量，可调整两个发生器的放气范围，直到达到要求为止。

2. 冷剂水密度的测量

冷剂水密度是溴化锂制冷机正常运行的重要标志之一。

一般冷剂水的密度小于 1.04kg/L 属于正常运行。若冷剂水的密度大于 1.04kg/L，则说明冷剂水中已混有溴化锂溶液而被污染。这时就应查出原因，及时排除；同时，应对已污染的水进行再生处理，直到密度接近 1.0kg/L 为止。

冷剂水的再生处理方法：关闭冷剂泵出口阀，打开冷剂水旁通阀，使蒸发器液囊中的冷剂水全部旁通入吸收器中；冷剂水旁通后，关闭旁通阀，停止冷剂泵运行；待冷剂水重新在冷剂水液囊中聚集到一定量后，再重新起动冷剂泵运行；如果一次旁通不理想，可重复 2 或 3 次，直到冷剂水的密度合格为止。

3. 溶液参数的调整

机组运行初期，溶液中铬酸锂因用于生成保护膜其含量会逐渐下降。此外，如果机组内含有空气，即使是极微量的，也会引起化学反应，溶液的 pH 值增加，甚至会引起机组内部的腐蚀。因此，机组运行一段时间后，应取样分析铬酸锂的含量、pH 值以及铁、铜、氯离子等杂质的含量。

当铬酸锂的含量低于 0.1% 时，应及时添加至 0.3% 左右，pH 值应保持在 9.0～10.5 之间（9.0 为最合适值，10.5 为最大允许值）。若 pH 值过高，就可用加入氢溴酸（HBr）的方法调整。若 pH 值过低，就可用加入氢氧化锂（LiOH）的方法调整。添加氢溴酸时，浓度不能太高。添加速度也不能太快，否则将会使筒体内侧形成的保护膜脱落，引起铜管、喷嘴的化学反应，以及焊接部位的点蚀。

氢溴酸的添加方法：从机内取出一部分溶液放在容器中，缓慢加入 5 倍以上用蒸馏水稀释的适当浓度的氢溴酸溶液（浓度为 4%），待完全混合后，再注入机组内。添加氢氧化锂的方法与添加氢溴酸的方法相同。

一般情况下，机组初投入运行时应对溶液取样，用 pH 试纸测试其 pH 值，并做好记录。取出的样品应密封保存，作为运转中溶液定期检查时的对比参考。

为了减缓溶液对机组的腐蚀，一般用铬酸锂作为缓蚀剂。在机组运行过程中，因各种原因，溶液中的缓蚀剂会消耗很大，为保证机组安全运行，应随时监视机组中溶液的颜色变化，并根据颜色变化来判定缓蚀剂的消耗情况，及时调整缓蚀剂的加入量。溶液颜色与缓蚀剂的消耗量情况见表4-4。

表 4-4　溶液的目测检查

项目	状态	判断
颜色	淡黄色	缓蚀剂消耗大
	无色	缓蚀剂消耗过大
	黑色	氧化铁多，缓蚀剂消耗大
	绿色	铜析出
浮游物	极少	无问题
	有铁锈	氧化铁多
沉淀物	大量	氧化铁多

注：1. 除判断沉淀物多少外，均应在取样后立刻检验。

　　2. 判断沉淀物时，试样应静置数小时。

　　3. 观察颜色时，试样也应静置数小时。

第六节　中央空调调试常见故障及其解决方法

中央空调系统的调试工作非常重要，应采用正确方法及时消除系统中出现的各种故障，保证系统安全、高效、节能运行。表4-5列出了中央空调系统调试过程中常见故障及其解决方法。

表4-5　中央空调系统调试过程中常见故障与解决方法

序号	故障现象	产生原因	解决步骤
1	送风参数与设计值不符	1. 空气处理设备选择容量偏大或偏小 2. 空气处理设备热工性能达不到额定值 3. 空气处理设备安装不当造成部分空气短路 4. 空调箱或风管的负压段漏风，未经处理的空气漏入 5. 冷热媒参数和流量与设计值不符 6. 挡水板挡水效果不好，凝结水二次蒸发 7. 风机和送风管道温升超过设计值（风道保温不好）	1. 调节冷热媒参数与流量，使空气处理设备达到额定能力；如仍达不到要求。可考虑更换或增加设备 2. 检查设备、风管，消除短路与漏风 3. 加强风、水管保温 4. 检查并改善喷水室表面式冷却器挡水板消除漏风
2	室内温度、相对湿度均偏高	1. 制冷系统产冷量不足 2. 喷水室喷嘴堵塞 3. 通过空气处理设备的风量过大、热湿交换不良 4. 回风量大于送风量，室外空气渗入 5. 送风量不足（可能过滤器堵塞） 6. 表冷器结霜，造成堵塞	1. 检修制冷系统 2. 清洗喷水系统和喷嘴 3. 调节通过处理设备的风量使风速正常 4. 调节风量，维持室内正压 5. 清理过滤器，使送风量正常 6. 调节蒸发温度，防止结霜
3	室内温度合适或偏低，相对湿度偏高	1. 送风温度低（可能是一次回风的二次加热未开或加热不足） 2. 喷水室过水量大，送风含湿量大（可能是挡水板不均匀或漏风） 3. 机器露点温度和含湿量偏高 4. 室内产湿量大（如增加了产湿设备，用水冲洗地板，漏气、漏水等）	1. 正确使用二次加热 2. 检修或更换挡水板，堵漏风 3. 调节三通阀，降低混合水温 4. 减少湿源
4	室内温度正常，相对湿度偏低（这种现象常发生在冬季）	室外空气含湿量本来较低，又未经加湿处理，仅加热后就送入室内	有喷水室时，应连续喷循环水加湿；表面式冷却器系统应开动加湿器
5	系统实测风量大于设计风量	1. 系统的实际阻力小于设计阻力，风机的风量因而增大 2. 设计时选用风机容量偏大	1. 有条件时可改变风机的转速 2. 关小风量调节阀，降低风量

（续）

序号	故障现象	产生原因	解决步骤
6	系统实测风量小于设计风量	1. 系统的实际阻力大于设计阻力，风机的风量因而减小 2. 系统中有堵塞现象 3. 系统漏风 4. 风机出力不足（风机达不到设计能力或叶轮旋转方向不对，传动带打滑等）	1. 减小系统阻力 2. 条件许可时，改进风管构件，减小局部阻力 3. 检查清理系统中可能的阻塞物 4. 检查、排除影响风机出力的因素
7	系统总送风量与总进风量不符，差值较大	1. 风量测量方法与计算不正确 2. 系统漏风或气流短路	1. 复查测量与计算数据 2. 检查堵漏，消除短路
8	机器露点温度正常或偏低，室内降温慢	1. 送风量小于设计值，换气次数小于二次回风的系统 2. 二次回风量过大 3. 房间多、风量分配不均	1. 检查风机型号是否符合设计要求，叶轮转向是否正确，传动带是否松弛，开大送风阀门，消除风量不足因素 2. 调节、降低二次回风量 3. 调节使各房间风量分配均匀
9	室内气流速度超过允许流速	1. 送风口气流速度过大 2. 总送风量过大 3. 送风口的形式不合适	1. 增大风口面积或增加风口数，开大风口调节阀 2. 降低总送风量 3. 改变送风口形式，增加紊流系数
10	室内气流速度分布不均，有死角区	1. 气流组织设计考虑不周 2. 送风口风量未调节均匀，不符合设计要求	1. 根据实测气流分布图，调整送风口位置或增加送风口数量 2. 调节各送风口风量使之与设计要求相符
11	室内空气清洁度不符合设计要求（空气不新鲜）	1. 新风量不足（新风阀门未开足、新风道截面小、过滤器堵塞等） 2. 人员超过设计人数 3. 室内有吸烟或燃烧等耗氧因素	1. 对症采取措施，增大新风量 2. 减少不必要的人员 3. 禁止在空调房间内吸烟和进行不符合要求的耗氧活动
12	室内洁净度达不到设计要求	1. 过滤器效率达不到要求 2. 施工安装时未按要求清洁设备及风管内的灰尘 3. 运行管理未按规定清扫、清洁 4. 生产工艺流程与设计要求不符 5. 室内正压不符合要求，室外灰尘渗入	1. 更换不合格的过滤器材 2. 设法清理设备管道内灰尘 3. 加强运行管理 4. 改进工艺流程 5. 增加换气次数和保留室内正压
13	室内噪声大于设计要求	1. 风机噪声高于额定值 2. 风管及阀门、风口风速过大，产生气流噪声 3. 风管系统消声设备不完备	1. 测定风机噪声。检查风机叶轮是否良好，轴承是否损坏，减振是否良好 2. 对症调节各种阀门、风口，降低过高风速 3. 增加消声弯头等设备

本章小结

对于新建成的空调系统，在完成安装交付使用之前，需要通过系统调试来检验设计、施工安装和设备性能是否满足用户需求。对于已投入使用的空调系统，其调试的目的在于使得设备发挥最大性能，更好地服务于用户。本章重点介绍了以下内容：

1. 空调系统的调试程序与测量仪器。对空调系统调试工作，应制定科学合理的工作流程，做好充分的准备工作，选取合理的测量仪器，采用科学的测试方法，并将数据做出处理。

2. 空调送风量的调试。在进行空调送风量的调试时，关键是对风口（回风口或送风口）风速和风量的测试。在风量调整过程中，通常采用流量等比分配法和基准风口调整法。冷（热）交换器与空调机组制冷量的测试主要是通过水流量和温差的测试进行的。室内空气状态参数的测试主要包括室内温、湿度的测试，气流组织的测试和室内正压的测试。

3. 中央空调制冷机组的调试。中央空调制冷机组的调试包括活塞式制冷机组的调试与运行、离心式制冷机组的调试与运转，以及溴化锂吸收式制冷机的调试与运行。制冷机组的调试，均应做好开机前的准备工作、无负荷试车和制冷剂（溴化锂溶液）的充注、制冷系统的气密性和真空试验等工作，同时在机组开机时积极做好系统运转调试工作。

4. 常见问题。中央空调在调试过程中难免会遇到一些问题，常见问题有室内温湿度达不到使用要求、送风量分配不匀或气流速度分布不合理等。同时，在制冷机组调试时，应遵循操作规程，否则会造成较大的损失。

思考与练习题

1. 中央空调系统的调试项目和程序有哪些？
2. 中央空调系统温度测量常用仪表有哪些？
3. 空调系统中圆形风管和矩形风管风量测量点怎么布置？
4. 空调系统送风量调整方法有哪几种？分别怎么调整？
5. 热媒放热量如何计算？请给出具体计算过程。
6. 空调机组产冷量怎么测试？
7. 室内温、湿度，室内正压怎么测试？
8. 活塞式制冷机组起动时应注意的问题有哪些？螺杆式制冷机组启动时应注意的问题有哪些？
9. 溴化锂吸收式制冷机气密性检查原则是怎样的？
10. 当室内温度偏低、相对湿度偏高时，中央空调机组怎么进行调整？

第五章

中央空调系统运行管理制度

《中华人民共和国节约能源法》已于 2008 年 4 月起实行。在《节约能源法》中第三十七条明确规定"使用空调采暖、制冷的公共建筑物应当实行室内温度控制制度"。为此，住房和城乡建设部也组织专家制定了《公共建筑室内温度控制管理办法》。公共建筑室内温度控制是空调系统节能运行中的重要一环，与空调系统节能运行密不可分。制定科学、合理的节能运行管理制度是保证空调系统高质量、高效率地运行，降低能耗，延长检修周期和使用寿命的基本保证。

第一节　中央空调系统运行管理概述

一、中央空调系统运行管理目标

中央空调系统的运行管理是现代物业设施管理的一个重要组成部分。中央空调系统担负着创造和保持舒适的或满足某些特定要求的室内空气环境的任务。如果其运行管理工作做得不好，不仅会造成空调效果不理想，而且会出现能耗大、设备故障多等问题。

因此，对于中央空调系统运行管理部门或企业（如物业管理公司）来说，上至领导、下至员工都要清楚，围绕中央空调系统运行管理所做的各项工作，都是为了使中央空调系统达到满足使用要求、降低运行成本、延长使用寿命、保证卫生安全这四个基本目标。即以最好的效果、最低的消耗、最少的费用、最卫生安全的运行换取最高的综合效能，实现最大的社会效益和经济效益。

1. 满足使用要求

空调房间一般都是封闭的空间，其空气环境的温度、湿度、流动速度、洁净度、新鲜度等通常需要由中央空调系统来调节和控制，创造和保持一定要求的空气环境。

对写字楼来说，紧张工作的人们需要一个舒适的室内空气环境，如果空调效果满足要求，不但有利于提高其工作效率，而且有利于写字楼的租金收益；对星级酒店来说，入住的客人需要一个舒适的食宿环境，如果空调效果好，客人得到了应有的享受，从而将有可能成为该酒店的常客；对商业、餐饮、娱乐场所来说，前往消费的顾客希望有一个舒适的购物、饮食、娱乐环境，如果空调效果好，顾客就有可能待的时间长些、消费多些，这样一来顾客满意、商家也高兴，如此等等。由此可见，空调效果好，能满足使用要求的意义不仅仅是使人感到舒适，由感觉舒适所带来的是工作效率的提高，是丰厚的经济效益，是无限商机。相反，如果空调效果差，不能满足使用要求，甚至导致不堪设想的后果。因此空调效果好坏所产生的影响是不容忽视的。

由于舒适性中央空调系统的运转效果直接体现在能否满足人们工作和生活对室内环境的要求，而中央空调系统的运行管理又是建筑物物业设备管理的重要组成部分，因此它是物业管理质量优劣和管理水平高低的直接反映，对衡量物业管理企业的服务水准，树立良好形象与声誉有不可忽视的作用。一旦中央空调系统不能满足用户的使用要求，物业管理企业的正常经营就会受到影响，甚至导致企业亏损等严重后果。因此，满足用户的使用要求是中央空调系统运行管理必须达到的首要目标。

2. 降低运行成本

除能源消耗费用外，运行成本还包括人工费用和设备维护保养费用。在我国，中央空调系统的冷源绝大部分采用的是电动制冷机（如离心式、螺杆式、活塞式制冷机等），其辅助设备如冷冻水泵、冷却水泵、冷却塔风机、风冷式冷凝器风机等也均为电动的。而热源则形式多样：有传统的燃煤锅炉和新型燃油、燃气锅炉，也有方便快捷的集中供热和电锅炉，还有冷热两用的空气源热泵、水源热泵、地源热泵和直燃式冷热水机组等。不管热源是何种形式，大多数中央空调系统的主要能源消耗还是电。

由于建筑类别和地区的不同，中央空调系统的耗电量约占所在建筑总耗电量的18% ~ 35%，单位建筑面积的耗电量约为 35 ~ 65W/m²。因此，降低运行成本的首要任务是想方设法减少用电量，同时也要尽量减少其他燃料（如油、气、煤）的消耗量，以降低能源消耗费用。其次，要通过精心操作、细致维护来延长易损件的使用寿命；通过定期的水质检验和监测情况来决定水质处理的合理用药量。总之，通过严格规范的管理和精打细算来减少日常物料的使用量，以减少相关费用的开支，达到降低运行成本的目的。

有些地方和单位存在着中央空调系统装得起而用不起的情况，其根本原因就是运行费用太高，使得中央空调系统基本闲置不用，不能充分发挥其应起的作用。因此，积极降低运行成本是中央空调系统运行管理所要达到的重要目标。

3. 延长使用寿命

使用寿命是指，在不更换主要部（构）件条件下，能够正常运行并确保使用性能和效果情况下，中央空调系统和设备所能维持的最长使用时间。在配置中央空调系统的建筑物的总投资中，一般中央空调系统的费用要占到总费用的20%左右。要使这方面的投资发挥出最大效益，就要保证在其正常的使用年限内起到应起的作用。中央空调系统主要设备的平均使用寿命见表5-1。

表5-1 中央空调系统主要设备的平均使用寿命

序号	设备名称	平均寿命/年
1	离心式冷水机组	23
2	活塞式冷水机组	20
3	吸收式冷水机组	23
4	离心式风机	23
5	水泵	20
6	冷却塔	20
7	水冷式空调机	15
8	水源热泵（商业用）	19
9	空气源热泵（商业用）	15
10	屋顶空调机	15

我国自 1993 年 7 月起施行的《商品流通企业财务制度》中规定：制冷设备的折旧年限为 10~15 年；自动化、半自动化控制设备的折旧年限为 8~12 年。

中央空调系统的使用寿命能有多长主要取决于三个因素：一是系统和设备类型；二是设计、安装和制造质量；三是运行操作、维护保养和故障检修水平。因此，要精确地确定整个中央空调系统的使用寿命是比较困难的。

从设备的使用寿命来看，一般进口的中央空调系统主机（制冷机或锅炉）的使用寿命可达 20~24 年。国产优质主机的使用寿命也可达 15~20 年，在室外露天安装并且全年运行的热泵机组的平均寿命约为 15 年。管道系统、控制系统以及末端装置的使用寿命相对来说都要短些。

由于使用寿命涉及折旧年限和更新资金的投入，因此使用寿命应至少达到预期的使用年限，超过则更好，这样就可以使更新资金晚投入，从而使整个物业管理或经营成本适当降低。此外，系统或主要设备的更新不仅要耗费大量的人力、物力，而且还会影响空调房间的正常使用。对大型主机和管道系统来说，对其更新还要损坏建筑物结构或室内外装饰，从而带来额外的经济损失和费用开支。因此，必须通过合理的使用、规范的操作、科学的保养、精心的维护、及时的检修来充分发挥中央空调系统的作用。在保证其高效、低耗运行的同时，还要减少故障的发生，尽量延长整个系统的使用寿命，这是中央空调系统运行管理的长远目标。

4. 保证卫生安全

卫生安全是针对空调房间内的人员而言的。对中央空调系统提供的新风量不足会影响空调房间内人员的身体健康，通常运行管理人员都有一定的认识，但不一定认识到中央空调系统管理不到位还有可能导致滋生与传播病菌以及室外污染物，从而会对空调房间内的人员健康造成危害。

中央空调系统通常具备产生微生物并传播、扩散造成污染或危害的条件，微生物滋生的必要条件是营养源（尘埃）和水分或高湿度，而中央空调系统中的以下部件和位置则具备了这些条件：

1）空气热湿处理设备中的表面式换热器和接水盘、水封（在冷却除湿工况下工作时）。

2）空气热湿处理设备的空气过滤器。

3）水加湿器及其存水容器。

4）风管系统中有较大涡流区的部件，如消声器、静压箱等。

由于中央空调系统的构造及功能特性，决定了它的运行还有可能因非本身问题而危害人体健康甚至危及人的生命。例如，某空调房间内出现患有可通过空气途径传染疾病（如"非典"）的病人时，病菌有可能随着回风在中央空调系统中定植、繁殖并传播，完全有可能造成一人得病而使整个房间甚至整个中央空调系统作用范围的全部房间内的人都受到感染。另外，当建筑物附近的室外空气受到工厂排放的异味气体、锅炉排放的烟尘、火灾产生的烟气、意外事故产生的化学品气体、冷却塔产生的军团菌等污染时，被污染的空气会从运行中的中央空调系统新风口吸入，并很快输送至系统服务的全部房间，造成对人员伤害。鉴于此，我国原卫生部自 2006 年 3 月 1 日起颁布并实施了《公共场所集中空调通风系统卫生管理办法》、《公共场所集中空调通风系统卫生规范》、《公共场所集中空调通风系统卫生学评价规范》和《公共场所集中空调通风系统清洗规范》等强制性管理措施。

中央空调系统是一柄双刃剑，管理得不好，不但不能起到营造舒适、卫生的室内空气环境的良好作用，反而会成为随时威胁人的健康和安全的"杀手"。从这个角度来看，做好中央空调系统有关部件和位置的清洁、消毒工作，以及发生突发事件时的应急管理工作，显得尤其重要，这也是中央空调系统运行管理不能忽视的工作目标。

综上所述，中央空调系统运行管理要达到的基本目标，或称之为中央空调运行管理的科学内涵：一是体现在满足室内空气环境要求方面；二是体现在降低运行成本方面；三是体现在完好使用到折旧年限方面；四是体现在保证空调房间内人的身体健康方面。2005 年 11 月 30 日发布、2006 年 3 月 1 日实施的国家标准 GB 50365—2005《空调通风系统运行管理规范》，分别从卫生、节能、安全、应急运行管理四个方面相应提出了一些具体要求。

二、影响管理目标实现的因素

由于中央空调系统组成的复杂性、设备的多样性、管道的隐蔽性、室外气象条件的多变性等原因，使得影响中央空调系统达到满足使用要求、降低运行成本、延长使用寿命、保证卫生安全的基本目标的因素很多，其中主要有以下几个方面因素：

1）系统设计与设备选用的质量，包括系统形式的选择是否恰当、设计是否合理、设备类型的选用是否合适、容量是否匹配等。

2）主要设备及辅助装置制造的质量，包括产品质量是否符合有关技术标准、各项技术参数是否达到样本或铭牌及说明书标明的标准等。

3）系统及设备安装调试的质量，包括各种管道的制作、安装及设备、辅助装置的安装是否按照国家有关规范要求进行并达到其标准，经调试后是否达到相应的设计和使用要求等。

4）使用与操作的质量，包括在使用与操作过程中使用是否适当，是否严格按照操作规程进行操作等。

5）维护保养的质量，包括维护保养是否严格按照有关规定及时并保质、保量地给予实施等。

6）检修与技改的质量，包括检修是否按计划进行、该修的地方是否修好了、该换的零配件是否更换了、出现的故障或发生的事故是否及时排除了，以及技改是否合适、技改后情况是否有改进等。

7）专业管理队伍的质量，主要指专业管理队伍组成人员的技术水平和责任心是否满足有关岗位职责的要求等。

8）管理制度的质量，主要指各专业性规章制度制定得是否科学合理、正确完善，是否具有针对性和可操作性，相互间是否协调一致等。

9）设备、装置运行环境的质量，主要指安装在室内的设备、装置的工作环境的温、湿度是否合适，安装在室外的设备、装置（冷却塔等除外）是否有遮风挡雨的装置等。

10）采用新产品、新技术的成熟度，主要指采用的新产品或新技术是否成熟、它们的使用是否对达到基本目标有利等。

上述主要影响因素中，前 3 个方面的因素是先天存在的，其质量是好是坏对一般在建筑设备安装工程全部竣工后才接手进行物业设备管理的空调运行管理人员来说是无法控制的，但后面的诸因素则是可以很好地把握的。

三、运行管理的基本内容

中央空调运行能否保证供冷（暖）质量，并达到运行管理的目标，关键是要做好设备的运行操作、维护保养、故障处理、计划检修、更新改造、设备与零配件的选购、技术资料管理这7个方面的工作。中央空调设备的运行操作、维护保养、故障处理和技术资料管理构成了中央空调运行管理工作的基本内容。

为此，必须要有以下4个基本措施作保证：

1）操作人员必须是经过正规、严格的空调制冷方面专业学习和技术培训，并通过国家职业技能鉴定机构组织的相应考核，取得相应职业（工种）初级以上职业资格（技术等级）证书（如"中央空调系统操作员职业资格证书"、"制冷设备维修工技术等级证书"的专业人士。

2）专业技术主管、班组长和操作人员分工明确、职责清楚。

3）各项管理内容都要形成相应的规章制度，做到有章可循，有法可依。

4）各个操作项目都要制定出安全、合理的规程，做到规范、有序操作。

由于中央空调系统规模大小和人员配备情况的不同，以及物业管理企业（部门）性质的不同，所有的中央空调运行管理工作不一定全部由管理者自己承担，有些可以外包或合同委托给专业技术服务机构去做，如计划检修、更新改造、部分设备装置的维护保养、水处理等。总之，只有全面了解中央空调系统运行管理的基本内容，才能深入研究和掌握各个管理环节的规律，以促进运行管理工作，全面提高运行管理的质量。

四、运行管理准备工作

在了解设计、施工情况的前提条件下，要使中央空调系统既能高质量、高效率地运行，又能降低能耗、延长检修周期和使用寿命，就必须从上到下特别重视，并着重做好组织建设和制度建设方面的各项工作，重点做好以下几个方面的准备工作。

（1）管理人员提前介入

随着我国物业管理的迅速普及和物业管理水平的不断提高，开发商和物业管理企业都已认识到，在物业规划设计和建设过程中，物业管理人员应提前介入工作，以便为物业交付使用后的管理和向业主（用户）提供优质服务打下良好的基础。这种介入最好是在物业规划设计阶段，因为规划设计是物业各种功能是否完整、日后使用与管理是否便利的先天制约因素。通常在规划设计时虽然考虑了房屋和配套设施两个重要组成部分，但由于种种原因，设计总是落后于技术的发展和人们生活水平提高而产生的要求。另外，设计人员往往从技术角度考虑问题较多，对管理问题考虑较少，甚至忽视了管理问题。

因此，对中央空调系统运行管理人员来说，早期介入主要是在设计过程中就从管理的角度看设计方案是否合理，日后使用与维护保养是否便利；在施工过程中也要从管理的角度看施工质量是否符合有关标准和规范规定，是否为日后使用与维护保养创造了有利条件等。

（2）了解设计、施工情况

为了管好、用好中央空调系统，还有一项重要工作不能忽视，那就是要请空调设计师和施工主管技术人员，给全体中央空调系统运行管理人员讲解有关设计和施工的情况。运行管理人员对这些情况心中有数，有利于中央空调系统在使用时能更好地实现设计师的设计意图，达到设计目的；对可能产生的问题和出现的不利情况能预防在先，使中央空调系统运行管理工作处于积极主动的地位。为此，要请设计师全面介绍其设计理念和思路、系统方案和设备的选用情况、对日常运行管理的要求、运转调节或出现问题时从设计角度考虑应采用的方法和措施等；请施工主管技术人员介绍在施工过程中采用了哪些非常用材料和设备（装置）、采用了哪些非常规做法、哪些地方或设备（装置）容易出问题、哪些地方或设备（装置）应在运行管理中多加注意和防范等。

通过了解上述情况，可以把由于设计或施工造成的、可能影响运行管理质量的问题及早解决；同时也可以检查现有的管理队伍能否胜任中央空调系统的全面管理工作，发现缺少什么知识或技能，也可以尽早采取各种措施。

（3）人员配备齐全

中央空调系统的运行管理涉及的内容多、技术范围广，要做好各项管理工作，必须根据其规模、复杂程度和管理工作量等情况，定员定岗，建立一支由空调工程师（主管）、班（组）长（领班）和操作人员组成的专职管理队伍，并明确各岗位的职责。

（4）健全管理制度

如果说配备专业管理人员的组织建设是做好中央空调系统运行管理工作应具备的基本条件，那么制定必要的专业性管理规章制度就是做好中央空调系统运行管理工作的基本保证。为了提高管理档次和服务水平，国内一些物业管理企业纷纷导入实施了 ISO 9001 国际质量标准（国际通用的科学管理方法标准）。通过运用这一国际先进的质量管理模式标准来规范管理运作程序，促使管理水平和服务质量有更大的改观。从效果来看，严格按此标准的要求去实施和运作的企业，都取得了很好的社会效益和经济效益。

中央空调系统的运行管理是物业设备管理的一个重要组成部分，既有与其他专业技术门类管理相同的共性内容（如设备管理制度、技术档案管理制度、设备检修制度等），也有自己独特的地方，需结合中央空调系统运行管理的实际，因地制宜地制定出一套合理、专业性的规章制度。制定专业性的各项规章制度时，要遵循以下几个原则：

1）所有的规章制度应注意与上级部门的相应规定、要求协调一致，不能有冲突或产生歧义的条文。

2）各规章制度之间要注意相互协调，不能有矛盾和遗漏。

3）规章制度的编写要力求表达清楚、准确、全面、简明扼要，文字条款要易于理解、记忆、接受和执行，要注意惟一理解性。

4）保证制定出的规章制度既结合实际，又科学合理，并在实际工作中能完全做得到，而且有利于整体管理水平的提高。

五、管理工作的考评

对中央空调系统的管理工作如何进行考核和评价，在国家标准 GB 50365—2005《空调通风系统运行管理规范》颁布以前，国内一直没有一个全面、系统的标准或规定，该规范的附录对舒适性空调通风系统的运行管理水平给出了一个比较全面的综合评价办法。这个评价办法是推荐性的，即规范中的这一部分内容不是强制性的，体现了自愿原则。采用者可以是运行管理者自己或用户，也可以是任何第三方。

空调通风系统运行管理综合评价办法采用记分法，从运行效果和运行管理两个方面，分为 11 个具体评价指标对空调通风系统的运行管理情况进行评价打分，满分为 100 分，评价结果按实际的总得分用等级 1A、2A、3A、4A、5A 表示，各个评价指标的分数可参考规范中的相关内容。

第二节　中央空调系统节能运行措施

民用建筑中央空调系统的能耗大，相应的运行费用高，但同时节能降耗和减少运行费用的潜力也很大，为此，本节结合国家标准 GB/T 17981—2007《空气调节系统经济运行》的有关规定，具体介绍和分析了一些常用并经实践检验行之有效的经济节能运行措施，并制定相应的管理制度。

一、合理设定室内温、湿度

确定合理的室内温、湿度是节能的重要方面。室温是舒适性空调的主要控制参数，因为它容易被普通人理解、接受，而且也容易监测和控制。确定合理的室温时除了要考虑上述因素外，下面两个重要因素也不能忽视。

（1）房间的功能和使用情况

比如会议室、餐厅、写字间等公共场所，在夏季时温度就要比客房的温度稍低，因为人们在这些地方的衣着情况一般不一样。此外，即使是公共场所，也应该根据其用于正式场合还是非正式场合，而控制不同的温度标准。例如，会议室是召开一般内部会议还是对外接待的，餐厅是一般性营业还是举行宴会的，写字间只是自己办公还是经常要接待访客的。对于健身娱乐场所，其室温的高低则取决于人们在里面的活动程度。活动量大的，如迪斯科舞厅、各种球类活动室、健身房等就要求较低的温度，反之就要求较高的室温。对于医院来说，除了手术室外，诊室和病房不论在什么季节通常都要保持相对高一些的温度，这是由病人的情况决定的。

（2）室内外温差

在夏季，除了居住建筑外，人们在进出空调房间时一般不会增减衣服。当从低温的空调房间走到高温的室外，或从高温的室外进入低温的空调房间时，都要凭借自身的调节机能来适应这种突然的温度变化（俗称热冲击）。实践证明，室内外温差越大，人体越难适应，容易导致身体不适或引起感冒等病症。对体质较弱和年纪较大的人来说，这种剧烈的热冲击对其健康极为不利。研究和实践证明，夏季室内外温差一般控制在 5~10℃ 比较好。在夏季确定空调房间的室内温度控制值时，要结合室外气温情况和这个控制温差一起考虑。在冬季，由于可以穿、脱较厚实的大衣或外衣，换鞋，戴、脱帽子、围巾、手套等保暖物品，因此其室内外温差可以加大到几十摄氏度。此时就要根据房间的功能、使用者及当地的习俗来确定室内控制温度了。

选用全年固定设定温度值的方式，只对有特殊要求的少量工业空调才需要。而对于大部分工业空调及几乎全部舒适性空调来说，这样的固定温度在夏季显得较低，冬季显得较高。并且，冬季把空气处理到偏高的设定值显然要消耗更多的热量，夏季把空气处理到偏低的设计值也要消耗更多的冷量。因而采用全年不变的室内温度设定值的方法，既不舒适又浪费能量。所以，对于室内温度设定值并不需要全年固定不变的大多数空调对象，可以采用变设定值控制或按设定区（温度浮动）控制。

例如，对于舒适性空调系统采用变设定值控制方式，冬季可加热、加湿到舒适区的下限，夏季可降温、去湿控制到舒适区的上限，在过渡季节采用设定室内温、湿度在舒适区的上、下限范围内浮动的控制方式，可以节约大量能量。

据国外文献报导，夏季室温设定值从 26℃ 提高到 28℃，冷负荷可减少 21% ~ 23%；露点温度设定值从 10℃ 提高到 12℃（相当于改变室内相对湿度），除湿负荷可减少 17%。冬季室温从 22℃ 降到 20℃，热负荷可减少 26% ~ 31%；露点温度从 10℃ 降低到 8℃，加湿负荷可减少 5%。

由上述分析可见，在满足生产要求和人体健康的情况下，为了节约能耗，空调房间室内温、湿度基数，夏季应尽可能提高，冬季应尽可能降低。设定区间越大，按设定区控制的节能效果也越大。当然要保证不能影响使用要求，如手术室、病房等，冬季室温还应不低于 22℃。

我国近年来对民用建筑空调房间室内温、湿度标准有所规定，以宾馆客房设定值为基础，推荐为冬季 19℃，夏季 27℃；对于百货大楼、电影院等公共建筑和标准比较低的地方，冬季可以考虑比基准值低 1 ~ 3℃，夏季可提高 1℃ 左右；对病房等特殊场合和标准比较高的地方，冬季可以考虑比基准值提高 2 ~ 3℃，夏季可降低 1 ~ 2℃。对于相对湿度的设定值，除特殊要求外，一般民用建筑和工业建筑均为夏季不大于 70% RH，冬季不小于 30% RH。室内空气温度设定值与室外空气温度的变化关系如图 5-1 所示。从图中可以看出，在满足空调房间要求的情况下，可采用以下室内气温设定方案：

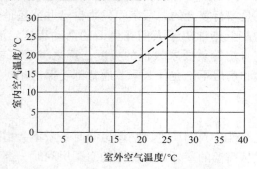

图 5-1　室内空气温度设定值与室外空气温度的变化关系

1）当室外气温低于 18℃ 时，室内气温应尽量偏低设定，但不能低于 18℃。
2）当室外气温高于 28℃ 时，室内气温应尽量偏高设定，但不能高于 28℃。
3）当室外气温高于 18℃，低于 28℃ 时，则要综合考虑空调房间的实际需要和中央空调系统经济节能运行的具体形式来灵活确定室温控制标准。

二、控制室外新风量

控制和正确利用室外新风量是空调系统冬、夏季运行的有效节能措施之一。

对于夏季需供冷、冬季需供热的空调房间，室外新风量越大，系统能耗越大。在这种情况下，室外新风应控制到卫生要求的最小值。

空调系统冬、夏季取用的最小新风量，是根据人体卫生要求，用来冲淡有害物、补偿局部排风、保证空调房间内一定正压值而制定的。过去，空调系统新风量取 $30m^3/$（h·人），该值是根据室内 CO_2 气体允许浓度值为 $0.1\% \sim 0.15\%$，且综合考虑了温、湿度及粉尘、气味的影响，在空调设备普及之前制定的。现在空调房间粉尘、气味影响很少，并可设净化装置，所以在当前能源紧张的情况下，各国提出应降低原定最小新风量标准，但取多少值合适还没取得一致。

近来日本相关部门规定最小新风量取 $20m^3$（h·人），美国和英国标准推荐的新风量为 $18m^3/$（h·人）。美国行政管理和预算局（Office of Management and Budget）的报告提出，从人对氧气需要量的角度去考虑，每人的新鲜空气量只需 $3.6 \sim 7.2m^3/h$。如果通风系统能够利用过滤和吸附作用除去循环空气中的烟尘和气味，那么新风量就可朝着这个最小值进一步减少。

如前所述，室内每人必须保证有一定的新风量，但是办公楼室内人数常常在变化，而百货商店室内人数的变化就更大，为了适应室内人数的变动，控制一定的新风量；有些国家采取 CO_2 浓度控制装置，根据室内人数变动（CO_2 浓度变动）自动控制新风量，并控制回风、排风阀门的动作（保持风平衡）。这样可避免人数的减少时造成的能量浪费。

像百货商店等能预测顾客多少的地方，用手动调节新风阀门，可达到一定的节能目的。例如，星期日可用手动全开新风阀门，而其他日子可半开新风阀门。表 5-2 为日本某百货大楼（建筑面积为 $30000m^2$）各种新风量的能耗比较结果，空调运行时，其中一种方案是把新风阀门固定在设计新风开度上；另一种方案是平时手动半开新风阀门，假日手动全开新风阀门；还有一种方案根据人流多少用 CO_2 气体浓度计控制新风阀门的开度，使室内 CO_2 气体浓度保持在 $0.08\% \sim 0.1\%$ 的范围内。统计结果表明，自动控制新风阀门比固定新风阀门最热月系统冷负荷减少近 25%，最冷月系统热负荷减少近 68%。

表 5-2　日本某百货大楼控制新风量所消耗的能量

阀门情况	供冷（6、7、8、9月）			供暖（12、1、2、3月）		
	固定	手动	自动	固定	手动	自动
室内负荷/（GJ/季）	7886	7886	7886	423	423	423
新风负荷/（GJ/季）	8150	6251	4156	11447	7261	3427
合计（GJ/季）	16036	14137	12042	11870	7684	3846
节约率（%）	0	11.8	24.9	0	35.3	67.6

注：$1GJ = 10^6 kJ$。

三、正确利用新风量节能

对于全年运行的空调系统，为了节能，前面已讨论了在冬季和夏季应采用最小的新风量，而在过渡季节正确地利用新风量，同样也可大大节约能量。

在过渡季节新风温度（或焓值）较低的情况下，应充分利用室外新风作冷源，尤其是对于那些室内周边负荷影响小，而室内区发热量较大的建筑，如大的商店、会堂、剧场等，冬季和过渡季室内需供冷风。这时更要充分利用室外新风具有的冷量，可全部引入室外新风，以推迟人工冷源使用时间，节约人工冷源的能耗。

全年运行过程中，何时增加新风、减少回风量，何时全部采用室外新风，要根据室外干球温度来控制（即显热控制法）或根据新风焓值来判断（即焓值控制法）。

显热控制法是在室外空气温度下降到送风温度时，把100%的新风送入室内；当新风温度低于送风温度时，将新风和室内空气按一定比例混合至送风温度后送入室内。焓值控制法是在室内空气的焓值比新风焓值高的情况下，通过引入新风来考虑制冷机用电节能问题。焓值控制法比显热控制法有更大的节能效果。美国有关机构采用计算机程序对许多城市进行了分析，以加利福尼亚州为例，采用焓值控制法比显热控制法可多节约4%～6%的冷量。

在可变新风系统中，除装有温度、湿度调节器外，还应装季节工况自动识别和转换装置，并至少有三个工况，即冬季工况、过渡季节工况和夏季工况。在只有温度参数要求的系统中，工况转换可由室外干球温度和回风温度控制；在同时有温度和湿度要求的系统中，工况转换最好再加入室外和回风的焓值控制，以最大限度地达到节能效果。

四、合理确定开停机时间

在我国，绝大多数中央空调系统，如写字楼、商场、大型餐饮和娱乐场所、影剧院、体育馆等中央空调系统都不是24h连续运行的。对于间歇运行的中央空调系统来说，在其停止运行后，由于受室外气象条件的影响，室内空气温度要发生变化，同时房间围护结构也会贮存一定的热量或冷量。要使空调房间在使用时就具备要求的室温，则在此之前必须使中央空调系统先运行起来，提前供冷或供暖，以消除围护结构贮存的热量或冷量，把室温降低或升高到使用的要求值。

由于空调房间围护结构的热工性能、室外气象条件、房间使用功能等情况不同，其预冷或预热的时间长短也是有差异的。即使是同一房间、同一系统，也会因室外气象条件的变化而影响到预冷或预热时间的长短。因此，要结合实际，分析总结出不同情况下合理的预冷或预热时间，进而得到不同情况下中央空调系统合理的开机时间。

显然，预冷或预热时间过长，在空调房间开始使用时就很容易出现过冷或过热现象，这样既多耗费了能量，又使人感到不舒适。反之，如果预冷或预热时间不够，则在空调房间开始使用时不能满足室温要求，即造成运行事故，由此带来的影响可能无足轻重，也可能无法估量。由此可见，确定合理的开机时间意义重大。

当空调房间停止使用时，就相应停止中央空调系统的运行。从满足空调使用的角度来说，这是没有问题的，但从节能的角度来看，停机的时间就晚了点。因为空调房间使用时间足够长时，其围护结构的储冷（热）能力就可以显露出来，能在停机后发挥一定的作用，使室温不至于上升或下降得太快。当然，这种贮存的冷、热量所起作用的维持时间与围护结构的热工性能、室外气象条件及室内负荷大小有直接关系。对于没有外窗或外窗面积很小、围护结构为钢筋混凝土或砖砌体重型结构的房间，在室外气象条件不太恶劣（如无太阳强辐射、无大风）而室内负荷小于设计负荷的情况下，就可以多提前一些时间停机，反之则提前量小一点。预冷或预热期间及停机后的室温变化曲线如图5-2所示。

对于风机盘管系统来说，可以先停止冷、热源（冷水机组或锅炉）的运行，而让水系统和风机盘管继续工作，充分利用循环流动水的温度升（降）所具有的湿热能来配合空调房间围护结构释放出的储存冷、热量，一起维持空调房间在停止使用前一段时间内的室温。冷、热源要提前多少时间停机，同样也要结合室内外的空气参数以及建筑围护结构等情况，通过分析、试验得出。总之，为了达到经济节能的目的，要想方设法缩短中央空调系统的运行时间或冷、热源的使用时间。

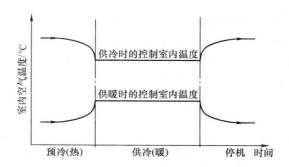

图 5-2　预冷（热）期间及停机后的室温变化曲线

顺便指出，对酒店的带独立新风的风机盘管系统来说，在正常营业情况下，部分房间风机盘管停用时，其新风系统也不应停止运行，这是由酒店的性质决定的。因为空置的客房随时可能会有客人入住，而已有客人入住的客房只是因其暂时外出而不在房间内，为了使客人入住时或外出回房间时有一个比较舒适的温度环境，房间内必须维持一定的室温。

对无人入住的房间，只能由送入各房间的新风来承担。对有人入住的房间，由于风机盘管的开停控制方式不一样而应有所区别：由房客控制开关的，风机盘管在房间无人时的起停由房客自己掌握；由"节电牌"或"智能卡"钥匙控制房间全部用电设备的，当房客离开房间并带走"节电牌"或"智能卡"钥匙后，风机盘管会停止运转或转为低速运转。

不论是哪种方式，新风系统不停送风有三点好处：一是可以保持室内正压，防止室外空气渗透而影响室内空气环境；二是可使房间室温不至升高（在夏季）或降低（在冬季）太多；三是合适的室温也可以保证房间内不致产生霉味等不良气味。

需要引起注意的是，要想风机盘管不运转，新风也能方便地送入室内，采用室内新风口不接入风机盘管而是单独设置的方式最为合适。

五、水泵（组）变流量运行

从经济节能的角度来说，对一个风机盘管系统的供水量最好与其实际开机运转的风机盘管数量相适应。那么，当风机盘管系统在部分负荷状态下运转时，就要求水泵（组）也能从设计负荷运转变为部分负荷运转。为此，可采用改变水泵的转速、改变并联定速水泵的运转台数、调速与调并联水泵运行台数相结合三种常用的变水流量运转调节方式。

（1）改变水泵的转速

水泵的性能参数都是相对某一转速而言的，当转速改变时，水泵的性能参数也会改变。当风机盘管系统从设计负荷减小到部分负荷时，其总供水量就要从设计流量 L_A 减小到运行流量 L_B，此时可以通过改变水泵的转速来达到这个目的，即将水泵转速从 n_A 降至 n_B，如图 5-3 所示。

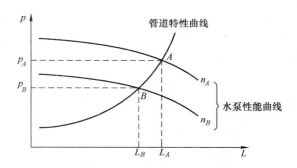

图 5-3　变速调节与流量变化的关系

变速调节与阀门调节相比，除了没有节流损失外，还由于水泵功耗的减少是流量减少的 3 次方关系，而使得节能效果显著，并且调节的稳定性好。

变速调节可分为采用多极电动机的有级调速和采用变频器等调速装置的无级调速。应该注意的是，变速调节时的水泵最低转速不要小于额定转速的50%，一般控制在70%~100%之间。否则水泵的运行效率太低，造成功耗过大，可能会抵消降低转速所得到的节能效果。此外，电动机输出功率过分低于额定功率，或者工作频率过分低于额定工频，都会使电动机的效率大大降低。由变频器驱动异步电动机时，电动机的电流会比额定工频供电时增大约5%。

如果水泵原来没有配调速装置，需要增配时就要注意两个方面的问题：一是风机盘管系统的水流量一般在水泵额定流量的90%以上变化时，不需要采用调速装置。因为调速装置本身的效率也就在90%左右，此时不会产生多大的节能效益，在接近100%流量运行时反而会增大能耗。二是配调速装置会增加设备投资，对于小容量的水泵是否有必要，应该进行技术经济分析后再做决定，一般认为在两年内能从节电效益中回收投资就可以配置。

采用冷水机组的人工冷源，绝大多数都是按一台冷水机组分别对应配一台冷冻水泵和一台冷却水泵，因此当有可观的节能潜力时，使其能变速运行是最容易实现的，而且运行管理也最简单。

（2）改变并联定速水泵的运行台数

对不能调速的多台并联水泵来说，可以采用投入使用的水泵台数组合来配合风机盘管系统的供水量变化。由于是用开停台数来调节流量，所以调节的梯次很少、梯间很大，与风机盘管系统的供水量变化适应性比较差。无调速的多台水泵并联形式是使用最广泛的一种形式，虽然改变水泵运转台数来调节流量的方式操作起来不太方便，适应性也比较差，但应用得好，其节能效果还是很明显的。相对于调速方式来说，这种调节方式对运行管理人员技术水平和操作技能的要求更高一些。

（3）调速与调并联水泵运转台数相结合

将并联水泵全部配上无级调速装置（如变频调速器）形成的水泵组，虽然一次投资的费用较大，但实际使用效果和节能效果，相对上述第2种调节方式来说要理想得多。负荷变化小时，与调速变流量相适应；负荷变化大时，与停运行水泵台数粗调、调速细调相适应。这种调节方式的调节范围大、适应性好，是水泵适应变流量节能运转的最佳调节方式。

应当注意的是，并联水泵最好是同型号、规格的，而且要全部配上无级调速装置，在使用时同步调在一个转速下运转。这是因为，由水泵的并联运转特性可知，多台水泵并联运转的性能曲线是由各单台水泵的性能曲线在等扬程的条件下，使流量叠加而得到的，而各台水泵的性能曲线又是由其自身性能（如流量、扬程、效率等）或转速决定的。因此，为了保证并联有效，即并联运行的流量大于单台水泵或部分水泵并联运行时的流量，最好使用同型号、规格的水泵并联，并全部配上调速装置（如变频器）；而且在变速时使同时运行的几台水泵同步变为同一转速，避免出现并联失效的情况而使得节能不成反而多耗能。

六、冷却塔供冷

对于全空气空调系统来说，在过渡季节或冬季仍要供冷的情况下，可以充分使用室外新风的自然降温能力来达到少开或不开制冷机的目的。但对以风机盘管为末端装置的空调系统来说，就行不通了。此时，可以考虑采用冷却塔供冷方式。

冷却塔供冷方式在国外已有很多应用，并取得了良好的经济效益，在国内已引起了空调行业工作者的关注。其系统组成和工作原理很简单，即在常规空调水系统的基础上，增设部分管道和管件（或设备），当室外湿球温度低到某个值以下时，停止冷水机组的运行，用经冷却塔降温了的循环冷却水直接或间接地向风机盘管供冷，以减少制冷机的运行能耗，降低运行费用。

冷却塔供冷系统的构成形式主要分为直接供冷和间接供冷两种方式：

直接供冷即通过冷却塔降温的循环水直接提供给风机盘管去吸收要处理空气的热量，然后再返回到冷却塔降温，其系统构成如图5-4所示。在设计或改造成直接供冷系统时，要注意转换供冷方式后，水泵的使用及流量、压头与两种不同供冷方式所构成管路系统的匹配问题。若是使用开式冷却塔，还要考虑水质及其处理问题。

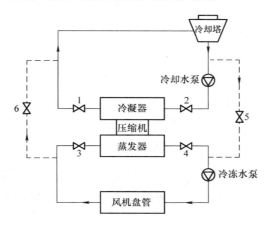

冷水机组供冷方式：阀门1、2、3、4开，阀门5、6关。

冷却塔供冷方式：阀门1、2、3、4关，阀门5、6开；冷却水泵关。

图5-4 冷却塔直接供冷系统结构

间接供冷则仍保持原冷却水和冷冻水的各自循环，但需增加换热器将两个水环路建立起热交换关系，其系统结构如图5-5所示。从图中可以看出，这种系统在切换到冷却塔供冷方式运行时，水泵的工作条件不会有大的变化，也不用担心水质问题，而且在多台套冷水机组加冷却塔的配置情况下，还可以进行冷水机组和冷却塔供冷两种方式的混合工作。这使中央空调系统的运行管理，在既要满足用户要求、又要节能降耗的情况下，多了一种选择方式和调控手段。

冷却塔供冷技术的使用是有一定局限性的，主要受到中央空调系统的形式和过渡季或冬季是否要供冷的限制。从技术经济的角度考虑，还有系统选哪种形式、投资（或改造）费用的回收期、供冷时数是否够长等问题，需要慎重对待。

七、运行管理的自动控制

要较好地实现上述节能措施，就需要应用自动控制。实现空调系统控制的自动化，不仅可以提高控制质量，降低冷、热量的消耗，减少能量，减轻劳动强度，减少运行人员，同时还可以提高劳动生产率和技术管理水平。空调系统自动化程度也是反映空调技术先进性的一个重要方面。因此，随着自动化技术和电子技术的发展，空调系统自动控制必将得到广泛的应用。空调系统节能运行全年实现策略表见本章附表1。

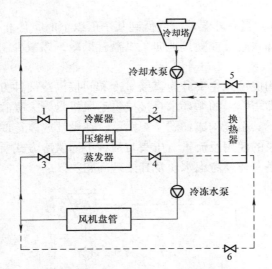

冷水机组供冷方式：阀门1、2、3、4开，5、6关。

冷却塔供冷方式：阀门1、2、3、4关，5、6开。

图5-5　冷却塔间接供冷系统结构

自动控制就是根据被调参数（如室温、相对湿度等）的实际值与给定值（如设计要求的室内基准参数）的偏差，用专用的仪表和装置组成的自动控制系统来调节参数的偏差值，使参数保持在允许的波动范围内。

八、其他技术措施

1）在供冷工况下水系统的供回水温差小于3℃（设计温差为5℃），以及在供暖工况下水系统的供回水温差小于6℃时（设计温差为10℃），宜采取减少流量的措施，但不应影响系统的水力平衡。

2）空调系统运行期间，冷（热）水系统各主环路的回水温度最大差值不应超过1℃。

3）对于多台并列运行的同类设备，应根据实际负荷情况，确定自动或手动调整运行台数，输出的总容量应与需求的冷（热）量、水量、风量等相匹配；当部分同类设备（制冷机组）停止运行时，应立即关断停止运行设备（制冷机组）前后的阀门，防止水流经不运行设备旁通。

4）风系统运行时，宜采取有效措施，增大送回风温差，但不应影响系统的风量平衡。

5）全空气空调系统在供冷运行时，宜采用大温差送风，并应符合下列规定：

① 送风高度小于或等于5m时，在冬季，温差不宜超过10℃；采用高诱导比的散流器时，温差可以超过10℃；

② 送风高度在5m以上时，温差不宜超过15℃。

6）局部房间或区域在夏季需要供冷时，宜采用新风或冷却塔直接制冷的运行方式降温。

7）当中央空调系统为间歇运行方式时，要根据每天的天气和室内负荷等情况，充分考虑建筑的热惰性，合理地确定开机、停机时间。

8）对于一塔多风机配置的矩形冷却塔，要根据室外气象条件决定投入运转的风机数；

在保证冷却水回水温度满足冷水机组正常运行的前提下，尽量不开或少开风机。冷却塔补水总管上应安装水量计量表，应定期记录和分析补水记录，并应采取措施减少补水量。

9）确保自控系统的良好工作状态，发挥其快速、及时的调控作用。

10）做好水处理工作，严防腐蚀发生、水垢生成以及微生物的繁殖。

第三节　运行人员的管理制度

管理、操作和维修人员是空调系统运行管理的主体，因此运行人员的管理是空调系统节能运行的重要内容。由于空调系统的专业综合性、复杂性，要求管理、操作和维修人员必须具有相应的资格认证才能上岗；并且在上岗之前，所有管理、操作和维修人员必须进行节能培训。另外；空调系统的、管理、操作和维修人员除了要满足各自岗位的基本职责外，还要达到节能运行管理的职责要求。在加强对技术人员节能管理的基础上，空调运行单位可通过制定一些激励制度进一步促进工作人员的节能工作，获得较好的节能效果。

一、资格认证

1）技术管理人员应具有暖通或相关专业的大专学历，并获得暖通专业的工程师技术职称。

2）操作和维修人员应具备"中央空调系统操作员"或"制冷设备维修工"的初级技术等级。

3）所有人员（管理、操作和维修人员）的各类资格证书均应备案。

二、业务学习与培训

中央空调系统的运行管理是一项涉及多学科、多专业的综合性技术管理工作，中央空调系统的运行操作、维护保养和故障检修与相关人员的技术水平密切相关。因此，对中央空调系统一线运行管理人员，除了要求有高度的责任性外，还要求有一定的专业知识和专业技能。建立相应的业务学习与培训制度，对提高相关人员的专业素质与管理水平，使其能适应岗位的要求有重要意义。

业务学习和培训一定要紧密结合现有人员情况和现有空调系统、设备情况进行，制定的相应业务学习与培训制度应包括学习和培训的对象、内容、要求、形式、时间、执行者等内容，包括：

1）凡在空调运行和维修岗位工作的人员，都要积极参加各种业务学习以及专业知识和技能的培训。

2）业务学习和培训要紧密结合现有人员的情况和空调系统、设备的情况进行；重点是全面、深入地了解各项专业规章制度的内涵，明确和掌握执行这些专业规章制度的目的和方法、常见问题或故障的判断方法和应采取的措施。

3）业务学习和培训应采取理论知识学习与实际操作相结合、系统培训与急用现学相结合、自学为主与集中辅导相结合、解决实际问题与集体分析讨论相结合等多种形式，扎实、有效地开展起来。

4）对非空调制冷专业毕业和没有受过专业技术培训的在岗人员，重点是系统学习专业知识和进行专业技能训练，在一年内达到中级空调（运行）工或中级制冷设备维修工的技术等级。已达到中级空调（运行）工或中级制冷设备维修工技术等级的在岗人员，重点是全面、深入地掌握空调系统和设备的情况、性能和特点，提高相应的技术水平。

5）空调工程师（主管）和班（组）长（领班）负责业务学习与培训的组织、实施和考核工作。

每次业务学习、培训和考核的内容，以及考核的结果都要放入每个人的业务档案里。

三、运行管理人员岗位职责

1. 技术管理人员的节能岗位职责要求

技术管理人员在履行空调系统运行管理基本职责的基础上，还要满足节能岗位职责要求：

1）总结本单位空调系统以往的运行管理经验，根据实际情况制定全年空调系统的节能运行方案。

2）参与制定关于空调系统节能运行的各种规章制度，并监督检查操作人员的执行情况，发现能耗大的问题，及时提出改进措施，并督促改进工作。

3）掌握空调系统的实际能耗状况，定期调查能耗分布状况和分析节能潜力，提出节能运行和改造建议。

4）实施空调系统的能耗定额管理。

5）提出节能改造方案或制定节能型设备的购买计划。

6）负责空调运行操作人员和维修人员的节能业务培训。

【例5-1】 空调工程师（主管）岗位职责。

1）协助部门主管全面负责空调专业方面的各项工作。

2）根据上级领导的要求和主管部门的工作计划，拟定本专业的工作计划。

3）制定与本专业有关的各项规章制度，并监督检查执行情况，发现问题时应及时提出改进措施，督促改进工作。

4）经常深入现场，了解和指导中央空调系统的运行操作和维护保养工作。

5）对中央空调系统运行中发生的问题和出现的故障及时进行诊断，并组织力量解决和排除。

6）指导本专业各类人员的业务学习、技术培训及进行安全教育，并负责考核。

7）注重修旧利废和综合利用，搞好能源管理，降低水、电、汽、气的耗用量。

8）制定检修计划及所需材料和零部件计划，经批准后负责实施。

9）提出本专业技术改造方案或设备、装置更新方案，并组织实施。

10）负责与本专业有关的项目对外委托或承包的调研、论证、业务洽谈，以及项目的实施监督和完成验收。

11）积极听取各方面的合理化建议，吸收消化有关先进经验，组织开展技术革新。

12）掌握本专业的发展动态，注意新技术、新设备、新装置的引进与应用。

13）负责与政府相关业务主管部门和行业协会、专业学会的联系工作。

【例5-2】 空调班（组）长（领班）岗位职责。

1）协助空调工程师（主管）做好各项具体工作，直接向其负责。

2）全面主持空调班（组）工作，合理安排班（组）成员的日常工作，保质保量地完成各项工作任务。

3）负责班（组）成员的考勤，以及公用工具、仪器仪表、小型检修设备（装置）的使用与管理。

4）督促全体成员严格遵守和认真执行各项规章制度。

5）组织班（组）的各种学习，使全体成员都能不断提高技术和素质，敬业爱岗。

6）审查各种记录表，除了保证数据准确外，还要保证上交前和不上交的原始资料齐全。

7）具体落实修旧利废、节约能源、降低费用的工作。

8）及时收集和向上级反馈常用物料、零配件、工具的质量情况。

9）管理班（组）的技术资料。

2. 操作人员的岗位职责要求

中央空调系统操作人员在履行空调系统操作的基本职责基础上，还要满足节能岗位职责要求：

1）充分掌握和严格执行空调系统的节能管理制度和节能运行操作技术规程。

2）充分掌握和严格执行空调系统中使用的各类节能设备和产品的操作方法。

3）每天定时记录和统计空调系统的运行能耗（电、水、热、燃料等）。

4）每天定时记录空调房间的温度数据。

5）及时查找空调系统中存在的能源浪费的原因。

6）有重大能耗事故及时向管理人员报告，并及时进行处理。

【例5-3】　中央空调系统操作员岗位职责。

1）充分了解中央空调系统各设备的结构、性能及系统组成，熟练掌握其操作方法。

2）严格按有关规程要求开、停中央空调系统及设备；根据室外气象条件和用户负荷情况，精心操作及时调节，保证中央空调系统安全、经济、正常地运行，并做好相应的运行记录。

3）按规定认真做好中央空调系统和设备的巡回检查工作和日常维护保养工作，使其始终处于良好状态，并按要求做好备案记录。

4）遵守机房的管理制度，保持安全文明生产的良好环境。

5）严格遵守劳动纪律和值班守则，坚守操作岗位，上班时间不做与工作内容无关的事情。

6）值班时发现中央空调系统或设备出现异常情况要及时处理，处理不了的要及时报告空调系统班（组）长或空调工程师。如果危及人身或设备安全，则应首先采取停机等紧急措施。

7）中央空调系统和设备停机期间保护设备不受到意外损坏。

8）努力学习专业知识，刻苦钻研操作技能，注意总结工作经验，不断提高运行操作的技术水平。

9）尊重领导，服从临时调动或工作安排，积极认真地完成上级领导交代的其他临时性工作。

3. 维修人员的节能岗位职责要求

中央空调维修人员在履行空调系统维护和管理的基本职责基础上，还要满足节能岗位职责要求：

1）充分掌握和严格执行空调系统的节能运行管理制度、设备的节能维护保养规程。

2）充分掌握和严格执行空调系统中使用的各类节能设备和产品的维护、保养及检修方法。

3）维护保养或检修时，不使用不利于空调系统节能的材料、备品和备件。

【例5-4】 中央空调系统维修人员岗位职责。

1）熟悉中央空调系统和各设备的结构、性能，熟练掌握维护保养和检修的基本操作方法。

2）严格按照有关规程的要求，定期对中央空调系统和设备进行维护保养。

3）严格按照有关规程的规定处理日常故障和进行计划检修，力求使所有检修设备尽快恢复原有功能，并确保检修工作的质量和安全。

4）维护保养或检修时，不使用不合格的材料、备品和备件。

5）维护保养或检修工作完成后，认真详细地做好相关记录。

6）爱惜维护保养和检测修理工具、设备、仪器仪表，不浪费维护保养和检修用消耗性物料。

7）承担本专业更新改造项目的主要施工工作。

8）严格遵守劳动纪律，坚守岗位，上班时间不做与工作内容无关的事情。

9）努力学习理论知识，刻苦钻研维护保养和检修技能，注意总结工作经验，不断提高维护保养和检修技术水平。

10）尊重领导，服从临时调动或工作安排，积极认真地完成上级领导交代的其他临时性工作。

四、激励制度

1）对空调系统的节能运行效果进行年度考核，建立相应的节能激励制度，促进空调系统的运行节能。

2）每年度根据空调系统全年节能效果，评选节能技术能手，给予一定的物质奖励。

第四节　中央空调系统设备运行管理制度

一、设备操作规程

设备操作规程是指设备在起动、停止、维修、保养等各个工作环节中应遵守的技术规定或操作顺序。这种规定和操作顺序对于由众多设备和管道组成的中央空调系统和某些大型设备（如冷水机组、锅炉）来说尤其重要，是其得以正确、安全操作的保证，因为稍有不慎就会对系统或设备造成损害，甚至造成灾难性事故。

例如，水冷冷水机组的起动过程就不是一个孤立的冷水机组起动问题，而必须在冷冻水系统和冷却水系统均先后运行起来后才能进行其起动操作。而冷冻水系统和冷却水系统的正常运行又分别建立在空气热湿处理设备和冷却塔起动并正常工作的基础上。如果不是这样，冷水机组起动后就有可能受到损伤，甚至损毁。有些设计或配置比较好的控制系统具有单向操作保护功能，不按规定顺序操作就进行不下去，系统或设备就起动不了，如果不了解情况，还以为设备损坏。因此，操作规程要根据中央空调系统和设备的类型、功能、使用条件，结合设备制造厂商提供的技术资料来制定，不能生搬硬套，也不能过于简单，以保证系统和设备的安全起停。

设备操作规程的设计应明确其编写的目的，具体的操作程序，并醒目地张贴在操作或控制地点，以减少人为误操作或乱操作所造成的损失和危害。

二、巡回检查制度

中央空调系统涉及的设备种类和数量较多，安装地点也比较分散，特别是夏季供冷运行时。例如水系统，冷水机组、二次泵、冷却塔、膨胀水箱、空气处理装置（如组合空调器）等通常分设多处。更有一些超高层建筑和多功能公共建筑，由于技术上或使用上的特殊要求，往往设置了多个（种）机房，而人员配备上也不需要每个机房都有值班人员。此时，为了保证系统安全正常的运行，就需要运行维护人员和检修人员定时或定期地进行巡回检查，以预防为主，发现故障和问题及时处理。

巡回检查制度包括巡回检查的时间、内容和要求等，对有特殊要求的还应规定巡回检查的路线和必须做的记录内容。

（一）巡回检查记录要求

依据《公共建筑室内温度控制管理办法》相关规定，中央空调运行巡回检查记录应包括以下几个方面。

1. 空调系统起停时间

根据建筑功能特点、空调系统的运行特点，制定空调系统的起停时间计划表和空调系统的实际运转起停时间记录表，见本章附表2、附表3，包括：

1）空调系统年度（或季度）运行的起止时间。

2）空调系统工作日运行起止时间。

3）空调系统设备工作日的起停机时间。

2. 房间温度的设定、监测和记录

1）根据空调系统和空调房间的实际运行情况，预先设定冬、夏两季空调系统运行时各房间的室内温度，具体操作可通过安装在空调房间内的自动或手动温度控制装置来完成。各空调房间室内温度的设定值要满足《公共建筑室内温度控制管理办法》第三条的规定。空调房间温度设定表见本章附表4。

2）根据空调房间温度监控系统的设置情况，定时监测、记录和控制空调房间的室内温度。有自动温度监控系统的，每两小时记录一次空调房间的室内温度。无自动温度监测系统的，每天记录一次空调房间的室内温度。根据空调房间温度的检测记录结果，及时发现和查找温度异常空调房间的空调使用情况，并及时进行处理。空调房间温度检测记录表见本章附表5。

3. 空调系统节能运行参数

空调系统的运行参数包括空调风系统和空调水系统的温度、流量和压力，空调系统形式不同，空调系统运行参数的记录表也有所不同。全空气空调系统节能运行记录表见本章附表6，风机盘管加新风空调系统节能运行记录表见本章附表7。

4. 空调系统主要设备的运行参数记录

空调系统的主要设备包括冷热源、空调箱、水泵、风机、冷却塔等设备，各主要设备的运行记录表见本章附表8~附表14。

5. 能耗统计

每天每班组记录和统计一次空调系统的能耗情况，包括设备的用电量、供冷（热）量、燃料消耗量，具体记录和统计内容见本章附表15。通过记录及时发现和查找能耗大的异常问题，并进行处理。

（二）巡检记录内容

全年运行的空调系统的冷热源设备、空气处理设备、空气和水输送设备应做好日常启停机的检查与准备工作。对连续运行的设备，在运行中检查不了的内容则要在周期性停机时检查完成。主要检查方式应为看、听、摸、嗅，一般不做拆卸检查。

季节性使用的冷热源设备、空气处理设备、空气和水输送设备在重新投入使用前应做好运行前的检查与准备工作。根据制定的运行调节方案和节能措施，结合气象台预报的室外天气情况和室内负荷情况确定中央空调主机组、风机盘管、新风机组、组合式空调机组和各控制阀门的开启度，根据室内温湿度要求调整好有关自动控制装置的设定值。

检查结果应填写在巡回检查记录表上，巡回检查中发现的问题要按有关规程妥善处理，处理不了的要及时向空调班长或空调工程师汇报，同时做好有关记录。

重点检查内容有以下几点。

1. 空调房间巡回检查

1）外门、窗是否开启或关闭不严，外门是否频繁开启。

2）无人停留的房间空调是否关闭。

2. 仪表的巡检

1）空调系统运行操作人员结合运行记录的抄表时间对空调系统的计量和测量仪表进行巡检。

2）检查空调系统的压力表、流量计、温度计、冷（热）量表、电表、燃料计量表（煤气表、油表等计量仪表）的读数是否处于正常范围。

3. 管道、阀门和附件的巡回检查

（1）水管系统的巡检

1）制冷空调的运行操作人员每天每工作班次进行一次水管系统的巡检，包括冷冻水、冷却水和凝结水水管系统。

2）检查水管的绝热层、表面防潮层及保护层有无破损和脱落，特别要注意与支（吊）架接触的部位；绝热层外表面有无结露；封闭绝热层或防潮层接缝的胶带有无胀裂、开胶的现象；有阀门的部位是否结露；裸管的法兰接头和软连接处是否漏水，焊接处是否生锈；凝结水水管排水是否通畅。

3）检查水管上阀门、附件处是否漏水；自动排气阀是否动作正常；电动或气动调节阀的调节范围和指示角度是否与阀门开启角度一致。

4）膨胀水箱、补水箱、软化水箱中的水位是否适中，浮球阀动作是否灵活和出水是否正常。

5）支吊构件是否变形、断裂、松动、脱落和锈蚀。

（2）风管系统的巡检

1）风管法兰接头和风机及风柜等与风管的软接头处、风阀拉杆或手柄的转轴与风管结合处是否漏风；明装水管的法兰接头和软连接、阀门、附件处是否漏水、浮球阀动作是否灵活和出水是否正常。

2）明装风管和水管的绝热层、表面防潮层及保护层有无破损和脱落；封闭绝热层或防潮层接缝的胶带有无胀裂、开胶的现象。

3）空调系统的压力表、流量计、温度计、冷（热）量表、电表、燃料计量表（煤气表、油表等计量仪表）的读数是否处于正常范围。

4．空调设备的巡检

1）做好中央空调各台设备运行记录，结合抄表时间进行巡回检查，其他设备一般每个班次检查一次。

2）各设备的运转是否平稳，有无异常声音和振动。

3）各设备的电气、自控系统动作是否正常。

4）各设备的进出水管接头是否漏水，阀门的开度是否在设定位置，有无偏移。

5）冷却塔和水箱等用水和贮水设备的水位是否适中，有无缺水或溢水现象。

5．风机的巡检

检查风机电动机的温升，有无异味产生，以及轴承润滑和温升情况、运转声音和振动情况、转速情况、软接头完好情况。

6．水泵的巡检

1）电动机不能有过高的温升，应无异味产生。

2）轴承润滑良好，轴承温度不得超过周围环境温度 $35 \sim 40 ℃$，轴承的极限最高温度不得高于 $80 ℃$。

3）轴封处、管接头均应无漏水现象。

4）运转声音和振动正常。

5）地脚螺栓和其他各连接螺栓的螺母无松动。

6）基础台下的减振装置受力均匀，进出水管处的软接头无明显变形，这些都起到了减振和隔振作用。

7）转速在规定或调控范围内。

8）电流数值在正常范围内。

9）压力表指示正常且稳定，无剧烈抖动。

10）出水管上压力表读数与工作过程相适应。

11）观察油位是否在油镜标识范围内。

7．冷却塔的运行检查

1）补水浮球阀开关是否灵敏，集水盘（槽）中的水位是否合适。

2）配水槽内是否有杂物堵塞疏水孔。

3）集水盘（槽）、各管道的连接部位、阀门是否漏水。

4）有无明显飘水现象。

5）有无异常声音和振动。

8. 周期性节能检查

1）每周检查一次空调房间的温控开关动作是否正常或是否控制失灵。

2）每周检查一次空调系统的压力表、流量计、温度计、冷（热）量表、电表、燃料计量表（煤气表、油表等计量仪表）是否损坏和是否读数不准。

3）每周检查一次明装风管和水管的绝热层、表面防潮层及保护层有无脱落和破损，（特别是与支吊架接触的部位）；封闭绝热层或防潮层接缝的胶带有无胀裂、开胶的现象；明装非金属风管有无龟裂和粉化现象。

4）对于风系统和水系统的阀门检查和维护，全年运行的中央空调系统，每季度进行一次。季节运行的中央空调系统，系统运行前进行一次风系统和水系统的阀门全面检查。检查阀门的转动是否灵活、定位是否准确、稳固，是否关严、开到位或卡死。

5）每年检查制冷机组的换热器水侧表面的结垢状况一到两次，风冷式换热器表面的积尘状况，每年检查空调机中冷却盘管和加热盘管内外表面清洁状况两次。

6）每年检查风机盘管的风量调节开关是否正常两次。

7）每三个月检查空气过滤器的前后压差和积尘情况一次。

8）空调自控系统在空调系统投入运行前作好设备和系统的检查，运行期间每月检查空调自控设备和控制系统一次。

9）所有检查结果填写在周期性检查记录表上。空调系统节能巡检记录表见本章附表16。

三、维护保养制度

中央空调系统和设备自身良好的工作状态是其安全经济运行、延长使用寿命的保证，供冷（热）质量的基础，而有针对性地做好各项维护保养工作是中央空调系统和设备保持良好工作状态的关键工作之一。

维护保养工作是一项预防性的、有计划进行的经常性工作，其主要内容是根据维护保养制度进行必要的加油、清洁、清洗、易损材料与零件的更换等工作，以及视具体情况而进行的紧固、调整、小修小补等工作。由于各种设备和装置的构造、性能、所起的作用以及工作环境不同，因此维护保养的内容和要求也会有差别，需要根据制造厂商的使用说明书或维护保养手册，结合使用场合的实际情况制定出各自的维护保养计划，如风机盘管维护保养制度（见本章例5-5），空调设备节能维护保养记录表见本章附表17，空调系统节能维护保养记录表见本章附表18。

中央空调系统所包括的冷水机组、空气处理设备、风（水）管道系统、辅助设备的维护保养管理方法，可参考本书第八章相关内容进行。

【例5-5】 风机盘管维护保养制度。

1）保养方法（略），请参照本书第八章有关内容。

2）风机盘管维护保养制度，见表5-3。

3）维修人员和值班人员负责具体实施，由值班班长（组长）负责监督完成，并将相关资料归档。

表 5-3　风机盘管维护保养制度表

序号	维护保养项目	1月	2月	3月	4月	5月	6月	7月	8月	9月	10月	11月	12月	周期 /（次/年）
1	过滤网清洁						√			√			√	3
2	接水盘清洗							√				√		2
3	盘管清洁					√								1
4	风机叶轮清洁					√								1
5	其他	√	√	√	√	√	√	√	√	√	√	√		

四、检查维修制度

中央空调设备的维护保养只能降低设备的损坏速度，要想完全使设备不出现故障或不发生部件损坏是不可能的。这是由于中央空调系统在运行一定时间后，运动部件都会出现磨损、疲劳，甚至丧失工作能力；而静止的部件和管道也会产生堵塞、腐蚀、结垢、松动等现象，使设备的技术性能、系统的工作状况发生改变，直接影响到中央空调系统的正常运行和运行效率，有些情况下甚至会产生事故。因此，必须定期对系统和设备进行检验和测量，以便根据检测情况及时采取相应的预防性或恢复性的修理措施。通过及时发现、消除系统和设备存在的问题和潜在的事故隐患，来提高中央空调系统的"健康水平"，保证中央空调系统安全经济运行，防止意外事故的发生，延长其使用寿命，更好地为用户服务。

中央空调系统所包括的冷水机组、空气处理设备、风（水）管道系统、辅助设备参见故障现象和处理方法，可参考本书第八章相关内容进行处理。运行管理相关的技术人员应及时做好设备的检修记录（见表5-4），并做好资料的归档工作。

表 5-4　检修记录表

设备名称		型号规格		设备编号	
检修原因					
故障现象					
原因分析					
检修情况纪要					
检修时间			检修人		
备注					

五、技术档案管理制度

中央空调系统管理的原始技术资料包括空调系统设计、施工、安装图样，各种设备的安装、使用说明书，系统和设备安装竣工及验收记录等。这些分别由设计、设备制造、工程安装单位提供，是在中央空调系统正式投入运行前就形成的。而巡检运行和检修记录则是在中央空调系统投入运行后形成，并不断积累起来的。通过这些记录，可以使运行和管理人员掌握系统和设备的运行情况和现状，一方面可以防止因为情况不明、盲目使用而发生问题；另一方面还可以从这些记录中找出一些规律性的东西，经过总结、提炼后，再用于工作实际中，使管理和操作检修水平不断提高。

为了便于记录、对比数据和保存记录表，通常巡检记录（如空调水系统的冷冻水泵和冷却水泵及冷却塔的有关运行数据）与设备的运行数据记录在同一张运行记录表上，显然，这种综合性的表格只是对各相对独立的设备运行记录表进行有机组合。此外，在设备运行记录表中可设置"备注"一栏，以便记录设备运行期间发生的、需要备案的一些其他情况，如发现异常情况的现象与时间、出现故障的部位（件）及时间、采取的措施和排除情况等。

第五节　中央空调系统运行管理制度

运行管理制度主要包括运行值班制度、系统和设备的操作规程、交接班制度、机房管理制度、突发事件应急管理措施、紧急情况应急处理措施等。

一、运行值班制度

当中央空调系统运行时，必须有人值班监护。因为中央空调系统运行得好坏不仅直接影响到用户对空调的要求，而且对于运行费用也有很大影响。运行得好，既能满足用户要求，又能节省运行费用；运行得不好，则可能满足了用户要求但运行费用高，或既不能满足用户要求运行费用也很高。安排专业技术人员进行值班，为机组运行资料的积累、运行环境的保洁、事故或故障隐患的及时发现、突发事故的快速处理等提供了基本保证。

为了保证值班质量，必须有一个相应的制度来配合，其基本内容应规定中央空调系统运行管理人员在值班期间应该做什么、不能做什么等。

【例5-6】　中央空调系统运行管理人员值班守则。

1）值班期间穿工作服，不能擅离职守，不能睡觉，不能做与值班工作无关的事情。如有特殊情况，必须向主管领导请假，获得批准后方可离开。

2）严格按规定的班次准时上下班，不能迟到、早退，不能私自调班、顶班，因故不能按规定的班次上班者，必须提前一天向主管领导请假。

3）要了解值班期间的室外气象情况和室内负荷情况，从安全、经济的角度，参照有关规定或根据上级（或当值）主管的指令，拟出值班期间的运行调节方案，并认真实施，努力将空调房间和区域的温、湿度控制在符合要求的数值范围内。

4）要把停止的中央空调系统运行起来时，在运行前要按照设备使用说明书或有关规程规定对相应设备与装置等进行检查，做好运行前的准备工作。如无异常情况，检查准备工作就绪后才可开机。

5）开机要严格按照设备使用说明书或有关规程规定的操作程序认真、正确地操作，严禁违章操作。各台设备起动后，应马上巡回检查一次，观察设备运转是否正常。

6）要手动操作停止中央空调系统运行时，也要严格按照有关规程规定的操作程序认真、正确地进行操作，停机后还要进行必要的检查，消除隐患。

7）当多台（套）同类设备只需要部分设备投入运转时，要注意合理搭配、轮流运行。

8）认真做好每两小时一次的运行记录，读数要准确、填写要清楚，数据写错了只能重写、不得涂改，对所填写内容的正确性负责。

9）严格按照运行值班巡回检查制度的要求，对中央空调系统的各设备、装置进行巡回检查。对刚维修过的设备、装置要多加关注。

10）要勤巡回、勤检查、勤调节。注意倾听运转设备的声音，感测设备的温度，观察仪表的指示情况，发现问题或故障要及时处理，并在运行记录表上做好详细记录。重大的及处理不了的问题和故障要立即向上级主管报告。

11）出了事故，首先要防止事故蔓延，然后按照有关条例规定处理。

12）负责值班期间整个中央空调系统和机房的管理。来人参观必须有主管部门人员的陪同，并做好相关记录。

13）必须搞好室内环境卫生，保持值班室和机房的整洁。

14）值班期间不得饮酒，不准在值班室和机房内吸烟。

15）要严格按交接班制度进行交接班。

二、运行交接班管理制度

空调系统是一个需要连续运行的系统，因此搞好交接班是保障空调系统安全、节能运行的一项重要措施。空调系统交接班制度应包括下述内容：

1）交接班工作应在下一班正式上班时间前 10~15min 进行，接班人员应按时到岗。若接班人员因故未能准时接班，交班人员不得离开工作岗位，应向主管领导汇报，有人接班后，方可离开。

2）按职责范围，交接班双方共同巡视检查主要设备，核对交班前的最后一次记录数据。

3）交班人员应如实地向接班人员说明以下内容：

① 设备运行情况；

② 各系统的运行参数；

③ 空调房间温度；

④ 冷、热源的供应和电力供应情况；

⑤ 系统能耗；

⑥ 空调系统中有关设备供水、供冷管路及各种调节器、执行器、仪器仪表的运行情况；

⑦ 当班运行中所产生的异常情况的原因及处理结果；

⑧ 运行中遗留的问题，需下一班次处理的事项；

⑨ 上级的有关指示、生产调度情况等。

4）交接班双方要认真填写交接班记录表并签字。接班人员发现交班人员未认真完成有关工作或对交接检查有不同意见时，可当场向交班人员询问。如交班人员不能给予明确回答或可能造成不良后果，可拒绝接班，并立即报告主管领导，听候处理意见。如果接班人员没有进行认真的检查和询问了解情况而盲目地接班后，上一班次出现的所有问题（包括事故）均应由接班者负全部责任。

5）交接班之前发生的能耗大的问题或故障到交接班的未处理完不能交接班，应由交班人员负责继续处理，接班人员配合，处理完后方可进行交接班。交接班过程中如发现问题或故障，双方应共同处理，待处理完后再办理交接班手续。交接班记录表见表5-5。

表 5-5　交接班记录表

班次	20　年　月　日时~20　年　月　日　时	交班人	
交接时间	20　年　月　日　时	接班人	
交班人：本班运行情况及特别留言			
接班人：接班记事			

三、机房管理制度

机房，即安装有空调设备的专用房间。中央空调系统的设备机房一般有制冷机房、空调机房、新风机房、二次泵房、锅炉房等，多数为单独设置的专用机房。在一些超高层建筑中，也有将中央空调系统的一些设备直接安放在设备层里与其他系统的机电设备混合布置的情况。为了保证设备的运行安全，使其有一个良好的工作环境，不致受到非操作人员或检修人员的触动而停机或损坏，也避免非专业人员无意中受到伤害，制定相应的制度来给予保证是非常重要的。该制度的内容应包括设备的操作、环境的要求、机房的进入与作业规定等内容。具体条文可以参见例 5-7。

【例 5-7】　中央空调系统设备机房管理制度。

1）机房内的设备由运行管理人员负责操作，其他人员不得擅自操作。

2）机房及设备、装置整洁，各类标识醒目、清晰，巡回检查走道通畅，室内通风、照明良好，门窗开启灵活，应急设施完备。

3）机房内应保持干燥，不准放置易燃易爆物品和杂物。

4）消防器材应放在明显处，并定期检查，保证其有效。

5）不得擅自更改机房内的各种设备、管道、线路，如确需改动，必须报请工程部门审批。

6）非空调班（组）人员进入机房需经工程部门经理批准，并由机房管理人员或运行管理人员陪同方可进入。

7）未经工程部门经理批准并落实安全措施，不得在机房内进行动火类作业。

8）机房内严禁聚会、嬉戏、吸烟、睡觉。

四、突发事件应急管理措施

2003 年，一场突如其来的疫情席卷全球，世界卫生组织为其定名为严重急性呼吸综合症（Severe Acute Respiratory Syndrome，SARS），在中国称为非典型性肺炎（简称"非典"），其危害之大、传播之广、影响之深令世人震撼。

为了避免类似"非典"的突发性公共卫生事件及灾害的发生，有效应对可能通过中央空调系统扩散的污染和产生的伤害，物业管理企业（部门）应早做准备，根据 GB 50365—2005《空调通风系统运行管理规范》的有关规定，结合所管中央空调系统和其所在建筑物的实际情况，制定出在与空调有关的突发事件发生前和发生时如何管理中央空调系统的应急措施。具体条文可参见实例 5-8。

【例5-8】　中央空调系统采取应急管理措施。

1）当下列突发事件发生时，应对中央空调系统采取应急管理措施：

① 在传染病流行期，病原微生物有可能通过中央空调系统扩散时。

② 在化学或生物污染有可能通过中央空调系统实施时。

③ 发生不明原因的中央空调系统气体污染时。

2）空调工程师要负责为应对突发事件的决策提供专业技术支持，确保运行管理人员能针对不同类型突发事件采取相应的应急措施，指导用户正确使用空调，协助卫生防疫部门监测、控制与清除污染源。

3）对于突发事件，应急小组应迅速组织力量，尽快判断污染或伤害的来源（内部、外部或未知）、性质和范围，采取主动应对和被动防范相结合的措施，并做出相应的处理决定。

① 对来源于室内固定释放污染源的污染物，可采取局部排风措施，在靠近污染源处收集和排除这些污染物。对局部、短期散发的挥发性有机化合物，应采用清洁的室外新风来稀释。

② 对来源于室外的污染物，应立即关闭新风阀门和排风阀门，并进行必要的密封处理。

4）应根据突发事件的性质，判断高危区域，结合中央空调系统和其所在建筑物的实际情况，建立内部安全区和外部疏散区，并采取相应的运行措施。

① 高危区域的中央空调系统应独立运行或停止运行。

② 安全区和其他未污染区应全新风运行，还应注意防止其他污染区的回风污染。

③ 人员疏散区应选择在建筑物上风方向的安全距离处，应全新风运行。

5）传染病流行期内需采取如下相应措施：

① 中央空调系统原则上应采用全新风运行，防止交叉感染。为加强室内外空气流通，最大限度地引入室外新鲜空气。

② 中央空调系统新风采集口周围必须保持清洁，以保证所吸入的空气为新鲜的室外空气，严禁新风与排风短路。

③ 空调机房内空气热、湿处理设备的新风进气口必须用风管与新风竖井或新风百叶窗相连接，禁止间接从机房内、楼道内和吊顶内吸取新风。

④ 应按照卫生防疫要求，做好中央空调系统中的空气热、湿处理设备的清洗消毒工作。对过滤器、表冷器、加热器、加湿器、接水盘等易聚集粉尘和滋生细菌的部件，应定期消毒或更换。

6）中央空调系统的消毒要由经过专门培训的人员或卫生防疫部门的专业人员进行，使用合格的消毒产品和采用正确的消毒方法。消毒时间应安排在空调房间内无人的时间段，消毒后应及时冲洗与通风，消除消毒溶液残留物对人体与设备的有害影响。

7）当冷却塔可能引发军团病菌感染和爆发时，必须立即停止其运行，并采样送检，同时按以下程序进行消毒作业：关停风机，开动水泵，加次氯酸钠（含有效氯50mg/L），将水循环6h消毒后排干，彻底清洗各部件和潮湿表面，充水后再加次氯酸钠（含有效氯20mg/L），以同样方式消毒6h、排水、再充水、采样送检，符合要求后才能重新起动运转。

8）在军团病菌感染场所进行消毒作业和其他工作的人员，必须佩戴有过滤装置的呼吸面罩，其过滤装置要具有高效过滤器的性能，能过滤掉一定尺寸的气溶胶、烟雾、微粒等，并能杀死军团病菌。

9）当房间中或者与人员活动无关的中央空调系统中有污染物产生时，应在房间使用前将污染物排除，或提前通风，保证房间开始使用时室内空气已经达到可接受的水平。

10）在接到化学或生物污染有可能通过中央空调系统的警报时，应重点防止新风口和空调机房受到非法入侵，必要情况下，应关闭新风阀门和排风阀门，并进行必要的密封处理。

五、紧急情况应急处理措施

不属于突发性公共卫生事件、灾害及有可能通过中央空调系统扩散污染和产生伤害的突发事件，如火灾，但仍需要采取应急处理措施的情况为紧急情况。为了把因紧急情况的发生而造成的有关损失和影响减小到最低，物业管理企业（部门）应早做准备，根据所管中央空调系统和设备的特点与实际情况，制定出相应的应急处理措施。该措施一定要明确，出现什么样的情况时应具体采用哪些措施，具体条文内容可参见例5-9。

【例5-9】 中央空调系统有关紧急情况应急处理措施。

1）发现设备工作异常或有故障时，首先判断是否需要停机或启用备用设备。

2）发现管道、阀门等漏水时，首先应判断能否关闭相关管道的阀门而不影响系统工作，如果允许关闭，则应立即关闭阀门。下面以冷冻水系统为例进行具体说明，冷却水系统可参照执行。

① 如果是末端设备（如风机盘管）或其配管漏水，则应立即关闭相关设备的供回水阀门。

② 如果是供回水支管道或末端设备（如风机盘管）的供回水阀门漏水，则应立即关闭相关供回水支管道的阀门。

③ 如果是供回水主管道漏水，则应立即关闭集水器和分水器上的相关阀门。

④ 如果是冷水机组与集水器和分水器之间的管道或阀门漏水，则应立即停止冷水机组以及水泵的运行，关闭集水器和分水器上的进出水阀门。暂不能关闭阀门或停机断水止漏时，则要用铁皮将漏水处包裹住，并用绳索或铁丝捆紧，防止漏水喷射。然后用容器接住漏水，防止漏水随地漫流。已漏在地上的积水要尽快清除干净。

3）发现双风机配置的空调机组一台风机不能运行（已自动停机或有故障要马上停机），系统又不能停止送风时，有两种情况：

① 如果是回风机不能运行，则由送风机同时承担系统的送风和回风任务。此时应关闭排风阀，以避免室外新风从新风口和排风口同时吸入，造成新风比过大，严重影响送风参数。

② 如果是送风机不能运行，则由回风机同时承担系统的送风和回风任务。此时应关闭排风阀，避免室外新风和回风从排风口同时排出而造成送风量严重不够。

采取应急处理措施后应在现场立即将有关情况、采取的处理措施及效果向班长或工程师报告，听候下一步的工作指令。

第六节　其他管理制度

一、润滑油的管理制度

压缩式制冷机专用润滑油又称为冷冻机油，其管理包括润滑油在制冷系统中应用时的油质监控、品质判别、更换与贮存管理。

1. 润滑油的油质监控与管理

1）制冷系统内的润滑油应定期取样进行化验分析或作色泽相位对比检查，发现油质变化，要及时查找原因，并按规定处理。

2）制冷系统内的润滑油最好每年全部更换一次，更换前用新油将残留在系统内的原冷冻机油全部洗净。

3）换油时，应设法排出油冷却器内的存油。应将油箱（或离心机组的抽气回收装置）内的沉积物及铁锈彻底清除，并对油泵和油过滤器进行拆卸检查，保证更换后的润滑油清洁纯净，畅流无阻。

4）不能将制冷系统内原有的油与新油混合使用，这样会破坏新油的各项性能指标，影响机组的使用寿命。

5）换用的新油的牌号有所变化时，应将系统认真冲洗干净，否则难以得到好的使用效果。最好不要轻易改变机组使用的润滑油牌号。

6）机组停机期间，只要是润滑油与制冷剂共存的情况，就应该使油加热器通电，将油温控制在规定的范围内。

7）在冬季，经检查确认系统无泄漏的情况下，制冷剂和润滑油在系统内共存过冬时，离心式机组（特别是R11离心式机组）应保持电加热器为通电状态，保证油温稳定在规定的范围内。螺杆式机组和活塞式机组可以不对油加热器通电，但在开机前24h必须对油进行加热。

8）禁止使用一般的润滑油代替制冷机专用润滑油。一般润滑油的性能不适合低温条件下工作，强行使用容易损坏机组。

2. 润滑油品质变化的判别

由于润滑油长期在制冷系统内循环，经受各种热力过程的温度、压力变化，并与制冷剂、水及其他物质（如不凝性气体、密封圈、有机绝缘材料、金属机件等）的相互作用，因此其品质容易发生变化，油中会出现悬浮有机酸、聚合物、酯和金属块等腐蚀产物，导致油的表面张力下降、腐蚀性增强、性能变坏。其表现为油的透明度变差，颜色由黄色变为红褐色。出现上述情况时必须更换为新油。

在有分析化验能力的条件下，可根据润滑油生产厂商提供的油变质判断检查项目及参数值对所使用的润滑油进行检查分析和比较，凡超过指标标准的应立即更换为新油。由于润滑油中含有的水、酸或其他物质大部分沉积在贮油装置（曲轴箱或油箱）的底部，所以化验分析取样的样品应从贮油装置底部抽取。

根据测定油质参数的方法来确定是否换油是不太方便的，而且分析化验的程序复杂，绝大多数机组使用单位不具备这样的检查分析手段。而机组制造厂商往往根据丰富的经验来拟定机组换油时间，一般推荐全年运行的机组每年应换油一次。但这种处理方法带有较强的经验判断性质，在正确反映润滑油质量方面存在着较大误差。

一种直观而且科学、易行的判断油质的方法是利用油在使用中颜色由黄色逐渐变为红褐色、油质由好逐渐变坏的特点，编制出的油在不同品质情况下的色泽图谱。该图谱分为①米黄、②橘黄、③土黄、④朱红、⑤大红、⑥深红、⑦赭石、⑧土红共8个色泽相位等级。检查时，只要将取样油与图谱上8个色泽相位对照，样油与图谱中哪个相位的色泽最接近，则哪个相位的油质量等级就是取样油的品质等级。当所得的相位超过⑥时，应立即更换为新润滑油。

换油时应注意同时清洗滤油器、油箱、油冷却器等装置。

通过检测润滑油中不同金属粉末的含量，还可以判断机组相关部件的磨损与腐蚀情况。例如，对特灵CVHE型离心式冷水机组而言，铜含量过高说明铜管有磨损或腐蚀；铝含量过高代表叶轮有磨损；锡含量过高意味着套筒轴承有磨损等。

3. 润滑油的贮存管理

1）润滑油必须贮存在干净密封的容器内，容器外应注明油的名称及牌号，并分类存放。

2）贮油容器必须存放在清净、干燥、阴凉、通风的房间内。

3）分油时使用的工具和容器应保持干净、无水分；不同牌号油的配油工具不应交替使用。必须交替使用时，应将原来使用或沾染的油用汽油清洗，吹干后方可用于其他牌号的油。

4）不同牌号的油严禁混装在一个容器内贮存，因为混合油易发生化学变化，会加快油变质的进程。

二、制冷剂的管理制度

制冷剂在未注入制冷装置前是采用钢瓶盛装的。由于制冷剂钢瓶属于液化气体压力容器，因此为保证装有制冷剂的钢瓶在使用和贮存时的安全，必须严格遵守国家质技监局颁布的《压力容器安全技术监察规程》和《气瓶安全监察规程》的规定。

1. 钢瓶的使用要求

1）启闭钢瓶阀门时，应站在阀的侧面缓慢操作。

2）瓶阀冻结时，应把钢瓶移到较暖的地方，或者用洁净的温水解冻，严禁用火烘烤。

3）从钢瓶向制冷装置充加制冷剂时，必须经过减压装置。

4）瓶中气体不得用尽，必须留有一定的剩余压力。

5）使用中要防止立瓶跌倒，禁止敲击和碰撞钢瓶。

6）不得将钢瓶靠近热源，夏季要防止钢瓶的日光曝晒。

2. 往钢瓶中充装制冷剂的要求

制冷装置在进行制冷剂非故障性排放时一般应排入制冷剂钢瓶内，这样一方面可留待以后再充入制冷装置中使用，避免浪费；另一方面也可避免排入大气中污染环境。

1）用于充装的钢瓶除了颜色、标识等要与拟充装的制冷剂一致外，还要求在安全有效的使用期内，外观不得有缺陷，安全阀件必须完好无损。

2）制冷剂的充装量不得超过钢瓶的规定值（一般为钢瓶容量的80%~90%）。

3）充装时所用的称量衡器必须准确，而且最大称量范围应为使用称量值的 1.5 ~ 3 倍。

4）填写充装记录并贴于钢瓶上，主要内容包括充装时间、充装量、充装者、钢瓶编号等。

3. 制冷剂的贮存要求

1）装有制冷剂的钢瓶不得曝晒或受热。

2）用钢瓶贮存制冷剂的房间禁止有明火或供暖设备，且自然通风应良好或设置有机械通风装置。

3）立瓶应旋紧瓶帽，放置整齐；卧放时应头部朝向同一方向，堆放不超过 5 层并妥善固定，防止滚动。

4. 制冷剂对人体的伤害与救护

压缩式冷水机组使用的氟利昂制冷剂（如 R22、R134a）的气体密度比空气密度大，一旦泄漏大都停留在低位空间，易引起空间缺氧。此外，如果氟利昂制冷剂液体直接与皮肤接触，则会造成皮肤灼伤；若与明火接触，则会热分解生成光气，人吸入光气会中毒。有关氟利昂制冷剂对人体造成的伤害现象与救护方法参见表 5-6。

表 5-6 氟利昂制冷剂对人体造成的伤害现象与救护方法

伤害现象		救护方法
大量泄漏的氟利昂制冷剂引起人缺氧	一般缺氧者：头痛、呕吐、晕眩、耳鸣、脉搏和呼吸加快	立即转移至通风良好处休息
	严重缺氧者：痉挛、神志不清或处于昏迷状态	立即转移至空气新鲜处，并进行人工呼吸及心肺复苏
吸入氟利昂制冷剂分解生成的光气		适当仰卧，立即护送到医院治疗
氟利昂制冷剂液体溅入眼睛		用 2% 的硼酸加消毒食盐水反复清洗眼睛，并立即送往医院治疗

三、溴化锂溶液的管理制度

溴化锂吸收式冷水机组的主要结构材料是铁和铜等金属，溴化锂溶液对这些金属的腐蚀性很强，即使添加缓蚀剂防腐蚀，但由于机内含有氧气，还是不可避免地会产生严重腐蚀。反过来，腐蚀物又会污染溶液，降低溴化锂溶液的吸水性，堵塞吸收器喷嘴，影响溶液泵的润滑和冷却，进而影响机组的性能和寿命，因此要定期检查溴化锂溶液的品质。

1. 碱度

为防止溴化锂溶液对金属的腐蚀，溴化锂溶液在出厂前均加入了氢氧化锂（LiOH）使溶液保持适当碱性，其 pH 值一般已调至 9.0 ~ 10.5 的范围内。随着机组运行时间的增加，溶液的碱度会增大。机组的气密性越差，溶液的碱度增大越快，因为 $3Fe + 2LiCrO_4 + H_2O \rightarrow 3FeO + Cr_2O_2 + 2LiOH$，溶液碱度过高，反而会引起机组的碱性腐蚀。

用万能 pH 试纸测定溶液的酸碱度，方法虽然简单，但准确度不高。有条件时可用 pH 计来测定，方法是取 2mL 左右均匀溶液，稀释到 5 ~ 10 倍，然后测定。当 pH 值超过 10.5 时，可用氢溴酸（HBr）降低碱度；碱度过低时可加入氢氧化锂来提高。

添加氢溴酸时，氢溴酸质量分数不能太高，灌注的速度也不能太快，通常是从机组内取出一部分溶液，放入非金属容器里，慢慢加入用 6 倍以上纯水稀释的适当质量分数的氢溴酸，搅拌均匀后再注入机组内。添加氢氧化锂时，也可采用同样方法。

2. 缓蚀剂

为了抑制溴化锂溶液对机组的腐蚀，除了添加氢氧化锂使溴化锂溶液的 pH 值在 9.0 ~ 10.5 范围内，还要添加缓蚀剂。缓蚀剂之所以能有效地抑制溴化锂溶液对机组的腐蚀，是因为缓蚀剂能在金属表面生成一层保护膜（主要成分是 Fe_3O_4）。阻止溶液与金属深层的接触，从而达到防蚀作用。缓蚀剂在机组运行中会消耗，特别是机组内有空气存在时，缓蚀剂消耗加快，机组腐蚀加剧。因此，要定期检测溶液。

采用最多的缓蚀剂是铬酸锂（Li_2CrO_4），其在溴化锂溶液中所占的质量分数在 0.1% ~ 0.3% 范围内。

溴化锂溶液中的铬酸锂含量可通过化验确定。另一种简单可行的方法是根据溶液的颜色来判断缓蚀剂的质量分数。因为溴化锂本身是无色溶液，加入铬酸锂后呈黄色，加入的质量分数越大，溶液的颜色越黄。所以按照缓蚀剂含量及 pH 值配制好定期检查的样品溶液，当机组的溶液颜色比样品颜色淡时，则添加铬酸锂，直到与样品的颜色相同。

3. 溶液的目测检查

通过对溶液的目测检查，也可以判断缓蚀剂消耗和一些杂质含量情况，见表 5-7。观察颜色和检查沉淀物时，试样要静置数小时；检验浮游物时，则要在取样后立刻进行。

表 5-7 溴化锂溶液的目测检查

项目	状态	判断
颜色	淡黄色	缓蚀剂消耗较大
	无色	缓蚀剂消耗过大
	黑色	氧化铁多，缓蚀剂消耗大
	绿色	铜腐蚀物氧化铜析出
浮游物	极少	氧化铁少，问题不大
	大量	氧化铁多
沉淀物	大量	氧化铁多

4. 溴化锂溶液的再生处理

根据溴化锂溶液化学分析结果，如果溶液中缓蚀剂减少，碱度增大，铁离子和铜离子增加，氯离子增多，沉淀多，则必须进行溶液的再生处理。因为此时即使加入缓蚀剂并进行碱度调整，仍阻止不了缓蚀剂消耗快、碱度升高也快的情况，并出现以下问题：

1）发生腐蚀，特别是点蚀，生成更多沉淀物。

2）腐蚀过程中产生不凝性氢气，使机组真空度下降。

3）沉淀物会粘附管壁而导致热交换器性能下降。

4）沉淀物会增大溶液泵的轴承磨损，造成电动机无法运转。

5）铜离子增多，引起镀铜现象，造成溶液泵轴承磨损、电动机无法运转等故障。

溴化锂溶液的再生有外部处理再生和内部处理再生两种方法。

（1）外部处理再生

1）沉淀法。将溴化锂溶液置于机外贮存容器中，经过充裕的时间沉淀，溶液被澄清。由于沉淀物沉积在贮存容器的底部，因此使用上面的溶液即可。

2）过滤法。使用网孔孔径为 $3\mu m$ 的丙烯过滤器过滤含有沉淀物的溴化锂溶液，最好经过沉淀后再过滤。不能使用棉质纤维的过滤器，因为此类材料制造的过滤器会被溴化锂溶液溶解。

溴化锂溶液不能长期曝露于大气中，否则会与空气中的二氧化碳发生反应，并生成碳酸锂（Li_2CO_3）沉淀物。因此，不论是沉淀法还是过滤法处理后的溶液，均应保存在密闭的容器内。

（2）内部处理再生

外部处理再生是将溴化锂溶液从机组中抽出在机外进行处理，因此这种方法只能在机组停机或维护保养时采用。在机组运行时则只能采用内部处理再生方法。这种方法是将过滤装置接在机组吸收器管路中，在机组运行时进行溴化锂溶液的过滤再生处理。

机组在运行过程中，部分溴化锂溶液不断循环地进入装有空心丝膜的膜过滤器中，铁、铜的氧化物及胶态粒子等被分离出来，分离后的清洁溶液进入机组，从而达到使溶液不断更新的目的。若过滤器空心丝膜有污垢，则关闭与机组相连的阀门进行清洗。

5. 表面活性剂

为了提高冷水机组的制冷效果，在溴化锂溶液中要添加一定量（0.1% ~ 0.3%）的表面活性剂，其作用主要是起到吸收效果和冷凝效果，从而提供制冷能力，并降低能量消耗，因此又把表面活性剂称为能量增强剂。辛醇是普遍使用的表面活性剂，在常压下是无色、有刺激性气味的液体。它易挥发，在溴化锂水溶液中溶解度很小，抽气时易被抽出，因此辛醇的消耗量与抽气次数和时间长短有关。

表面活性剂含量不足可从两个方面来判断：一是机组性能下降；二是抽气时没有辛醇挥发时的刺激性气味。表面活性剂通常需每年补充一次，最好从吸收器喷淋取样阀加入，这样能使辛醇在机组内迅速扩散。

6. 溴化锂溶液分析

对机组中的溴化锂溶液进行取样分析，不仅可以了解溶液的碱性变化和缓蚀剂的消耗情况，还可以了解机组气密性的状况。此外，根据测试出的溶液中杂质的含量，还可以判断是否需要对溴化锂溶液进行再生处理。

溴化锂溶液应每年分析一次。分析样品从溶液泵出口处的取样阀取出，交由有资格的实验室通过化学分析的方法测试出溶液中的缓蚀剂含量，以及铁离子、铜离子、氯离子等杂质的含量，分析结果的处理和调整应由专业人员进行。

7. 注意事项

1）溴化锂溶液在贮存和运输过程中应密封，防止吸收空气中的二氧化碳产生碳酸锂而沉淀。

2）溴化锂溶液应避免强光曝晒，防止溶液中的铬酸锂生成低价铬而沉淀，最好装入深色或黑色的塑料桶内。

3）贮液容器不能叠层堆放，避免受压变形引起破裂，造成溶液泄漏。

4）溴化锂溶液对皮肤和眼睛有刺激作用。皮肤接触后必须用清水或肥皂水清洗干净。如果溶液溅入眼睛里，则应立即用清水冲洗，必要时应送医治疗。

5）溴化锂溶液在有空气存在时对金属有较强的腐蚀作用，因此机组外表或其他金属物品接触到溴化锂溶液时，应马上擦掉，并用清水冲洗干净。

6）溴化锂溶液的化学性质稳定、价格较贵，在机组里使用多年后成分一般不会改变，不要将溴化锂溶液随便倒掉，以免造成浪费。

7）溴化锂溶液是一种烈性盐溶液，不能用口品尝。

8. 溴化锂溶液的技术标准

远大溴化锂吸收式冷水机组使用的溴化锂溶液的技术标准参见表5-8。

表5-8　远大溴化锂吸收式冷水机组使用的溴化锂溶液的技术标准

成分	有机物外观技术标准（质量分数，不包括碱度、有机物、外观）
$LiBr$	$(50 \pm 0.5)\%$ 新溶液
Li_2CrO_4	$0.25\% \sim 0.3\%$
NH_3	$<0.0001\%$
CL^-	$<0.02\%$
Ca^{2+}	$<0.001\%$
Mg^{2+}	$<0.001\%$
Ba^{2+}	$<0.001\%$
Fe^{2+}	$<0.0001\%$
Cu^{2+}	$<0.0001\%$
$Na^+ K^+$	$<0.06\%$
碱度（pH 值）	$9.0 \sim 10.5$
有机物	无
外观	无清澈透明（有铬酸锂则为淡黄色）

本章小结

中央空调系统的运行管理目标或实质是要满足用户的使用要求、降低设备运行成本和延长设备的使用寿命。管理人员对影响管理目标实现的因素心中有数，在了解运行管理考评标准的基础上，做好各项工作。

1. 运行人员管理是空调系统节能运行主体，由于空调系统的专业综合型、复杂性，要求管理、操作和维修人员必须具有相应的资格认证才能上岗；并且在上岗之前，所有管理、操作、维修人员必须进行节能培训；空调系统的管理、操作和维修人员除了要满足各自岗位的基本职责外，还要达到节能运行管理的职责要求；在加强对技术人员节能工作的基础上，空调运行单位可通过制定一些激励制度进一步促进工作人员的节能工作，获得较好的节能效果。

2. 民用建筑中央空调系统的能耗大，相应的运行费用高，但同时节能降耗和减少运行费用的潜力也很大，本章具体介绍和分析一些常用并经实践检验而行之有效的经济节能运行措施，主要有以下几点：①根据房间功能和室内外温差，合理设定室内温湿度；②控制室外新风量来满足室内卫生需求的最小值；③过渡季节大量利用室外新风来节约能源；④利用建筑物的蓄冷（热）来合理确定开停机时间；⑤通过改变水泵的转速、改变并联定速水泵的运行台数、调速与调并联水泵运行台数相结合来实现水泵变水流量运行；⑥过渡季节或冬季仍要供冷的情况下，实现冷却塔供冷来达到节能的目的；⑦实现空调系统运行管理的自动控制。

3. 中央空调设备运行管理必须建立完善的设备操作、运行维护、参数记录等一整套管理制度，主要有以下方面：①设备操作规程的设计应明确其编写的目的，具体的操作程序，并醒目地张贴在操作或控制地点，以减少人为误操作或乱操作所造成的损失和危害；②为了保证系统安全正常的运行，就需要运行维护人员和检修人员定时或定期地进行巡回检查，以预防为主，发现故障和问题及时处理；③通过定期的维护保养制度来保证中央空调系统和设备处于良好的工作状态；④必须定期对系统和设备进行检验和测量，以便根据检测情况及时采取相应的预防性或恢复性的修理措施；⑤通过巡检记录和设备运行记录等技术文档，可以使运行管理人员掌握系统和设备的运行情况和现状，对出现的异常情况进行紧急处理。

4. 运行管理制度主要包括运行值班制度、系统和设备的操作规程、交接班制度、机房管理制度、突发事件应急管理措施、紧急情况应急处理措施等。

思考与练习题

1. 中央空调运行管理目标是什么？影响实现运行管理目标因素有哪些？
2. 试根据具体工程实例制定该工程的中央空调节能运行管理策略。
3. 试根据具体型号设备制定操作规程：
1）螺杆式冷水机组操作规程。
2）离心式冷水机组操作规程。
3）活塞式冷水机组操作规程。
4）溴化锂冷水机组的操作规程。
4. 试制定火灾情况发生时的中央空调系统紧急处理措施。
5. 根据具体中央空调系统制定设备运行记录表。

附表 1　空调系统节能运行全年调节策略表

室外气象条件变化		冷热源开动台数		水系统						风系统			
室外温度变化范围	室外相对湿度变化范围	冷水机组	锅炉或换热器	水泵开动台数	供/回水温度限值	空气冷却设备流量调节范围	空气冷却设备流量调节阀的开度	空气加热设备流量调节范围	空气加热设备流量调节阀开度	新风量	新风调节阀开度	新回风混合比	送风温度
℃	%				℃	m³/h	%	m³/h	%	m³/h	%		℃

附表 2　空调系统的起停时间计划表

项目		起动时间	停止时间
空调系统年度运转	夏季	年　月　日	年　月　日
	冬季	年　月　日	年　月　日
系统每天运转起止时间	夏季	时　分	时　分
	冬季	时　分	时　分
空调系统设备的起停机时间	冷水机组	时　分	时　分
	热源锅炉	时　分	时　分
	空调箱　夏季	时　分	时　分
	空调箱　冬季	时　分	时　分
	水泵　夏季	时　分	时　分
	水泵　冬季	时　分	时　分
	风机　夏季	时　分	时　分
	风机　冬季	时　分	时　分
	冷却塔	时　分	时　分
	风机盘管　夏季	时　分	时　分
	风机盘管　冬季	时　分	时　分
备注			

附表 3　空调系统的实际运行起停时间记录表

日期：　　年　月　日　　　　　　　　　记录人：

项目		起动时间	停止时间
空调系统设备的起停机时间	冷水机组	时　分	时　分
	热源锅炉	时　分	时　分
	空调箱	时　分	时　分
	水泵	时　分	时　分
	风机	时　分	时　分
	冷却塔	时　分	时　分
	风机盘管	时　分	时　分
备注			

附表 4　空调房间温度设定表

房间号	房间功能	房间温度设定值/℃		房间号	房间功能	房间温度设定值/℃	
		夏季	冬季			夏季	冬季

附表 5　空调房间温度监测记录表

记录日期：　年　月　日

房间号	房间功能	不同记录时间的房间温度值/℃								记录人	备注
		8：00	10：00	12：00	14：00	16：00	18：00	20：00	24：00		

附表 6　全空气空调系统节能运行记录表

记录日期：　年　月　日

记录时间	风系统			水系统				记录人
	新风温度/℃	送/回风温度/℃	送/回风压力/Pa	供/回水温度/℃		供/回水压力/kPa		
				冷冻（热）水	冷却水	冷冻（热）水	冷却水	
备注								

附表 7　风机盘管加新风空调系统节能运行记录表

记录日期：　年　月　日

记录时间	新风系统			水系统				记录人
	进风温度/℃	送风温度/℃	送风压力/Pa	供/回水温度/℃		供/回水压力/kPa		
				冷冻（热）水	冷却水	冷冻（热）水	冷却水	
备注								

附表 8　蒸汽压缩式制冷（热泵）机组运行记录表

　年　月　日

机组编号：　　　　　　　记录日期：　　　　　　　开机时间：　　　　　　　关机时间：

记录时间	压缩机											蒸发器					冷凝器				记录人
	供电	负荷	油温	油位	油压	蒸发压力	冷凝压力	蒸发温度	冷凝温度	排气温度	排气压力	进水温度	出水温度	进水压力	出水压力	冷水流量	进水温度	出水温度	进水压力	出水压力	
	V/A	%	℃	%		MPa	MPa	℃	℃	℃	MPa	℃	℃	MPa	MPa	m³/h	℃	℃	MPa	MPa	
备注																					

注：1. 运行参数记录方法是，开机时刻记录一次，其后每 3 个小时记录一次，停机时刻前记录一次。
　　2. 若中央空调系统 24 小时运转，运行记录开始于早班开始时刻，每 2 小时记录一次。

附表 9 溴化锂吸收式冷水机组运行记录表

机组编号：　　　　　记录日期：　　年　月　日　　开机时间：　　　　　关机时间：

记录时间	机组						蒸发器				冷水	吸收器、冷凝器				记录人
	蒸发压力	蒸汽流量	蒸汽阀开度	制冷量	浓溶液温度	凝结水温度	进水温度	出水温度	进水压力	出水压力	流量	进水温度	出水温度	进水压力	出水压力	
	MPa	kg/h	%	kW	℃	℃	℃		MPa		m³/h	℃		MPa		

备注

注：1. 运行参数记录方法是，开机时刻记录一次，其后每2h记录一次，停机时刻前记录一次。
　　2. 若中央空调系统24h运转，运行记录开始于早班开始时刻，每2h记录一次。

附表 10 直燃型溴化锂吸收式冷热水机组运行记录表

机组编号：　　　　　记录日期：　　年　月　日　　开机时间：　　　　　关机时间：

t 记录时间	热水/冷水				制热/冷量	冷却水					燃料					溶液温度				制冷剂			记录人
	进口温度	出口温度	流量	压降		吸收器进口温度	吸收器出口温度	冷凝器出口温度	流量	压降	进口压力	出口压力	燃料阀位置	风门位置	烟气排放温度	稀溶液（吸收器）出口温度	浓溶液（高液（发器））出口温度	浓溶液（低（发器））出口温度	流量	冷凝温度	蒸发温度	压降	
	℃		m³/h	MPa	kW	℃			m³/h	MPa	MPa				℃	℃			m³/h	℃		MPa	

备注

注：1. 运行参数记录方法是，开机时刻记录一次，其后每2h记录一次，停机时刻前记录一次。
　　2. 若中央空调系统24h运转，运行记录开始于早班开始时刻，每2h记录一次。

附表 11　一次冷/热循环水泵运行记录表

机组编号：　　　记录日期：　　年　月　日　　开机时间：　　　关机时间：

记录时间	一次循环泵					一次循环泵					记录人
	工作电流	工作电压	工作频率	进口压力	出口压力	工作电流	工作电压	工作频率	进口压力	出口压力	
t	A	V	Hz	MPa	MPa	A	V	Hz	MPa	MPa	
备注											

注：1. 冷却水泵、二次冷冻水循环泵的运行记录表均可参照一次冷/热循环水泵运行记录表执行。
2. 运行参数记录方法是，开机时刻记录一次，其后每 2h 记录一次，停机时刻前记录一次。
3. 若中央空调系统 24h 运行，运行记录开始于早班开始时刻，每 2h 记录一次。

附表 12　冷却塔运行记录表

机组编号：　　　记录日期：　　年　月　日　　开机时间：　　　关机时间：

记录时间	冷却塔							冷却塔							记录人
	工作电流	工作电压	工作频率	进口压力	出口压力	进口温度	出口温度	工作电流	工作电压	工作频率	进口压力	出口压力	进口温度	出口温度	
t	A	V	Hz	MPa	MPa	℃	℃	A	V	Hz	MPa	MPa	℃	℃	
备注															

注：1. 运行参数记录方法是，开机时刻记录一次，其后每 2h 记录一次，停机时刻前记录一次。
2. 若中央空调系统 24h 运行，运行记录开始于早班开始时刻，每 2h 记录一次。

附表 13 风机运行记录表

机组编号： 记录日期： 年 月 日 开机时间： 关机时间：

记录时间	风机			风机			风机			记录人
t	工作电流 A	工作电压 V	工作频率 Hz	工作电流 A	工作电压 V	工作频率 Hz	工作电流 A	工作电压 V	工作频率 Hz	
备注										

注：1. 运行参数记录方法是，开机时刻记录一次，其后每 2h 记录一次，停机时刻前记录一次。
2. 若中央空调系统 24h 运行，运行记录开始于早班开始时刻，每 2h 记录一次。

附表 14 空调箱运行记录表

机组编号： 记录日期： 年 月 日 开机时间： 关机时间：

记录时间	过滤器			引风机			送风机			表面式冷却器		加热器		新风温度	回风温度	送风温度	记录人
t	前压力 kPa	后压力 kPa	阻力 kPa	工作电流 A	工作电压 V	工作频率 Hz	工作电流 A	工作电压 V	工作频率 Hz	进/出口温度 ℃	进/出口压力 MPa	进/出口温度 ℃	进/出口压力 MPa	℃	℃	℃	
备注																	

注：1. 运行参数记录方法是，开机时刻记录一次，其后每 2h 记录一次，停机时刻前记录一次。
2. 若中央空调系统 24h 运行，运行记录开始于早班开始时刻，每 2h 记录一次。

附表 15 空调系统运行能耗统计表

记录日期： 年 月 日

记录时间	用电量统计/(kW·h)		供热量统计/GJ		供冷量统计/GJ		燃料消耗量统计/(m³ 或 kg)		记录人
	电表示数	耗电量	热量表累计热量值	供热量	冷量表累计冷量值	供冷量	燃料计量表示数	燃料用量	
备注									

附表 16　空调系统节能巡检记录表

检查日期：　　　　　　　检查起止时间：　　　　　　　　检查记录人

序号	检查项目	检查结果	故障分析	故障处理

注：空调系统开停机检查、周期性检查的记录表均可参照节能巡检记录表执行。

附表 17　空调设备节能维护保养记录表

封面形式
设备名称
型号规格
安装位置
设备编号
内页形式
记录日期：　　年　　月　　日

序号	维修保养项目	维修保养纪要	完成人
1			
2			
3			
4			
5			
6			
7			
8			

附表 18　空调系统节能维护保养记录表

记录日期：　　年　　月　　日

序号	维修保养内容		维修保养项目	维修保养纪要	完成人
1	水系统	管道			
		阀门			
2	风系统	管道			
		阀门			
3	测控系统	测试仪表			
		电气部件			
		控制柜			

第六章

中央空调自动控制系统的运行管理

中央空调自动控制系统是实现系统设备自动运行、调节和安全的保障，中央空调运行管理人员应熟悉和了解中央空调系统中的各台设备控制的原理和方法，尤其是要熟悉制冷机组的控制原理和能量调节方法。中央空调系统的节能运行应从整个空调系统出发，对中央空调自动控制系统的运行管理是一个不可忽视的重要工作。

第一节　中央空调制冷机组的自动控制

一、活塞式制冷机组的自动控制

开利 HK/HR 系列活塞式制冷机组是目前使用较为广泛的机组，下面以开利 30HR26/36 型活塞式制冷机组为例说明其自动控制方法，见表 6-1、图 6-1。

表 6-1　开利 HK/HR 系列活塞式制冷机组控制电路文字符号表

序号	符号	含义	序号	符号	含义
1	C	接触器	15	CH	曲轴箱电加热器
2	LPR	低压继电器	16	LWTCL	低水温切断保护指示灯
3	CB	断路器	17	CP	压缩机
4	TS	转换开关	18	R	继电器
5	CBL	压缩机回路断路指示灯	19	CR	控制继电器
6	LWTC	低水温切断	20	RCL	压缩机运行指示灯
7	CWFS	冷水水流开关	21	SC	分级控制器
8	CWFSL	冷水水流开关保护指示灯	22	SW	开 – 停开关
9	DGT	排气温度保护开关	23	DTL	排气温度保护指示灯
10	TC	温度控制器	24	HPL	高压保护指示灯
11	TD	延时块	25	HPS	高压保护开关
12	TM	定时器	26	LPD	低压控制开关
13	LLSV	供液电磁阀	27	U·Y	卸载电磁阀
14	LPL	低压保护指示灯	28	LPS	低压保护开关

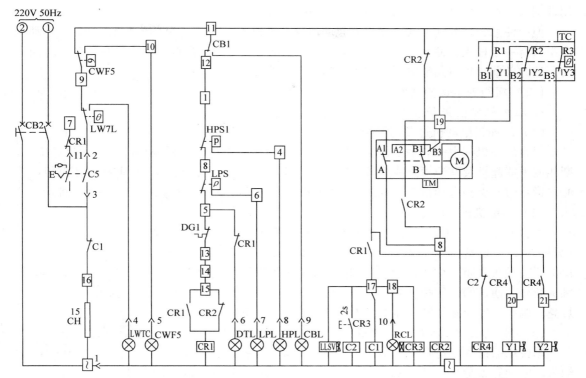

图 6-1　开利 30HR26/36 型（名义制冷量 87kW/116kW）活塞式制冷机组控制电路

（一）机组的电路构成

1. 控制部分

开利 30HR 系列机组在控制箱内集中设置了控制继电器、继电器、定时器、高低压保护开关、低水温切断保护继电器、控制回路断路器、多级温度控制器（30HR 机组为温度控制器和分级控制器）、端子板以及供现场安装的联锁装置。

控制箱前部是控制面板，上面装有机组开 – 停（ON – OFF）开关、压缩机启动顺序转换开关（30HK036 除外）、压缩机运行指示灯、压缩机回路的断路器和断路指示灯，同时还设有压缩机运行指示灯、排气高压保护指示灯、吸气低压保护指示灯、冷水水流开关保护指示灯和低水温切断保护指示灯。

控制面板和箱内电气连接通过一只 37 芯（30HK036 为 24 芯）可拆接插件连接，以便在必要时可将控制面板卸下。

2. 电气箱电源部分

电源部分包括：总电源接线端子、压缩机回路的断路器。总电源经电气箱右上侧的开孔接入。

3. 压缩机部分

开利活塞压缩机主要的电气部件就是压缩机电动机，此外还装有压缩机排气温度保护开关、曲轴箱电加热器和卸载电磁阀。

压缩机电动机为四极笼型，50Hz 或 60Hz 通用。当电源为 50Hz、电压为 400V（允许电压使用范围为 342 ~ 400V）时，同步转速为 1500r/min；当电压为 460V、60Hz（允许电压使用范围为 414～506V）时，同步转速为 1800r/min。

但应注意，开利活塞式压缩机的起动运行方式为丫－丫丫。由于压缩机起动时，电动机绕组只有一半投入，使电动机运转不能像丫－△的起动方式时那样，可在丫联结时长时间运转，故起动前应将时间继电器整定为≤2s，而后投入全绕组运行。

（二）机组安全保护系统

1. 压缩机安全保护装置

（1）压缩机电动机过负荷保护

每台压缩机都由一只手工复位的校准跳闸式断路器作为电动机保护。当电动机过负荷、断相或不能起动及其他短路故障等情况时，断路器会跳闸，断开主电源，并接通压缩机回路断路指示灯，保护电动机不被烧毁。在断路器复位之前，需确定故障原因，并加以排除。

（2）压缩机排气温度保护开关（DGT）

每台 6 缸压缩机的中间气缸盖上有一只排气温度热敏保护开关（见图 6-2），以避免排气温度过高而损坏压缩机。正常时，排气温度保护开关触头常闭（即接通状态），排气温度异常升高达到限定值时，触头断开，使该回路压缩机跳停，同时控制面板上的压缩机运行指示灯亮。机组跳停后必须按开停机开关后才能恢复重新开机。

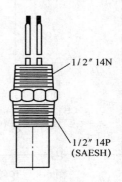

1/2″ 14N

1/2″ 14P
(SAESH)

图 6-2　压缩机排气
温度热敏保护开关

（3）排气高压保护开关（HPS）

每台压缩机都配备有一只排气高压保护开关。保护开关上设转换触头，由于异常原因，引起排气压力升高并达到限定值时，触头转换，常闭触头断开，切断该回路，压缩机停止运转；同时常开触头闭合，接通高压保护指示灯。高压保护动作后，需待压力降低后手动复位才能够重新开机。

（4）吸气低压保护开关（LPS）

机组的每个制冷回路设置一个吸气低压保护开关。该保护开关同样有一对转换触头，如遇异常原因使吸气压力降低到限定值时转换触头转换，原常闭触头断开，切断该控制回路所有压缩机的运行；同时常开触头闭合，接通吸气低压保护指示灯。但是与排气高压保护开关不同的是，当压力回升后，低压保护开关会自动复位，此时控制面板上低压保护指示灯熄灭。

（5）曲轴箱电加热器（CH）

每台压缩机的曲轴箱底部装有一只电加热器。当压缩机停机时，油温较低，此时制冷剂在油中的溶解度增加，制冷剂被油吸收，使油变稀、粘度降低、润滑性能变差。压缩机起动时，这会使油产生发泡现象，又被排气带走，严重时会引起压缩机抱轴，损坏曲轴、连杆以至烧坏电动机。因此，当压缩机停机后（或未起动前）接触器的常闭触头接通电加热器，使曲轴箱加热，保持一定的油温。

因此，除了维修需要或长期停机，不要切断机组控制回路的电源，即不要切断电加热器的电源。如在长期停机后再开机或第一次开机前则需打开吸排气阀门并使电加热器通电 24h 以上。

2. 蒸发器保护装置

开利 HK/HR 活塞式制冷机组用水作载冷剂，当水温过低会结冰而冻坏蒸发器，为防止事故发生该系列机组装有一只低水温切断保护继电器和冷水水流开关。

（1）低水温切断保护继电器

低水温切断保护继电器装在冷水出口处，其探头将探测到的温度信号变成压力信号，传送至低水温切断保护继电器。当水温下降至限定值时，传送至保护继电器的压力降低，低水温切断保护继电器内的一对转换触头的在弹簧力的作用下动作，常闭触头断开，切断控制回路，整个机组压缩机全部停转；同时常开触头闭合，接通低水温切断保护指示灯。当水温回升后，必须按一下低水温切断保护继电器上的复位按钮才能复位。复位后低水温切断保护指示灯熄灭，机组自动进入重新起动循环。

（2）冷水水流开关（CWFS）

冷水水流不足或断水是冷水温度急剧下降的主要原因。由于冷水断水后，水停止流动，装在蒸发器进出口上的温度传感器无法正确探测蒸发器内冷水温度，使得低水温切断保护失灵，容易造成蒸发器冻裂。故当冷水流量不足或断水时，必须切断机组运行，冷水流量开关就起着这个作用。

（三）压缩机吸气加、减负荷控制系统

30HK/HR 系列制冷机组的压缩机本身所具有的卸负荷装置为电磁阀操作的吸气截止型卸负荷系统（另外还有气动的及热气旁通形式的卸负荷系统）。如图 6-3 和图 6-4 所示，卸负荷系统由卸负荷阀阀体、卸负荷弹簧、卸负荷活塞组和电磁阀组件等组成。

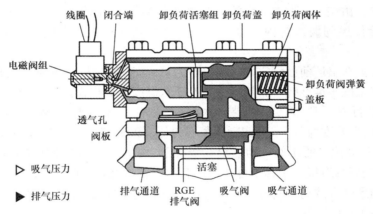

图 6-3　吸气截止卸负荷系统加负荷操作

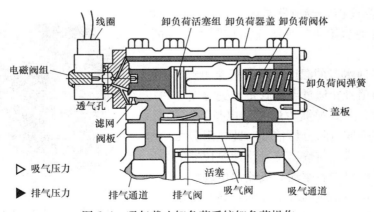

图 6-4　吸气截止卸负荷系统卸负荷操作

1. 加负荷工作原理

活塞腔通过电磁阀阀芯腔和低压侧接通，另通过一个很小的透气孔与高压侧相连。当电磁阀不通电时，电磁阀阀芯在弹簧力作用下堵住活塞腔和低压侧的连通，活塞腔压力在透气孔高压渗透下压力升高，克服卸负荷弹簧力的作用而使卸负荷阀体向右移动，打开吸气通道，气缸加负荷，如图6-3所示。

2. 卸负荷工作原理

当温控器发出信号需要卸负荷时（或是机组起动时），电磁阀通电，吸动电磁阀阀芯（使之向左），活塞腔与低压侧接通，压力降低，卸负荷阀体在卸负荷阀弹簧的作用下向左移动，关闭吸气通道，吸气截止达到卸负荷目的，如图6-4所示。

每一只卸负荷装置可卸去两缸，每台压缩机最多有两套卸负荷装置，可卸负荷四缸。

（四）机组冷量调节

30HKHR系列制冷机组均采用温度控制来调节机组制冷量和压缩机吸气卸负荷系统的加负荷、卸负荷。即通过感测冷水的回水温度，进行多级的冷量自动控制，使机组制冷量和负荷匹配，同时使机组冷水出水温度达到设定要求。

1. 30HK系列机组冷量调节

30HK系列机组使用的是江森（Johnson）公司生产的四级输出的压力式温度控制器，结构形式比较简单，由装在蒸发器回水管道上的温度探头将探测机组冷水回水温度转换成压力信号，经毛细管传递到波纹管内，再通过一个杠杆机构，接通或断开四级微动开关作为输出。

四级微动开关在出厂前已设定好每级差值为1.4℃，通过调节温控器正面的转盘，将所要求的设定出水温度对准红线，温控器就会按回水温度每高出设定出水温度1.4℃输出一级控制的比例来进行冷量调节，如设定出水温度为7℃，额定负荷温差为（4×1.4）℃ = 5.6℃，而实际回水温度为9.5℃，实际负荷率为［（9.5−7）/5.6］×100%≈45%，而温控器按每1.4℃一级输出的比例，则输出二级控制（按不同的机组对应不同的制冷量百分比）。由于冷量控制为有级控制，不可能与负荷完全百分之百匹配，这使出水温度和回水温度会在一个范围限度内波动，同时会有一台压缩机利用吸气截止卸负荷系统装置交替工作和停止，以补偿与负荷的匹配。

2. 30HR系列机组冷量调节

30HR机组温度控制调节器是由一个温度变送控制器和一个带自动初始化的分级输出控制器组成的，如图6-5所示。

装在蒸发器回水口的温度传感器把探测到的温度信号转换成压力信号，通过毛细管传递到温度变送控制器，经波纹管，克服弹簧力后带动电位器的滑臂，再将压力信号转换成电阻分压信号。此电阻分压信号送至分级输出控制器，与输出位置反馈电位器的分压信号经比较放大电位差后驱动分级输出电动机，带动凸轮一起旋转，进行相应的输出控制；同时带动反馈电位器滑臂，使反馈电位器分压值与温度变送控制器

图6−5　开利HR系列温度控制器

电位器分压值趋向一致。电位差为零，电动机停止旋转，此时机组冷量百分比和负荷相匹配。但由于机组冷量也是有级调节（最大为八级），也可能有一定程度的不完全匹配，所以冷水进、出口温度也会在一定程度内波动，因此也会有一台压缩机或一级卸负荷装置交替工作与停止。要使水温波动小，则未级交替输出较频繁，如水温波动要求不严格，可使未级交替输出频率低些，一般每小时不超过 12 次。

另外，分级输出控制器还带有自动初始化功能，当控制器刚接通电源时，输出微动开关的公共触头并未接上电源，此时电动机向初始位置旋转。当到达初始位置后接通限位开关，微型继电器吸合并自保，输出微动开关公共触头带电，分级输出控制器进行输出控制循环。

（五）压缩机起动顺序转换

除 30HK036 外，控制面板上都装有压缩机起动顺序转换开关，用以改变各台压缩机的起动和停机顺序（先、后顺序），使各台压缩机总的运转时间接近，磨损均匀。

但必须注意，当机组运转时，不可拨动该转换开关，否则会使整个机组停机。在机组停机后，将按另一顺序重新进入起动循环。

二、螺杆式制冷机组的自动控制

螺杆式制冷机组在中央空调系统中应用较为广泛，制冷量（制热量）从大到小可适应各种场合的需要，其自动控制多采用微机实现，也有采用单片机或可编程序控制器等的。除具有常规的能量调节及安全保护功能外，还具有机组的监视、故障诊断和远程通信功能。图 6-6 所示为某品牌螺杆式制冷机组的制冷原理流程。

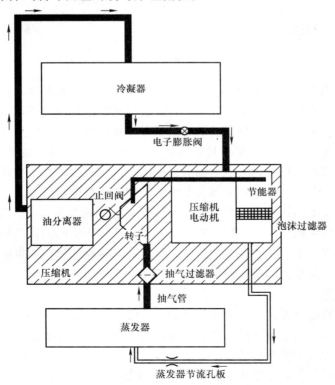

图 6-6 螺杆式制冷机组的制冷原理流程

（一）螺杆式制冷机组的典型流程

该制冷机组的特点是采用满液式蒸发器和电子膨胀阀。满液式蒸发器能使蒸发器铜管保持清洁及大大减小了机组金属耗量。电动机（压缩机）的液体冷却系统使电动机（压缩机）在较低温度下，连续满负荷地运转。电子膨胀阀能使机组在部分负荷时最有效地工作。

（二）能量调节与安全保护系统

1.能量调节系统

螺杆式制冷机组的能量调节主要从两方面入手：①对压缩机的有效压缩量进行调节；②对冷水温度进行调节。压缩机能量调节主要采用压缩机卸负荷的调节方法，热气旁通调节方式作为辅助调节手段，实现电动机输出从满负荷的10%~100%的无级调节。压缩机卸负荷装置由卸负荷滑阀组成，如图6-7所示。

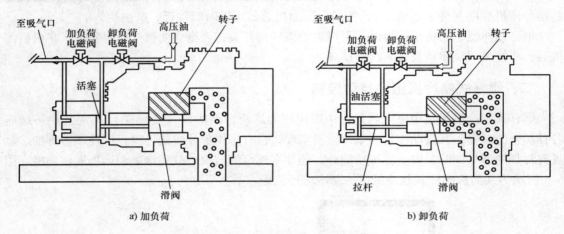

a) 加负荷   b) 卸负荷

图6-7 螺杆压缩机加、卸负荷示意图

滑阀被安装在压缩机缸体的底部，通过滑阀杆与液压缸活塞相连。由于液压缸两端的油压变化，使得活塞在液压缸中移动时，可以带动卸负荷滑阀移动。移动的滑阀改变了转子在起始压缩时的位置，从而减小了压缩腔的有效长度，也就减小了压缩腔的有效体积，达到了控制制冷剂流量，进而控制有效制冷量的目的。由于卸负荷滑阀可停留在压缩机的任何位置，因此该调节可实现平滑的无级能量调节，同时吸气压力也不发生变化。滑阀两端的油压由两个电磁阀控制，即图6-7所示的加负荷电磁阀和卸负荷电磁阀。

电磁阀受微机发出的加负荷和卸负荷信号控制。压缩机加负荷时，卸负荷电磁阀关闭，加载电磁阀开启，油从液压缸排向机体内吸气区域，压差产生的力将滑阀向吸气端推动，从而使压缩机的输气量增大。压缩机卸负荷时，卸负荷电磁阀开启，加负荷电磁阀关闭，高压油进入液压缸，推动活塞，使滑阀向排气方向移动，滑阀的开口使压缩气体回到吸气端，减小了压缩机的输气量。

压缩机滑阀所处的位置，一般是根据冷水（热水）回水温度的高低进行控制。能量控制原理如图6-8所示。温度传感器，微处理器，加负荷、卸负荷电磁阀和滑阀共同组成了对冷水温度进行控制的闭环系统。另外，机组还可根据冷水进水温度来调节滑阀。

这两种控制方式的区别主要在于，采用冷水（热水）的进口温度调节控制受外界负荷影响较大，机组控制响应迅速，但控制波动较大；采用冷水（热水）的出口温度控制，机

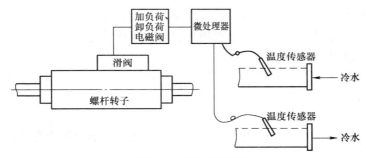

图 6-8　螺杆式压缩机能量调节原理

组控制响应较慢，但控制波动较小。当外界热负荷处于某一范围波动时，机组通过对压缩机的能量调节，能够将冷水的出水（或进水）温度保持在设定值上。但是当外界热负荷非常小时，滑阀处于最小能量调节状态，这时如果外界热负荷（冷负荷）仍小于压缩机所产生的冷量（热量），则冷水出水（或进水）温度将持续下降。当下降到一定温度时，控制系统将暂时关闭压缩机，待冷（热）水温度恢复后，再重新开机运行。

2. 安全保护系统

螺杆式制冷机组一般都设有一套完整的安全保护装置，执行这一安全保护任务的是微机。微机监控所有的安全控制输入，发现异常，立即做出响应，必要时会关机或减小滑阀的开启度，保护机组不致发生事故而受到损坏。

当机组发生故障并关机后，会在微机的显示屏上显示故障内容，同时在控制中心面板上进行声光报警，这些报警会记录在微机的存储器中，用户可在报警历史表中查找到该次故障信息。通常螺杆式制冷机组控制保护有以下几个方面。

（1）蒸发器冷冻水进、出水温度控制

使用温度传感器，来检测蒸发器冷冻水进、出水温度，通过和设定值进行比较，来控制机组的产冷量的大小。当水温低于设定值时，压缩机停机。

（2）冷凝器冷却水进、出水温度控制

使用温度传感器来检测冷凝器冷却水进、出水温度。当温度降低时，微机控制系统可以发出指令，来使水流调节阀调整水的流量，使水温和冷凝压力保持基本不变。当温度过高时，会使冷凝压力升高，当达到一定值时，机组会自动停机保护。

（3）蒸发器饱和制冷剂温度控制

使用温度传感器，来检测蒸发器制冷剂的蒸发温度，当温度过低时，会实施冷量优先控制；当低于设定极限时，会使蒸发器冻结，此时机组将进行停机保护。

（4）冷凝器饱和制冷剂温度控制

使用温度传感器，来检测冷凝温度，温度过高时实施冷量优先控制，超过一定值时实现压缩机停机保护。

（5）压缩机排气温度控制

使用温度传感器，来检测压缩机的排气温度，当压缩机的排气温度过高时，进行压缩机停机保护。

（6）油压压差控制

使用油压压差控制器，来检测压缩机吸气压力和油压，控制压差在规定的范围内。当压缩机油压过高或过低时，会引起压缩机润滑不良。当油压过高，超过一定范围，说明油过滤器或油路可能堵塞。油压过低和油位过低均会引起压缩机供油不足。

（7）高压压力控制

使用高压压力开关，当压缩机排气压力超过设定值时，高压压力开关断开，实现压缩机停机保护。

（8）低压压力控制

使用低压压力开关，当压缩机吸气压力低于设定值时，低压压力开关断开，实现压缩机停机保护。

（9）冷水流量控制

使用流量开关或压差开关连同水泵联锁来感应系统的水量。为保护制冷机组，在冷冻水回路和冷却水回路中，将流量开关的电路与水泵的起动接触器串联锁。若系统水流量太小或突然停止，流量开关动作能使机组停机，以避免事故的发生。

（三）程序与微机控制系统

1. 程序控制系统

为使机组安全、可靠、正常地运行，螺杆式制冷机组的微机控制系统根据自身的特点，建立了机组的开机、停机与再循环程序。

（1）开机程序控制

机组开机后，微机要执行一系列的开机检查，检查机组各安全保护系统及报警系统，确定机组各参数是否都在规定的范围内。如检验通过，则依次完成冷冻水泵（简称冷水泵）开动、冷却水泵开动、冷冻水流量与冷却水流量检验等一系列程序，直至压缩机起动，机组进入正常的运转状态。

各种机组的开机程序基本相同，但在具体控制和检测上有其各自特点，例如某品牌螺杆式制冷机组的开机程序如下。

按下在机组控制箱上的自动（AUTO）按钮。此时，微处理控制系统将接通指令触点来起动冷冻水泵，检查重置程序，并测试所有输入点，包括冷冻水流闭锁输入点。检查电子膨胀阀动作情况，以测定其电子部分及机械部分是否完好。如果这时发现故障，人机界面将会显示出诊断结果。如果没有发现任何故障，起动前的检测程序就会完成，并且将会显示机组操作的模式。

接着，微机控制系统将开始监测冷冻水出水温度，如果此温度高于设定温度与起动温差之和，则起动机组。首先，将起动冷却水泵，并且卸负荷触点的线圈会得电，曲轴箱内的电加热器会被关闭，并且油路中主电磁阀将会打开。接着，微机控制系统将会验证冷却水、冷冻水流量是否正常，如果水流量正常，微机控制系统将进入压缩机的起动程序。

对于压缩机电动机的 丫－△起动，起动接触器将得电，并在微机控制系统规定的时间延迟后闭合、转换动作，以提供给电动机绕组一个全电压，并且此时压缩机会加速到全速。对于全压直接起动器，起动器微机控制系统将简单地将压缩机接触器闭合以加速电动机至全速。

一旦压缩机起动，微机控制系统会根据冷冻水出水温度来调节滑阀。同时，微机控制系统将会计算出压缩机出口过热度，以持续保持一个准确的数值。这基本上是基于冷冻水温度在蒸发器内的温度降，去调节电子膨胀阀，以保持水温符合要求。

当冷负荷满足机组要求后，即满足冷冻水出水温度与设定温度减去指令停机的温度差，给出停机信号，压缩机就会进入"运转——不加负荷循环"，即卸负荷的电磁阀打开，以控制滑阀处于卸负荷的位置，电子膨胀阀将处于全开启状态。冷却水泵的接触器将保持闭合，到这个运转卸负荷循环结束。在"运转——卸负荷循环"完成后，电动机的接触器将会失电，油路主电磁阀将会闭合，并且曲轴箱内的电加热器将被接通。冷冻水泵的接触器保持动作，使微机控制系统能继续监测冷冻水系统的水温，以便再一次开始制冷循环。

（2）停机程序控制

机组接到手动关机命令后，首先进行顺序减负荷并关闭压缩机，随后根据冷冻循环水温度和冷却循环水温度情况关闭冷冻循环水泵和冷却循环水泵。如果关机过程中出现某些异常，则关机程序将改变。如关机时冷却水进水温度大于某一温度，则微机控制算法将会另外决定主机停机后何时关闭冷却水泵。

机组停机程序能够保证机组的正常停机。压缩机在低负荷工况下运转时，可能会使机组循环关机。这是由于压缩机的最低制冷量可能会大于外界所需要的热负荷，当压缩机运转时，冷水温度持续下降，最终导致关机。等冷水温度回升后，再重新开机。这种循环称为再循环，完成这个功能的程序称为再循环程序。当机组处于再循环程序运行时，冷水泵将继续开动。

除手动关机外，系统还设有安全关机，即故障关机。它与手动关机程序基本相同，所不同的是微机屏幕将显示关机的原因，同时报警指示灯连续闪亮。安全关机必须按复位按钮才能解除报警信号。

2. 微机控制系统

螺杆式制冷机组微机控制系统主要由 CPU、存储器、显示屏或人机界面、模－数（A－D）及数－模（D－A）转换器、温度传感器、压力传感器、继电器等部件组成。通过这些部件的协调工作，微机控制系统可以完成机组的温度、压力等参数的数据检测，进行机组的故障检测与诊断，执行机组的能量调节功能与机组的安全保护功能，执行机组的正常开机及正常与非正常关机程序。另外，微机控制系统还具有存储功能，可供用户及维修人员查询机组运转的历史数据，以及机组以往的运转情况，同时机组还具有远程通信及监视功能。下面以某品牌螺杆式制冷机组的控制模块为例，来说明其基本控制功能。

（1）制冷机模块

制冷机模块是机组的主要通信命令部分，对其他模块发出指令。它通过内部信息网络的处理系统收集从其他模块得到的数据、状况、诊断信息。制冷机模块负责水温监控和计算，根据制冷机的工作状态对其工作能力做出判断。制冷机模块具有记忆功能，对有效的给定值或设定值做出判断，并将其内部永久存储，以防停电。

（2）线路模块

线路模块作为输入／输出的扩展，通常对制冷剂和机组润滑剂的循环发出输出和输入的指令。

（3）步进器模块

步进器模块是用来驱动电子膨胀阀的步进电动机，根据从制冷机模块得到的设定值来控制压缩机出口的制冷剂的过热度，计算、转换成距离和方向信号来驱动电子膨胀阀的运动。步进器模块还有其他的输入／输出能力，用来支持步进器模块的功能或者作为为输入／输出模块的扩展。

（4）起动器模块

起动器模块存放在压缩机驱动器柜里，在压缩机起动运转和停止时，对其进行控制。起动器模块对丫－△起动、直接起动、自耦变压器和固体起动器进行联系和控制。它还对制冷系统和压缩机提供保护，例如在过负荷、反相、断相、相不平衡和瞬间停电时提供保护等。

（5）人机界面/显示器

人机界面装在制冷机组上，它显示冷冻机的数据，通过操作、维修控制中心来显示设定数值和冷冻机的设定信息。所有的信息都存储到制冷机模块（永久存储）。

（6）打印机接口模块

打印机接口模块提供预先编制的记录信息给打印机，接口通过人机界面设定程序，在出现一个诊断时或一个设定的工作阶段，根据命令打印制冷机工作报告。

3. 机组的群控与远程通信

图6-9所示为制冷机组的群控结构图。制冷机组的微机控制屏通过 RS-485 接口，把信息传送到机组的通信接口，多个通信接口的 RS-485 串联连接，把信息送到中心控制器。中心控制器可以集中监控系统中的所有设备，能监测机组运转状态和故障、远程设定机组的冷冻水出水温度和满负荷电流、遥控机组的开停，监控冷冻循环水泵、冷却循环水泵、冷却塔的状态、故障和开停，监测空调水系统的冷水（冷却水）供、回水的温度变化、流量和压差及各分支冷冻水、冷却水路的电动蝶阀（电动调节阀）等。

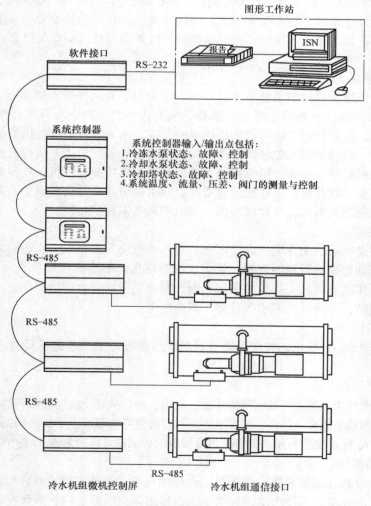

图6-9 制冷机组群控结构图

三、离心式制冷机组的自动控制

大型中央空调系统常使用离心式制冷机组。离心式压缩机是高速旋转、高精密的制冷机械，建立完善的控制保护措施，对保证机组安全、高效地运行是非常重要的。下面以微机控制的特灵（TRAND）某型号离心式制冷机组为例说明其控制及保护原理。

（一）离心式制冷机组能量调节

离心式机组是通过调节压缩机可调导叶开度，来进行压缩机能量调节的。通常可调导叶安装在压缩机叶轮的进口处，通过调节导叶的开启度，就可调节进入压缩机的蒸气量，从而调节制冷量。图6-10所示为离心式压缩机结构示意图，图6-11所示为某新型吸气导叶调节执行机构。

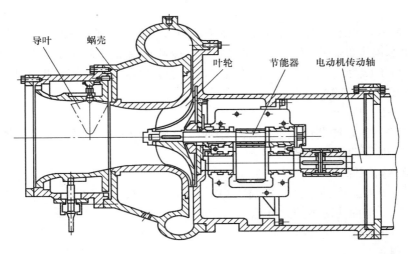

图6-10　离心式压缩机结构

测量冷冻水出水温度的温度传感器、步进器模块、微型计算机、电动执行机构（步进电动机）及导叶共同组成了机组的反馈能量调节系统。

（二）离心式冷水机组（即制冷机组）**的安全保护与故障处理**

微机控制系统的应用，使得特灵离心式制冷机组具有更强的故障保护、自处理、停机报警、显示及寄存等能力。当微机控制系统接到起动指令后，就开始检测机组各参数值及各部件所处的状态，同时判断这些参数及部件的状态是否正常。这些检测与判断伴随着机组的运行不断地进行，一旦有异常

图6-11　某新型吸气导叶调节执行机构

及故障发生，即做出响应，自行处理或停机报警，并能将故障内容以代码的方式在屏幕上闪耀显示。用户可根据显示的代码，了解机组发生故障的类型，以便做出准确、及时的判断和检修。

离心式冷水机组主要的故障检测及安全保护内容包括以下几个方面。

（1）制冷剂低温保护

制冷剂低温保护控制是为了避免由于蒸发器内制冷剂压力过低而出现机组喘振现象。当达到制冷剂低温保护点时，制冷机组会停机保护，并且显示相关的信息。制冷剂低温保护的设定值可以在维护设定菜单里面设定调整。当"制冷剂低温保护设定值"与冷冻水温度设定值出现冲突时，CPU 会在显示屏上显示相关的提示信息。"制冷剂低温保护设定值"和冷冻水温度设定值都是可以调节的，并且都在面板上或人机界面上有显示，一般它们之间的最小差值是 15.5℃。

（2）冷冻水出水温度保护

出水温度保护是一个保护制冷机组的安全控制，它可以防止出现冷冻水结冰现象，避免损坏蒸发器以及制冷机组。出水温度保护的设定值可以在维护设定菜单里设定并调整。

为了防止冷冻水出水温度太低而出现冰冻，CPU 根据出水温度提供了"低出水温度保护控制"。"出水温度保护设定值"可以独立于制冷剂水温度设定值之外进行设定，这个值出厂时已经进行了设定。当出现出水温度保护时，它会使压缩机停机，此时就出现一个可自动复位的故障（MAR）诊断（简称 MAR 诊断）。

（3）油压差保护

通过 CPU 检测油过滤器后面进入主机的油压与蒸发压力的差值，确定供油压力，当这个值小于某一值时，即停机报警。

（4）冷凝器高压保护

机组使用冷凝器温度传感器，转换成相应的饱和压力，使机组发出限制导叶行程的命令，改变制冷量，从而使冷凝压力降低。当冷凝压力高于某一值时，通过高压保护器的自动断开，使机组停止工作，进行故障报警。

（5）真空保护

离心式制冷机组工作在真空状态下，容易产生不凝性气体，一旦机组中出现不凝性气体，就会影响机组的性能。通过微压差传感器的间接检侧，测量冷凝器中不凝性气体的含量，控制抽气回收装置的开与停，保证机组的运转性能。

其他保护还有主机电动机温度保护、油温保护、主机电流控制等。

（三）机组程序控制系统与群控

1. 机组程序控制

机组的程序控制，包括机组的开机程序、正常停机程序与故障停机程序。这些程序是保证机组安全可靠运行的前提条件，也是延长机组寿命、减小机组事故发生率的必要保证。

开机程序包括在全自动状态下正常起动及循环起动。正常起动是机组的初始开机，循环起动是机组在冷水低温停机后的再起动。正常起动需要操作人员按下机组"运转"按钮，当机组接到这个指令后，即按顺序依次开动冷冻水泵、冷却水泵及液压泵，并检测冷冻水泵、冷却水泵的流量是否正常，油压是否正常，随后延时开主机。主机根据冷冻水出水温度自动调节导叶，进入正常的反馈控制阶段，开机程序框图如图 6-12 所示。

停机程序包括正常停机和故障停机。正常停机又包括手动停机与自动停机。手动停机是由操作者按"停止"按钮。自动停机则是因为冷冻水出水温度过低而导致的。它们的停机顺序基本相同，惟一不同的是自动停机时将使冷水泵持续运转，直到再开机。停机程序框图如图6-13所示。另外，故障停机的顺序与上述手动停机顺序相同，只是控制系统还在显示器上闪耀显示故障代码并报警。

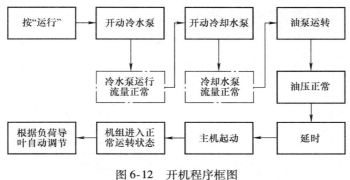

图6-12 开机程序框图

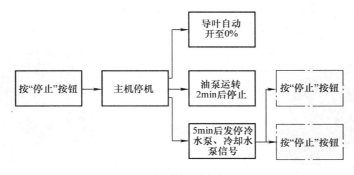

图6-13 停机程序框图

此外，机组还设有紧急停机按钮，无论机组处于何种控制状态，紧急停机按钮均有效。在特殊情况下，需要紧急停机时，按下按钮，主机将自动停机、报警，并在显示器上显示相应代码。

2. 机组的群控

与螺杆式压缩机组相同，离心式压缩机组也具有群控功能，各机组通过微机的 RS-485 接口串联连接，再把信息传送到中心控制器，如图6-14所示。中心控制器可以集中监控冷源系统中的所有设备，包括监测冷冻水机组运转状态和故障，远程设定制冷机组的冷冻水出水温度和满负荷电流，遥控制冷机组的开停，监控冷冻水泵、冷却水泵、冷却塔的状态、故障和开停；监测冷源系统冷冻水供水、回水的温度、流量和压差，并可调整这个压差；监测冷却水总供水及回水的温度；监控各分支冷冻水、冷却水路的电动阀等。

四、溴化锂吸收式制冷机组的自动控制

由于环保意识的增强以及 CFC 类物质的国际性限制举措，促使吸收式制冷机的生产与应用出现了明显的增长。溴化锂吸收式制冷机组运转平稳、维护操作简单、可直接利用热能驱动、节电。国内外很多楼宇、体育场、办公大楼及生产车间常采用溴化锂吸收式集中空调进行供冷。随着现代控制方式与控制方法的应用，溴化锂吸收式制冷机组微机控制已充分展示出强劲的优势。

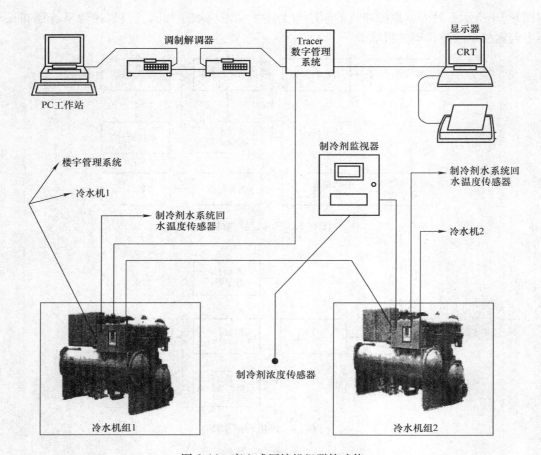

图 6-14　离心式压缩机组群控功能

（一）溴化锂吸收式制冷机组微机控制系统功能

图 6-15 所示为溴化锂吸收式制冷机组微机控制系统。微机控制系统的硬件主要由主机、接口电路、终端设备和传感变送元件等组成。被控参数通过传感器采集，并由变送器转换成统一的电压或电流信号。通过一个多路开关将各被测参数分别与 A－D 转换器相连，避免各信号相互干扰。另外，现场被测参数是连续变化的，微机采集是断续的，则要求被测参数未被采样时仍能维持一个定值，所以在多路开关后应设数据采样器和信号保持器。该信号由 A－D 转换器转换成数字量，进入微机系统进行运算处理。运算后得出的控制数据由 D－A 转换器转换成模拟量输送给执行元件，同时还输出各种控制信号，并利用终端设备对机组的运转参数进行显示、打印、报警或更改设定参数等。

按其实现的功能可划分为微机检测功能、微机预报功能、微机记忆功能、微机执行功能及远程通信功能。

1. 微机控制系统检测、预报和记忆功能

（1）微机控制系统检测功能

为实现机组状态监视、参数控制、故障诊断及安全保护等功能，微机控制系统必须对机组各部件中的主要参数进行连续检测与显示，同时也可对机组所处的运行状态进行监视。微

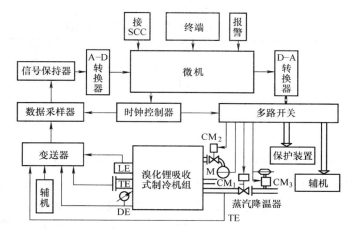

图6-15 溴化锂吸收式机组的微机控制系统

SCC—计算机监控系统 DE—电流检测 CM—调节阀执行器 TE—温度传感器

M—电动机变频调速器 LE—流量传感器

机控制系统连续检测的参数（包括温度、压力、流量等）见表6-2。

此外，机组的监测还包括对机组运行状态的监视，主要内容包括机组控制方式、运转状态、浓溶液运行状态、高压发生器液位、溶液泵运转状态、冷水泵运转状态等，见表6-3。

表6-2 微机控制系统的主要检测参数

热水型（单效型）	蒸汽型	直燃型
冷水进口温度	冷水进口温度	冷水进口温度
冷水出口温度	冷水出口温度	冷水出口温度
溶液喷淋温度	溶液喷淋温度	溶液喷淋温度
冷剂温度	冷剂温度	冷剂温度
冷凝温度	冷凝温度	冷凝温度
冷剂水蒸发温度	冷剂水蒸发温度	冷剂水蒸发温度
冷却水出口温度	冷却水出口温度	冷却水出口温度
冷却水进口温度	冷却水进口温度	冷却水进口温度
熔晶管温度	熔晶管温度	熔晶管温度
溶液泵电流	溶液泵电流	溶液泵电流
冷剂泵电流	冷剂泵电流	冷剂泵电流
自动抽气装置压力	自动抽气装置压力	自动抽气装置压力
冷水流量	冷水流量	冷水流量
热水进口温度	加热蒸汽压力	
热水出口温度	蒸汽热水温度	
发生器溶液出口温度	高压发生器溶液出口温度	高压发生器溶液出口温度
		排烟温度
		高压发生器压力
	低压发生器浓溶液出口温度	低压发生器浓溶液出口温度
	变频器频率	变频器频率

表 6-3　微机控制系统对机组运转状态的监视

控制方式	制冷	供热	自动	手动
运行状态	运行中		稀释运行	停止
浓溶液运行状态	浓溶液温度		结晶温度	安全温度
高压发生器液位	高液位		低液位	
溶液泵运转状态	运转		停止	
冷剂泵运转状态	运转		停止	

　　在微机控制系统的数据显示中，除机组各运转参数、运转状态的直接显示外，还加入了许多直观的图形监视功能，如参数动态流程图，它可将机组运转状态及各参数的实际值显示于系统流程图上。图 6-16 所示为机组运转过程中的浓溶液动态显示图。图 6-16a 给出了浓溶液结晶温度与安全温度，浓溶液当前所处的状态，即浓溶液的当前温度与浓度。图 6-16b 给出了浓溶液温度随时间变化的结晶线与安全线，从图中可明显看出机组所处的状态点与安全结晶线的距离，当浓溶液的状态点处在图中所示虚线以上时，表示浓溶液处于安全范围内。

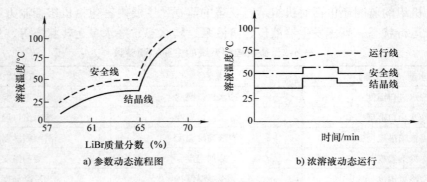

a) 参数动态流程图　　　　b) 浓溶液动态运行

图 6-16　浓溶液运行状态显示图

（2）微机控制系统预报功能

　　为使机组更安全可靠地运行，微机控制系统充分利用了自身的优势，加入了对机组运行故障的预报功能，称为故障管理系统。故障管理系统能够通过微机操作界面，在机组出现故障时提示故障部位、故障原因和故障处理方法，使操作人员对故障的处理更快捷，提高了机组的使用效率和运转可靠性。微机的故障诊断方式为两种：直接诊断和间接诊断。

　　直接诊断，是通过对机组主要运转参数的采集，将采样值与设定值或规定值进行比较，得出相应的结论，见表 6-4。

表 6-4　溴化锂吸收式制冷机组的故障检测系统

热水型（单效型）	蒸汽型	直燃型
冷（热）水断水	冷（热）水断水	冷（热）水断水
冷水低温	冷水低温	冷水低温
溶液泵流量过大	溶液泵流量过大	溶液泵流量过大

（续）

热水型（单效型）	蒸汽型	直燃型
	变频器故障	变频器故障
熔晶管高温	熔晶管高温	熔晶管高温
冷却水断水	冷却水断水	冷却水断水
冷却水低温	冷却水低温	冷却水低温
发生器溶液高温	高发溶液高温	高发溶液高温
	高压发生器高压	高压发生器高压
冷剂泵流量过大	冷剂泵流量过大	冷剂泵流量过大
热水温度高温	蒸汽压力过高	排烟高温
		燃烧器故障
冷剂水低温	冷剂水低温	冷剂水低温

间接诊断，是通过对机组主要运转参数进行采集，根据这些运转数据及历史运转数据，进行综合计算、分析，判断机组是否异常工作，或预测将要发生异常的设备或部件，实现故障预报的功能。这种方法能够综合分析系统，对各部件进行综合评价，保证机组的各部件时刻处于最佳的状态下运行，防止事故的发生，真正体现了微机控制的智能化，因此是目前的一个研究热点，也是机组走向智能化的必然发展趋势。

图 6-17 所示为吸收器故障检测系统，是溴化锂吸收式制冷机组的异常检测系统的分支之一。

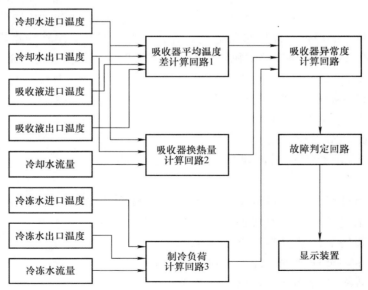

图 6-17　吸收器故障检测系统

控制顺序如下：

1）测量冷冻水、冷却水和吸收液的一组温度与流量数据，包括冷却水中间温度，冷却水进出、口温度，冷却水流量，吸收液进、出口温度，冷水进、出口温度及冷水流量等。

2）将测得的数据进行计算，计算主要包括 3 个回路：计算回路 1，根据简单的四则运算计算式计算实际平均温度差；计算回路 2，计算吸收器中的换热量；计算回路 3，计算出制冷负荷，与回路 2 所算得的换热量比较，推算出理想的平均温度差。

3）将计算回路 3 和 1 的数据进行对比，从而计算出吸收器处于异常状态的程度，通过故障判定回路做出判定，在显示装置中显示出来。

（3）微机控制系统存储功能

为便于机组的管理、运转经验的总结及机组运转趋势的分析、判断，微机控制系统设置了数据寄存单元，可存储一些重要的数据。这种存储功能包括机组资料的存储及以往运转数据的记录等。

微机所存储的机组资料包括机组的工作原理、基本操作方法、维护保养方法等，用户可随时查阅这些资料。运转记录数据包括机组累计运转时间、以往运转参数、机组故障发生次数、故障内容及故障发生时的具体参数记录等。此外，以往数据的记录还可以指示机组运转的趋势，如在浓溶液动态运行状态的分析中，可以通过对以往数据的记录，显示浓溶液运行趋势，预测机组未来的结晶状态（见图 6-16b）。

2. 微机控制系统的执行功能

微机控制系统的执行功能，主要包括执行机组的自动控制功能和安全保护功能。自动控制系统包括单元控制系统和集中控制系统。单元控制系统可实现单机组的控制和安全保护。集中控制系统可实现多台溴化锂吸收式制冷机组的集中监控。

（1）实现机组的能量调节功能

能量调节系统的目的，是使机组的制冷量时刻与外界所需要的热负荷相匹配。由于外界所需要的热负荷不可能一直恒定，因此就要求机组的制冷量也要做出相应的改变。溴化锂吸收式制冷机组的制冷量是否与外界热负荷相匹配，首先体现在机组冷冻水出水温度的变化上。因此，能量调节系统就是以稳定机组冷冻水出水温度为目的，通过对驱动热源、溶液循环量的检测和调节，保证机组运行的经济性和稳定性。由于机组热源的供热量将会使发生器中冷剂的发生量发生变化，使制冷量也会发生相应的变化。因此调节系统，就是通过对热源供热量的调节，保证冷冻水温度维持在设定点上。

下面以直燃型机组的制冷量调节为例说明其控制过程。对于直燃（燃气或燃油）型机组来说，在全负荷条件下，燃烧器将处于最大燃烧量燃烧。当外界热负荷减少，冷冻水出水温度下降时，燃烧器将减少燃烧量，以适应外界变化的热负荷。当所需的燃烧器热量低于最小燃烧量时，燃烧器将断续工作。图 6-18 所示为直燃型机组制冷量调节的自动控制原理。它主要是由温度传感器、微机控制系统、执行机构和调节阀组成。

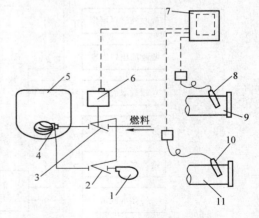

图 6-18　直燃型机组制冷量调节自动控制原理
1—燃烧器风机　2—空气量控制　3—燃烧器控制
4—燃烧器　5—高压发生器　6—调节电动机传感器
7—微机控制系统　8、10—温度传感器
9、11—冷/热水出口连接管

能量调节系统的原理：当被测量的冷水温度与设定的冷水温度相比较，根据它们的偏差与偏差积累，控制进入燃烧器中的燃料和空气的量，尽量减少被测冷水温度与设定冷水温度的偏差。控制器所采用的控制规律，通常为比例积分规律。该控制规律既具有响应速度快，又具有消除静态偏差的优点，能够获得很高的控制准确度。

溶液循环量调节。溶液循环量调节与机组的能量调节密切相关，当外界所需要的热负荷增大时，溶液的循环量也应增加；反之溶液的循环量也会下降。溶液循环量调节主要有两种方法：

① 通过安装在高压发生器中的电极式液位计检测溶液液位的变化，对溶液循环量进行控制。可通过溶液调节阀或变频器控制溶液泵转速来实现，低液位时，溶液循环量增大；高液位时，溶液的循环量减少或溶液泵停止。在中间液位（正常液位）时，由安装于高压发生器中的压力传感器检测高压发生器中的压力变化信号，或者用温度传感器检测高压发生器中浓溶液出口的温度变化信号，通过比例调节，改变进入高压发生器的溶液量。

② 通过安装在蒸发器冷冻水管道上的温度传感器，检测蒸发器冷冻水温度，调节进入蒸发器的溶液循环量，使机组的输出负荷发生改变，保持冷冻水温度在设定的范围内，送往发生器的稀溶液循环量共有 4 种控制方法，如图 6-19 所示。

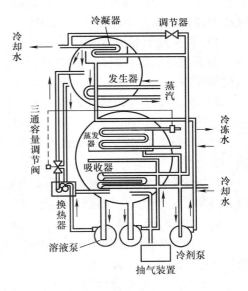

图 6-19　送往发生器的稀溶液循环量的控制示意图

两通阀控制：一般与加热蒸汽量控制组合使用，放汽范围基本保持不变。随着负荷的降低，单位传热面积（传热面积/制冷量）增大，蒸发温度上升而冷凝温度下降，因而热力系数上升，蒸汽单耗减少。但溶液循环量不能过分减少，若过分减少则会出现高温侧的结晶与腐蚀。

三通阀控制：不必与加热蒸汽量控制组合使用，与两通阀控制一样具有热力系数高、蒸汽单耗小等优点。但控制器结构较复杂，目前很少采用。

经济阀控制：一般与加热蒸汽量控制组合使用，负荷大于 50% 时，采用蒸汽压力调节阀；低于 50% 时，打开经济阀。经济阀是开、闭两位式，这种结构较为简单。

变频器控制：采用变频器改变溶液泵的转速，来控制输送到高压发生器的液体流量。流量调节比较有效，可以节约溶液泵所耗用的电能，且溶液泵的使用寿命长。其缺点是当变频器频率调节小到一定程度时，会使溶液泵的扬程小于高压发生器压力，影响机组的正常运行，因而频率调节的幅度受到一定的限制。

溶液循环量调节具有很好的经济性，但因调节阀安装在溶液管道上，因此对机组的真空度有一定的影响。

（2）实现机组的安全保护功能

微机控制系统执行安全保护功能，在系统出现异常工作状态时，能够及时预报、警告，并能视情形恶化的程度，采取相应的保护措施，防止事故发生，此外还可进行安全性监视等。安全保护按照故障发生的程度，可分为重故障保护和轻故障保护两种。重故障保护是针对机组设备发生异常情况而采取的保护措施。这种情况下，系统故障发生，导致安全保护装置动作后，必须检测设备，查出机组异常工作的原因，待排除故障后，再通过人工起动，才能使机组恢复到正常运行。轻故障保护是针对机组偏离正常工况而采取的一种保护措施，机组自动控制系统能够根据异常情况采取相应的措施，使参数从异常恢复到正常，并使机组自动重新起动运行。轻故障保护及采取的相应的保护措施，主要保护内容有以下几个方面：

1）冷冻水流量过低或断水。在冷冻水管道上安装流量控制器，当流量低于额定流量的60%时，微机报警信号起动，同时关闭加热源，机组进入稀释运转。待故障排除、流量恢复到65%以上时，机组可重新起动。

2）冷却水流量过低或断水。在冷却水管道上安装流量控制器，当冷却水流量小到一定值时，微机报警信号启动，同时关闭热源，转入稀释运转状态。

3）发生器溶液高温（热水型）、高压发生器溶液高温。当发生器或高压发生器温度高于设定值时，微机报警信号启动，同时关闭加热热源，机组进入稀释运转。通常，高压发生器浓溶液出口设定温度为160~170℃。

4）高压发生器压力过高（双效型、直燃型）。微机检测高压发生器中的压力超过95kPa时，报警信号启动，同时关闭热源，转入稀释运转状态。待故障排除，压力降到90kPa时，机组可重新起动。

5）溶液泵（变频器）流量过大。热继电器动作，微机报警信号启动，停止溶液泵、冷剂泵、冷却水泵，同时关闭热源、停机。

6）冷剂泵流量过大。微机报警信号启动，停止冷剂泵，同时关闭热源，转入稀释运转状态。

7）燃气压力过高或过低。系统中安装燃气压力控制器，当燃气压力波动超过允许范围时，报警信号启动，切断燃料供应，停止燃烧过程，使机组转入稀释运转。

8）烟气高温。机组将自动停止运转。

9）燃烧器熄火。利用火焰检测器检测出熄火信号后，燃烧监视继电器动作，指示、报警、切断燃料供应，转入稀释运转。

10）风压过低。当空气流量不足以维持燃烧，保护系统将切断燃料供给，停止燃烧，机组转入稀释运转。

（3）实现机组正常与非正常起动、停机与再循环功能

溴化锂吸收式制冷机组要实现正常的起动与停机，必须具有一系列的运转程序系统，主要包括起动程序系统、停机程序系统。停机程序系统又包括正常停机程序系统和故障停机程序系统。这些系统保证了溴化锂吸收式制冷机组能够安全可靠、稳定经济地运转。

1）起动程序。图6-20所示为蒸汽型的起动程序框图，图6-21所示为直燃型的起动程序框图。

起动程序是指按顺序将制冷机组及相关系统由静止状态起动，送达投入运转状态。蒸汽型起动程序步骤如下：

① 合上主电源开关，接通机组及系统电源。

② 发出起动指令，运转指示灯亮。该指令可由现场操作人员按键发出，也可由集中控制系统通过遥控方式操作。

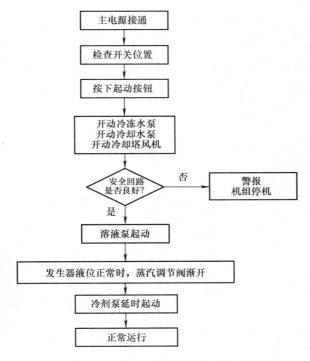

图 6-20 蒸汽型溴化锂吸收式制冷机组起动程序框图

③ 起动冷冻水泵与冷却水泵，安装在冷冻水管道与冷却水管道上的流量控制器动作，若流量在正常范围内，机组转入下一步起动程序。同时，安装在冷却水进口管道上的温度控制器动作，当冷却水温度低于低温设定温度时发出指令，调节冷却水流量，以防机组结晶。当冷却水温度高于高温设定温度时，起动冷却塔风机，进行冷却降温。

④ 设置的安全保护装置投入工作，对机组及系统的状态进行检测，确保机组安全进入起动状态。如果发生故障，机组停止起动，处于自锁状态。

⑤ 起动溶液泵。待发生器液位处于正常液面，热源控制阀缓缓打开，对溶液进行加热。

⑥ 起动冷剂泵。冷剂泵的起动控制常用的有两种方式：一种是以溶液泵的开动时间为依据，延时若干分钟后起动；另一种由蒸发器上安装的液位控制器发出信号，当液位达到一定高度后自动起动冷剂泵。冷剂泵起动后，机组进入制冷状态。

直燃型起动程序步骤如下：

① 接通总电源。起动前检查机组与燃烧器开关位置，包括：

a. 直流电源"开/关"。

b. 溶液泵"自动/手动"。

c. 制冷与供热选择"自动/手动"。

d. 能量控制"开/关"。

e. 运行操作"遥控/直控"。

② 打开燃料供应主阀。

③ 按下起动按钮，冷热水泵起动，冷却水泵和冷却塔风机起动。

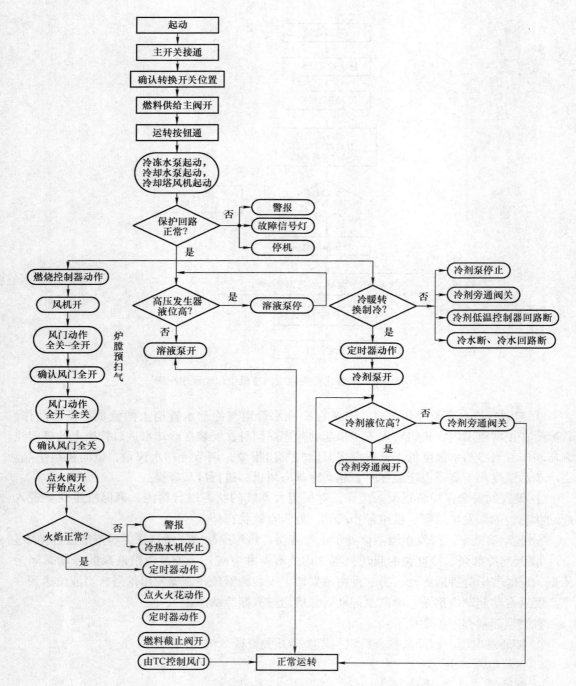

图 6-21 直燃型溴化锂吸收式制冷机组起动程序框图

④ 确定保护系统（冷水断水、高压发生器液位过低、烟气排烟温度过高等）正常工作。

⑤ 起动溶液泵，使发生器液位处于正常位置，并进行炉膛预扫气，检验燃烧控制器动作。

⑥ 以溶液泵的开动时间为依据，延时若干分钟，待发生器液位处于正常位置，按规定

程序发出燃烧信号，进入安全检查及点火控制程序，点火完成，开始燃烧。

⑦ 其余各项起动程序与蒸汽型相同。

2）正常停机程序。溴化锂机组的正常停机程序，是指机组及系统按顺序由正常工作状态转为停止状态的过程。图 6-22 所示为蒸汽型正常停机程序框图，正常停机步骤如下：

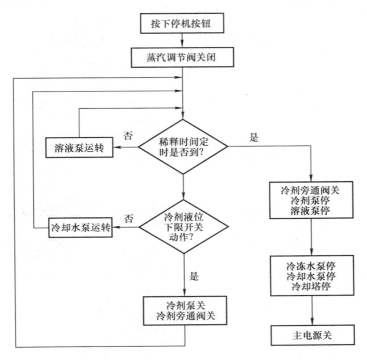

图 6-22　蒸汽型正常停机程序框图

① 操作人员按下"停止"按钮或控制器检测到外界所需要的热负荷太小，热源随即切断，运转指示灯灭，停机指示灯亮。

② 机组转入稀释运转，由控制器根据温度、时间或浓度控制稀释过程，溶液泵、冷剂泵继续运转一段时间，使机内溶液充分混合。

③ 稀释时间（或温度）达到设定要求后，溶液泵和冷剂泵停止运转。

④ 冷冻水泵、冷却水泵和冷却塔风机关闭。

⑤ 闭合总电源开关，机组和系统处于静止状态。

直燃型机组的正常停机程序框图如图 6-23 所示，具体步骤如下：

① 操作人员按下"停止"按钮或控制器检测到外界所需要的热负荷太小。

② 燃烧器得到控制信号后转入小火，延迟一段时间后，关闭燃气阀，燃烧停止。

③ 如果是供热工况，冷剂泵一般不工作。如果是制冷工况，视是否达到冷剂稀释液位；没有达到，冷剂泵继续运转，冷剂旁通阀开；达到，则冷剂旁通阀关，冷剂泵停机。

④ 根据停机程序，检验高压发生器溶液温度，确定是否能停止溶液泵运转，并关闭冷却水泵与冷却塔风机。

⑤ 如果机组是因为负荷太小而自动停机，则冷冻水泵始终保持运转，以等待控制器重

新发出起动信号。如果是操作人员手动停车，则需要手动关闭冷冻水泵、冷却水泵、冷却塔风机。

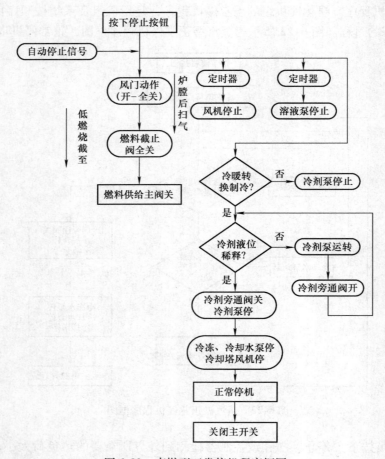

图 6-23　直燃型正常停机程序框图

3）故障停机程序。机组出现严重故障时将导致故障停机，故障停机程序有两种：一种是机组不作稀释运转而直接停机，同时发出声光报警信号；另一种是机组稀释运转后再停机，同时故障报警。

以直燃型溴化锂吸收式制冷机组为例，故障发生后，不作稀释的故障包括：冷冻水断水或冷冻水量不足、屏蔽泵故障、冷剂水温过低等。故障发生后，进行稀释运转的故障包括：燃烧器熄火、高压发生器液位过高或过低、高压发生器溶液高温或高压、燃气排气温度过高等。直燃型故障停机程序流程框图如图 6-24 所示。

（4）实现机组联控与远程监控功能

1）机组的联控功能。微机控制系统能够根据外界所需要的热负荷，合理地调配多台机组，并能联动控制外部水泵和风机，使机组更经济、可靠地运转。

例如，某用户有 3 台机组，制冷量为 1163kW，总制冷量为 3489kW。机组运转过程中，通过安装在冷冻水进出口的温度传感器，以及冷冻水的流量计，计算出机组应产生的总制冷量（外界所需要的热负荷）。当外界所需要的热负荷降至 2326kW 时，就停止一台机组，同

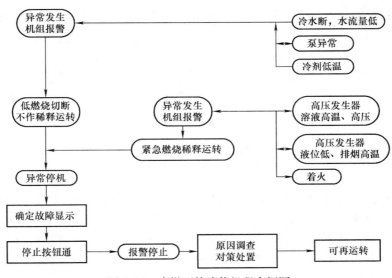

图 6-24 直燃型故障停机程序框图

时停止与该机组对应的水泵和风机。当外界所需要的热负荷升至 2674kW 时，重新起动该机组。与该方式相同，当外界所需要的热负荷降至 1163kW 时，就停止 2 台机组，同时停止与这 2 台机组对应的水泵和风机。当外界所需要的热负荷升至 1512kW 时，重新起动 1 台机组。依此类推。通过以上方式，实现各台机组之间既协调又经济的运转。同时，在机组运转过程中，各台机组也会根据外界热负荷的变化，自动调节机组本身的制冷量。

用户计算机与各机组之间通过图 6-25 所示的方式构成集中控制系统。通过监控软件的实施，实现上述控制功能。

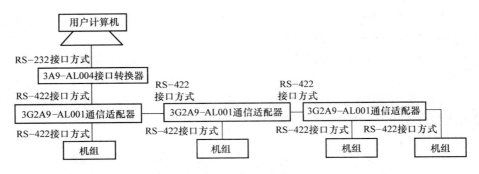

图 6-25 微机集中控制系统

2）远程监控功能。为了使生产厂商能够对各地用户的机组进行监视和维护，了解各地用户的使用情况，帮助用户管理好机组，延长机组的使用寿命；同时，为便于对已经具有楼宇智能化控制及其他控制网络的用户进行机组的监控，集中控制系统还具有远程监控功能，通过多种方式实现对机组的监控。

① 对已具备计算机网络的用户，其网络计算机与机组计算机通过图 6-26 所示方式连接进行通信。用户计算机网络通常用 NW 网络或 WINNT，它由多台计算机和一个总服务器构成。监控机组的计算机把采集到的数据不断地以文件的形式存储在服务器中；其他监视机组用的计

算机，可通过自行编制的监视程序来读取服务器中的数据文件，从而监视机组的运转状态。

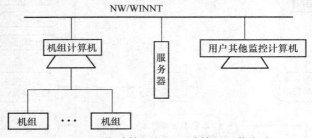

图 6-26　网络计算机与机组计算机通信方式

②　对于未具备计算机网络的用户，用户其他监控计算机与机组计算机之间可以通过图 6-27 所示方式相连接，并进行监控。用户两台计算机均需安装 FAGMLAN 网卡，计算机之间通过双股双绞线连接进行通信。在这种情况下，用户其他监控计算机可以在机组计算机允许的范围内，直接对它的数据进行读和写的操作。在这种方式下，其他监控计算机对机组计算机具有监视和控制功能。

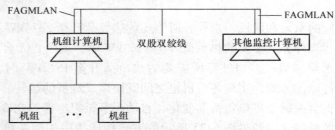

图 6-27　其他计算机与机组计算机通信方式

③　生产厂商服务中心的计算机与用户机组计算机之间还可以通过电话线进行通信，从而了解用户机组的运转状态。该种通信方式如图 6-28 所示。在进行这种通信方式时，生产厂商与用户之间均需安装调制解调器，双方均把要进行通信的数据信息，通过调制解调器转换成电话网信息进行相互联系。生产厂商计算机还可以在用户计算机允许的情况下，对用户计算机进行读、写数据的操作，从而与用户机组之间保持密切联系，很方便地协助用户做好机组的调试、运转和维护工作。

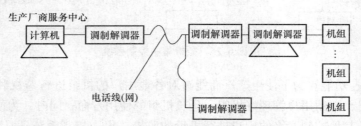

图 6-28　生产厂商计算机与机组计算机通信方式

其他远程功能还包括：机组运转状态的分析，厂商服务中心可定期向用户拨打电话，对用户各台机组的运转状态及数据进行监视并保存，以便分析用户机组运转状况，对用户各机组的运转情况提出合理建议；故障自动传呼功能，当机组发生故障时，机组能自动传呼生产厂商服务中心热线电话或当地调试服务工程师的电话，可及时到现场分析和处理机组所出现的故障；机组参数和程序的传送功能，生产厂商服务中心可通过电话网，对用户机组进行参数设置和程序的传送。

第二节　全空气空调系统的自动控制

一、全空气空调系统自动控制的技术要点

1. 温、湿度自动控制的途径

全空气系统室内温、湿度的控制，宜通过以下途径来实现：

1）调节通过空气加热器的热媒流量或温度。

2）调节电加热器的散热量，如变电压、通断时间和电热元件的工作组数。

3）调节空气冷却器的传热量，改变投入工作的盘管数量和改变通过空气冷却器的空气量。

4）调节一、二次回风的比例。

5）调节一次回风与新风的混合比。

6）调节喷水温度或喷水量。

7）调节旁通风量。

8）调节加湿器的加湿量。

2. 定露点与变露点控制

1）对于室内湿负荷变化较小的系统，宜采用定露点控制，且宜将测量相对湿度的敏感元件设置在挡水板之后。

2）对于室内湿负荷变化较大的系统，宜采用变露点控制，且宜将测量相对湿度的敏感元件设置在空调房间内，以便根据室内相对湿度的变化调节喷水温度。

3. 多工况自动控制系统

全年运转的空调系统，在满足室内温、湿度基数和节能要求的前提下，宜采用变工况控制系统。设计多工况系统的自动控制时，应注意以下要求：

1）对于工况少的系统，宜采用分程或阶梯控制。

2）对于工况的自动转换，应选用既经济又可靠的识别条件，如执行机构的极限位置、空气参数的极限值等。

3）所有工况转换参数的动差值，在控制准确度允许的范围内应适当加大，以利工况转换的稳定运转。

4）工况分区时，应在条件允许的范围内加大位置线和参数线的区间，适当扩大失调区，以减少工况分区，简化逻辑量控制回路。

5）空调系统的热惰性较大，工况转换时应安排稳压装置，为新工况建立稳定的工作条件；自控系统本身应尽量做到无扰切换。

6）设计时应安排出现相交点条件工况时，能根据分析强制执行预先设定的工况环节，让系统在执行过程中自动适应。

7）必须安排手动起动，以便当工况转换时，由无法预见因素的出现而导致系统失去控

制时，能手动起动。

8）在起动工况中，宜采用室内、外空气的干球温度作为输入条件。应尽量避免采用相对湿度作为输入条件，以简化起动程序。

4. 新风补偿式与微机自动控制系统

对一般舒适性空调系统的自动控制，宜采用带新风温度补偿的功能模块式温、湿度调节装置。当空调系统较多、规模较大时，宜采用分布式微机控制系统。该系统能根据控制准确度与调节品质实现最佳节能运行，取得最大限度的经济效益和节能效益，有条件时应推广应用。

5. 变风量空调系统

1）变风量空调系统的回风机，应设计随送风量变化而相应地改变的送回风量平衡控制环节，保持回风量随送风量的变化而相应增减，防止室内出现负压。

2）变风量空调系统送回风机风量的调节，一般宜采用根据主风管内静压变化而相应改变风机入口调节导叶片角度的控制方式；有条件时，可采用通过变频器调节风机转速的控制方式。

3）回风机风量的调节，也可以采用送风机出口处的动压作为控制的动作信号。

4）主风管内的静压控制点，宜选择设置在距风机出口约2/3主管全长的部位。

5）变风量空调系统控制的最小静压值，应包括送风口处的必要静压、末端装置自身要求的静压和由静压控制点至风机的压力损失。

二、定风量与变风量空调的自动控制

（一）定风量空调的自动控制

图6-29所示为定风量空调自动控制系统。

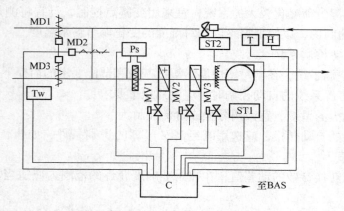

图6-29 定风量空调自动控制系统

1. 夏季的空调自动控制

夏季以最小室外新风和回风混合后进入表面式冷却器，根据回风温度传感器 T 的测量值控制冷水电动阀 MV1 的进水量。对于要求较低的空调设计就不作相对湿度的控制了。如果有较高要求的话，则根据湿度传感器 H 的测量值控制冷水电动阀 MV1 的进水量，根据回风温度传感器 T 的测量值控制热水电动阀 MV2。而实际上，在一般情况下，为节约能源，往往不设湿度控制，而仅设温度控制。这时也能满足一般的舒适性要求。

2. 冬季的空调自动控制

冬季室内相对湿度的控制是通过加湿器来完成的。根据湿度传感器 H 的测量值，控制器 C 使执行机构 MV3 动作，控制蒸汽的加湿量或水的进水量。这时表面式冷却器停止工作，根据温度传感器 T 的测量值控制器 C 控制热水电动阀 MV2 动作，控制热水的进水量，保持室内温度。

在冬季和夏季工况下，风阀 MD1、MD2 和 MD3 的位置均都保持在最小新风量的位置上。对于两管制的水系统，MV1 和 MV2 合并为一个电动阀。冬季的控制方法与四管制的一样。夏季则仅有温度控制，根据回风温度传感器 T 的测量值控制进水电动阀，而这时室内湿度就不能进行控制了。图 6-29 所示的 BAS（Building Automation System）指建筑物自控系统。

在实际应用中，往往也有许多单独使用一个送风机的场合，这时图 6-29 所示的回风机 ST2 及 ST2 则取消，其自控方法与上相同。

（二）变风量空调的自动控制

变风量空调系统通常分为旁通型和节流型两类。旁通型变风量空调系统是把相当于室内负荷减少的那部分风量，不再送到房间而送到顶棚内的旁通管，使其再回到总的回风管中。这种设备构造简单，但不节能，所以在变风量空调系统中较少使用。

节流型变风量空调系统是把处理过的空气，按各房间负荷需要的风量，由末端设备进行调节后送到各房间，从而保证室内所需的空气参数。就其末端设备来看，可分为依靠压力型和不依靠压力型两种。

依靠压力型的末端装置，只有改变风量的功能，而没有抗静压干扰的能力，因此常导致调节器频繁动作，易损坏。不依靠压力型的末端装置，除了有执行机构可以改变风量外，还设有弹簧或橡胶膜盒等，能起到抗静压干扰的作用。也就是说，当风道中的压力变化时，通过末端设备的风量不变。这样的变风量末端设备，不但能变风量，而且能定风量，可以避免因末端设备风量的改变而相互干扰。较好的末端设备也应能在该房间无温度要求时，自动关闭送风阀。

末端设备是变风量空调系统的关键设备，按其控制方式，大致可分为电动、气动、自力和微机控制等多种方式。而变风量空调系统的自控方式也很多。现就其中有代表性、有特点的控制方法加以介绍。

1. 房间温度的控制

用于房间温度自动控制的温度传感器可设在房间内，也可设在各房间的回风风管内，如图 6-30 所示。图中，分别根据温度传感器 T1、T2、T3 的测量值控制各自房间的送风末端设备 VAV1、VAV2、VAV3，有的末端设备还装设有再热盘管。当末端设备的风阀关到最小时，在室温继续下降的情况下再热盘管将开起。如果送风温度不采用固定形式而采用甄别控制，则可使再热量减至最小。

2. 送风温度的控制

在变风量空调系统中，通常根据送风温度传感器 T 的测量值，控制器 C 控制冷、热表面式冷却器的进水阀 MV1 和 MV2。送风温度可以是固定的（分夏、冬季分别设定），也可以是变化的。变化的送风温度实质上是采用了甄别控制的方法。甄别控制送风温度的方法比固定的方法好,其工作过程为:在运转中,每个房间的温度传感器发出的信号送到末端设备的风阀调节器。当室温上升时,首先是使末端设备的风阀开足。当开到100%后,负荷继续增加,使该房间需要额外的冷量,则该房间的温度设定信号被主控制器选中,并重新向下整定送风温度。送风温度降低后,其余各房间的末端设备的风阀改变位置,以使负荷和较低的送风温度之间达到新的平衡。反之,当临界房间的冷负荷减少,则送风温度将会升高,直到满足该房间风阀开启为100%时。在送风温度升高过程中,其他房间某一末端设备之风阀开到100%时,则该房间的温度信号被选中,原房间的设定温度被换掉。

使用甄别控制的好处是当低负荷时,提高了送风温度,增大了房间的风量,使得各房间的气流组织得到更好的满足。

3. 静压的控制

房间负荷的变化会影响总送风量的变化,改变总风量的方法很多,最节能的是采用变速电动机来改变风机转速的方法(或采用变频技术),但初投资很大。因此实际工程中采用较多的是调节风机入口风阀叶片角度(利用图6-30所示的MD1、MD2)的方法。图6-30中Ps为送风管上的静压压力变送器,信号经静压控制器控制送风机和回风机入口风阀叶片角度,也可达到控制风机风量的目的。图中,CMCS(Centralized Monitoring and Control System)为中心监控系统。

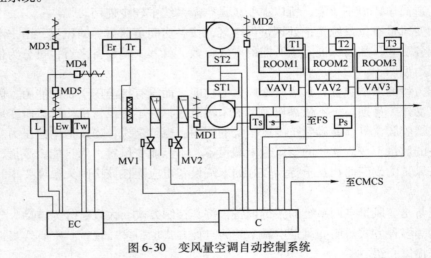

图6-30　变风量空调自动控制系统

4. 新风量的控制

在新风进风风管上安装风量(或风速)感应器,可控制新风、排风和回风的风阀,以保住新风的进风量。过渡季节时,可转变为全新风使用。

不论是两管制还是四管制的空调控制系统,一般都需要进行季节转换。季节转换的形式很多,如前所述的手动情况,或根据供水干管温度或室外气温自动转换,也可根据风阀或水阀的终端信号进行转换,还可以由中心控制室发送转换控制指令等多种方法来实现季节转换。

三、过渡季节空调的自动控制

利用室外空气供冷是过渡季节实现空调自动控制的一种行之有效的节能方式。其控制方法通常有两种：一种是按室外空气温度控制的方法（即显热法）；另一种则是按室外焓值控制的方法（即焓值法）。现普遍采用的是新风供冷的焓值控制法。

（一）显热法自动控制运转

1. 采用电动风阀自动控制运转

如图 6-29 所示，当室外新风温度传感器 Tw 测量的温度值与室内设定温度相等或较低时，则采用 100% 新风。这时 MD1、MD3 全开，MD2 全闭。同时，根据湿度传感器 H、温度传感器 T 的测量值，控制器 C 分别控制冷水电动阀 MV1 和热水电动阀 MV2。当为两管制时，仅根据 T 的测量值，控制表冷器的电动阀。在冬季和夏季均采用最小新风量进新风。这里的电动风阀是两挡控制的，其控制方法较为简单，同时价格也较便宜，但节能效果不太明显。

2. 采用连续调节电动风阀的自动控制

如所用的风阀是连续调节控制的，当室外空气温度小于设定的送风温度时，控制器则按比例地调节 MD1、MD2、MD3 三个风阀。根据回风温度传感器 T 的测量值，调节新风和回风的混合比，达到控制室温的目的。当新风阀 MD3 到达最小新风量位置时；就不能再关小了，这时室外气温如果再降低，就由回风温度来控制加热器的热水进水量，随即进入冬季的控制工况。这种方法比前一种方法明显节能，使得无须再延长加热器的运行时间。同时，在这一段时间内的新风量也比最小新风量大，改善了卫生条件。

另外，还可以采用新风和回风混合后的空气温度信号来控制过渡季节的工作工况，也可以采用有顺序控制各风阀的方法等。

（二）焓值法自动控制

过渡季节的室外空气焓值法自动控制系统，如图 6-31 所示。其冬、夏季温湿度的控制方法与上述方法基本相同。而在过渡季节时，当室外空气焓值测量仪 Ew 测得的焓值，比回风空气焓值测量仪 E 测得的焓值低时，则采用全新风。这时仍根据回风湿度传感器 H 的测量值控制冷水电动阀 MV1，由回风温度传感器 T 的测量值控制热水电动阀 MV2，而由电动阀 MV3 控制的循环喷水系统进行喷水。当室外空气焓值继续降低，而冷冻水电动阀处于关闭状态时，则根据回风湿度传感器 H 测量值控制 MD1、MD2、MD3 混合风的比例。这时新风量将逐渐减少，回风量逐渐增多。再由回风温度传感器 T 测量值控制加热器的进水量，直至到达最小新风量位置时，即进入冬季运转状态。而在这个阶段中，循环喷水系统仍不断工作。

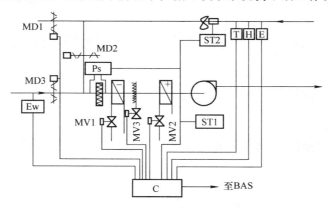

图 6-31　过渡季节的室外空气焓值法自动控制系统

四、温度补偿、新风预热与湿度控制

（一）空调自动控制的温度补偿

1. 室内温度设定值的调整

现代建筑物的空调大多数为舒适性空调。夏季为消除由于室、内外温差大给人们造成过大的冷、热刺激，在室内温度设定时，将使该设定值随室外温度的升高而升高。而冬季在有大面积玻璃窗的建筑物内，当室外气温下降时，窗侧的冷辐射会使人有寒冷的感觉。这时就需要使室内温度的设定值随室外气温的下降而升高。这就是冬、夏季的温度补偿。

2. 送风温度的补偿

空调系统为获得较高的调节品质，克服运行和调节系统中存在的滞后现象，在一些调节品质要求较高的场合或风管较长、室内空间较大的场合，往往须增加一个送风温度的补偿信号送到控制器中。该感温元件可以较早地测到由于室外温度、新风量、冷冻水温度、冷冻水水量、热水温度、热水水量、送风量等的变化而引起送风温度的变化。用该送风温度的变化校正调节阀的动作，从而可以使这些干扰对室内温度的影响大大减少，防止控制系统产生振荡。

（二）新风预热

在冬季室外气温较低的地区，必须在新风入口处加设一组加热器，以预热进入空调机组的新风。但在严寒地区，单用一组加热器加热很难达到预热新风的要求，因此多在新风入口处多设一组加热器，以提高新风预热的效果。

（三）.空调的湿度控制

可将加湿器安装于空调机组或风道中，对送出空气进行加湿，并在空调房间内装设湿度感应元件（氯化锂探测头或干、湿球测湿探头等测湿元件），通过执行机构控制房间的湿度。

湿度控制也可采用在空调机组内加设喷淋装置进行控制的方式。如果采用这种方式，控制系统必须增设一个循环喷水系统，除增加循环喷淋水泵外，同时也增加了管道、控制元件及占地面积，但由于循环水易生菌、卫生条件差等原因，因此在实际工程中，除有较高湿度控制要求的场合外，对于一般的舒适性空调控制都进行了简化，不设喷淋装置。

第三节 风机盘管加新风系统的自动控制

一、风机盘管系统自动控制的技术要点

（一）温控器

1）风机盘管宜采用温控器控制电动水阀、手动控制风机三速的控制方式。风机起停与电动水阀联锁。

2）冬夏均运行的风机盘管，其温控器应有冬夏转换措施。一般以各温控器独自设置冬夏转换开关为好，但如管理水平较高也可集中设置。温控器不应靠近热源、灯光及床头控制柜中。

（二）　节能钥匙

1）当房间设有节能钥匙系统时，风机盘管应与其联锁以节能。

2）当使用要求不高时，可采用插、拔钥匙使风机盘管起动或断电停转的方式。但当使用要求较高时，可增设一个温度开关（温度设定值恒定不可调）或温控器（设定值可调）。

（三）　定流量水系统风机盘管

定流量水系统自控方式较简单易行，但节能效果不如变流量自控方式好。

（四）　变流量水系统

风机盘管机组的水系统，宜采用直通电动调节阀进行变流量调节，房间温控器一般可选用简单的双位调节型。有条件时，可选用有比例调节连续输出功能的电子温控器。当风机盘管机组、新风机组、组合式空调机组等采用变流量调节时，应对循环水泵相应地采取变转速或变台数自动控制措施。单台泵变流量的水系统控制，应结合水泵特性、系统大小等因素综合考虑，一般宜遵循以下原则。

（1）对于空调系统规模较大、水泵的特性曲线为陡降型的场合

1）在系统的总供、回水管之间设旁通管，并装一个受压差控制器控制的直通电动调节阀，以限制系统压力的升高。

2）在供水总出口处（旁通管之后）的管段上，设置一个总调节阀（直通电动调节阀），以恒定供水压力。

3）在系统中环路的末端，设三通电动调节阀，保证系统在调节过程中能通过足够的水量。

（2）对于空调系统规模较大、水泵特性曲线为平坦型的场合

1）在系统的总供、回水管之间设旁通管，并装一个受压差控制器控制的直通电动调节阀。

2）供水总出口管上可不设总调节阀（如电动调节阀）。

3）环路末端可不装三通电动调节阀。

水泵特性曲线为平坦型时，旁通调节的主要作用是确保通过制冷机组的水量恒定，所以，调节阀的动作应受制冷机组进、出口处的压差控制。

水泵特性曲线为陡降型时，旁通调节的主要作用是限制系统压力的升高，所以调节阀的动作应受水泵进出口处的压差控制。

数台水泵并联运行时，宜选择具有陡降型特性曲线的水泵。

二、风机盘管定流量水系统的自动控制

定流量水系统常使用两管制而不采用四管制。其风机盘管机组的控制通常采用三速开关手控或温控器加三速开关手控两种方式。

（一）　三速开关手控的两管制定流量水系统

采用这种控制水系统，表面式冷却器中的水是常通的，水量依靠阀门的一次性调整，而室内温度的高低是由手控三速开关选择风机的三档转速来实现的，如图6-32所示。

（二）　温控器加三速开关手控的两管制定流量水系统

采用这种控制的水系统，表面冷却器中的水是常通的，水量依靠阀门一次性调整。并且，由室内温控器控制风机起停，而手动三档开关调节风机的转速。冬、夏季采用手动转换，如图6-33所示。

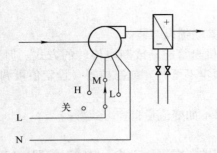

图 6-32　三速开关的两管制定流量水系统示意图

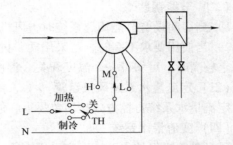

图 6-33　温控器加三速开关的两管制定
流量水系统示意图

三、风机盘管的变流量水系统

自动控制变流量系统有两管制、四管制两种水系统。

（一）温控器加三速开关的两管制变流量水系统

这种控制可用手动三速开关选择风机的转速，手动控制季节转换开关。另外，风机和水路阀门联锁，并根据室内温度控制电动两通阀的启、闭。当两通阀断电后，系统能自动切断水路，如图 6-34 所示。

（二）温控器加三速开关的四管制变流量水系统

这种控制可用手动三速开关选择风机转速，将风机和水路阀门联锁，由室温控制器控制冷、热水电动两通阀的启、闭。当两通阀断电后，系统能自动切断水路，如图 6-35 所示。

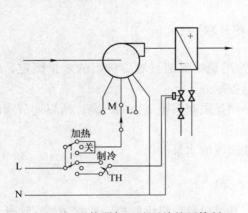

图 6-34　温控器加三速开关的两管制
变流量水系统示意图

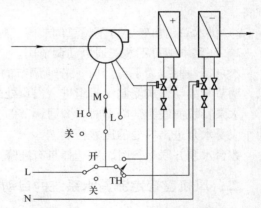

图 6-35　温控器加三速开关的四管制
变流量水系统示意图

风机盘管的变流量水系统自动控制除上述两种方式外，随着功能要求的不同和制造厂商研制的新产品的不同，还有其他控制方式可供选用，在此不再赘述。

四、新风系统自动控制的技术要点

1）空调系统的新风比应设计成可调的，其变化范围应按具体工程与空调性质确定，对于舒适性空调，变化范围应为 0% ~ 100%。

2）新风比的调节，宜通过对回风和排风风阀的联动控制来实现。新风风阀一般可不控制，但其流通截面积应满足 100% 新风通过的需要；同时，应使新风管段的阻力小于全新风时系统总阻力的 15%。

3）新风量的控制，一般可根据新风干球温度调节新风比来实现；有条件时，宜采用按新风与回风焓值比较的变新风量控制方式，或采用具有焓值比较与能量判断功能的控制方式。

但根据干球温度调节新风比时，均按照显热变化的原则实现最经济的风阀控制，由于未考虑潜热的影响，所以很难达到控制的优化。

4）空调系统停止运转时，新风风阀应能自动关闭。

五、新风系统的自动控制方式

新风系统的两管制自动控制系统仅设有 C、MV1、T 和 ST。控制器 C 根据送风温度传感器 T 的测量值自动控制冷水电动阀 MV1 的水量。在定流量水系统中 MV1 采用电动三通阀。风机起动器与控制器联锁。当风机不运转时，控制器停止工作，这时电动阀门 MV1 自动回复到关闭状态。两管制新风系统如图 6-36 所示。

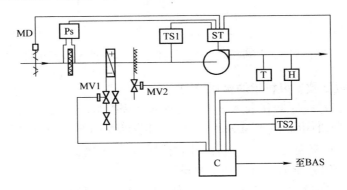

图 6-36　两管制新风系统

C—主控制器　T—温度传感器　MV1—电动两通阀或三通阀　H—湿度传感器　MV2—电动两通阀
Ps—压差控制器　TS1—低温限制器　ST—风机起动器　TS2—季节转换器　BAS—建筑物自控系统　MD—电动风阀

电动风阀 MD 的作用，主要是为了防止表面加热器的损坏。当冬季风机停止运转时，所有的电动风阀和水阀也都关闭，加热器的水不流动时容易冻裂。风阀关闭，可防止由于自然对流而进入寒冷空气，以便保护加热器。只有当风机起动时，该风阀才被打开。

低温限制器 TS1 的作用，也是为了保护表面加热器。当风机起动，如加热器的电动进水阀有故障或供水系统有故障时，会使进风温度急骤下降，这时 TS1 可马上将风机和电动风阀 MD 关闭。TS1 的另一作用是，也可防止过低温度的新风送入服务区域。

如对送风湿度有一定要求时，可在送风管上设置湿度传感器 H，由控制器来控制蒸汽加湿器的进汽电动阀。当过滤网长期使用后，阻力必然增大，当前、后压差达到设定值时，压差控制器 Ps 会自动切断风机，并报警。如果有较好的管理工作水平，压差控制器 Ps 也可以不用。

四管制新风系统比两管制新风系统增设了一套表面式冷却器和电动阀，其控制作用与两管制系统基本相同。

六、带有能量回收的新风机组的自动控制

一般采用的带能量回收的新风机组，有固定式和旋转式两种全热交换器。图 6-37 所示为采用旋转式全热交换器的带能量回收的新风机组。

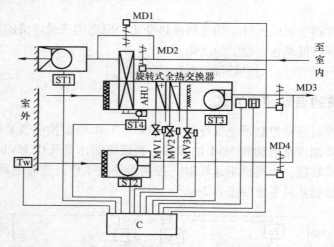

图 6-37　采用旋转式全热交换器的带能量回收的新风机组

（一）夏季能量回收新风机组的自动控制

夏季室外新风经过过滤器和全热交换器后进入空调机组，由送风温度控制电动两通冷水阀 MV2 的进水量。这时电动风阀 MD2 和 MD3 打开，而 MD1 和 MD4 关闭。由控制器 C 控制风机 ST1、ST3 和全热交换器 ST4 的运转，同时风机 ST2 关闭。

（二）冬季能量回收新风机组的自动控制

冬季的室外新风经过过滤器和全热交换器后进入空气处理箱，各风机、电动风阀和全热交换器的运转状况同夏季。但这时由送风温度和湿度信号来控制电动两通热水阀 MV1 的进水量和电动两通蒸汽阀 MV3 的进汽量。

（三）过渡季能量回收新风机组的自动控制

根据室外温度传感器的测量值来决定过渡季节的运转状况。当室外气温在预先设定的上、下限温度内，则进入过渡季节的运转状况。这时风机 ST1 和 ST2 运转，风机 ST3 和全热交换器 ST4 停止运转；而电动风阀 MD1 和 MD4 全开，电动风阀 MD2 和 MD3 全部关闭；同时所有的电动水阀和蒸汽阀都进入关闭状态。

当主风机 ST3 或风机 ST2 起动后，排风机 ST1 才能开起，而 ST3 和 ST2 中只能起动一台。当 ST3 停止运转时，所有的电动水阀和电动蒸汽阀自动关闭，并且 MD2 和 MD3 关闭。当 ST2 停止时，MD1 和 MD4 关闭。

第四节　中央空调自动控制系统的运行管理

为了保证中央空调系统能在经济、节能的条件下正常运转，同时还要保证设备的安全

性，就必须对自动控制系统进行管理和维护。中央空调自动控制系统的运行管理包括系统运行前的检查与准备、运行期间参数调整和记录及控制系统的维护保养。

一、运行前的检查与准备

空调自动控制系统应在中央空调系统各设备运转正常的情况下投入运转，在系统投入运转前应做好一系列检查与准备工作。

1. 对控制器（调节器）进行检验

对所使用的控制器（调节器）进行全面的性能检验，如零点、工作点、满刻度值的校准等，确保合乎使用要求。

2. 对自动控制系统进行检查

1）按自动控制设计图样及有关设计规范，仔细检查系统各组成部分的安装与连接情况。

2）检查敏感元件安装是否符合要求，安装位置是否能正确反映工艺要求，敏感元件的引出线是否会受到强电磁场的干扰，如有强电磁场应采取有效的屏蔽措施。

3）检查控制器的输出相位是否正确，手动/自动切换是否灵活有效。

4）检查执行器的开关方向和动作方向、阀门开度与控制器的输出是否一致，位置反馈信号是否明显，阀门全行程工作是否正常，是否有变形和呆滞现象。

5）检查继电器的输出情况。人为施加信号，当被调量超过上、下限时，安全报警信号是否立即报警；当被调量恢复到设定值范围内时，报警信号是否可以迅速解除。

6）检查自动联锁和紧急停车按钮等安全装置是否工作正常和可靠。

在完成上述各项检查并确认没有问题之后，就可以进行自动控制系统的调试。自动控制系统的调试应由自动控制设备生产厂商或供应商派出或经确认的工程技术人员来完成。调试应从单台设备开始，待单台设备的自控正常后再进行整个系统的联调。如果自动控制采用的是 PID 调节方法，调试过程还要不断整定、不断试验，最后才能达到满意的控制效果。

二、运转期间参数的调整和记录

在中央空调系统正常运转期间，中央空调管理人员应根据室内外空气参数的变化进行设备参数的调整，并记录在案；同时做好日常工作的定期巡检、数据记录处理和数据处理。

1. 传感器

传感器（包括温度传感器、湿度传感器、压力传感器和流量传感器等）是自动控制系统的重要组成部分，它与被测对象直接发生联系。传感器工作的好坏直接影响自动控制系统工作的准确度，因此对传感器日常检查和维护十分重要。

2. 调节器

调节器的作用是把由变送器传来的标准化的电信号与调节器内部设定的设定值进行比较，根据预先给定的逻辑关系和控制规律输出一个定值去控制执行器的动作。

对新型调节器的维护保养，类似对一般计算机进行的维护保养，通常情况下，按照使用说明书的要求进行即可。平时应注意显示器、键盘的表面是否清洁，调节器周围的环境温度与相对湿度是否在正常范围内，显示数据是否正确等，如发现故障，应找经设备供应商确认的维修人员进行修理。

3. 执行器的检查

在空调自动控制系统中，执行器担负着把调节器送来的控制信号转变成水阀或风阀的开/关动作和开关行程控制的任务。执行器一般分为电动执行器和气动执行器两种，空调自动控制系统中使用的绝大多数是电动执行器，只有一些老式空调自动控制系统中存在使用气动执行器的情况。执行器的维护保养主要是执行器的外观检查和动作检查。

（1）外观检查

执行器的外观检查主要包括执行器外壳是否有破损，与之相连的电气或机械部件是否损坏、老化，连接点是否有松动、锈蚀，执行器与阀门阀芯连接的连杆是否有锈蚀、弯曲，连杆旁边的水位指示标牌是否损坏等。

（2）动作检查

执行器的动作检查是指用手动机构代替伺服电动机，通过减速机构对执行器的动作情况进行检查，通过手动机构的转动检查执行器的动作是否正确有效。当把执行器从最小转到最大时，看阀门是否从全开变为全关（或相反），运转是否灵活，中间是否有卡涩现象。阀门不能全开/全关或中间有卡涩现象时，应及时查明原因予以修复。

另外，应注意执行器周围的环境情况，做好防水保护，防止因水进入执行器而使伺服电动机烧毁。

三、自动控制系统的维护保养

中央空调系统一般在过渡季节进行维护保养。自动控制系统的维修保养工作可以由空调自动控制系统的运行管理人员自己来完成，必要时可请自动控制设备生产厂商或供应商派人协助进行。此时也必须做好维护保养工作的数据记录，工作完成后写出维修保养报告归档留存。

本章小结

自动控制系统是中央空调系统安全、稳定运转的保障，熟悉和掌握中央空调系统各设备的控制方法、控制原理及控制特点，是保证中央空调系统节能运行的前提。中央空调自动控制系统的运转管理涉及系统运行前的检查与准备、运转期间参数调整以及控制部件及系统的维护保养等。本章重点介绍了以下一些内容。

1. 制冷机组的自动控制

制冷机组自动控制系统根据其制冷循环方式、结构等不同而有差别，主要控制方式有以下几点：

1）活塞式制冷机在定转速工作时，通过改变工作气缸或运转台数进行分级能量调节。

2）螺杆式制冷机的制冷量（制热量）从大到小可适应各种场合的需要，其自动控制多采用微机实现，包括采用单片机或可编程序控制器等。除具有常规的能量调节及安全保护功能外，还具有机组的监视、故障诊断功能和远程通信功能。

3）离心式压缩机是高速旋转、高精密制冷的机械设备，应建立完善的控制保护措施，这对保证机组安全、高效地运转是非常重要的。通过微机的控制，可实现机组的能量调节、安全保护及故障检测和程序控制。

4）溴化锂吸收式制冷机组的制冷量一般是根据蒸发器出口冷冻水的温度，通过机组控制系统改变热源的消耗量和稀溶液循环量的方法进行调节的。

2. 全空气空调系统的自动控制

全空气空调系统是全部由处理过的空气负担室内的热湿负荷，可分为一次回风式、二次回风式系统，其控制方式主要是通过温度、湿度、露点、工况、变风量、过渡季节新风量的变化来实现的。本章主要论述了以下几点：

1）定风量空调系统和变风量空调系统的控制。特别是通过变风量末端的控制来改变送风量，适应室内负荷的变化来保证室温不变，达到节能的目的。

2）过渡季节的空调自动控制。过渡季节大量使用室外新风能有效减少空调系统的能耗，有两种控制方法来实现，即控制室外空气温度的显热法和控制室外焓值的焓值法。现普遍采用的是新风供冷的焓值法。

3）空调自动控制的温度补偿、新风预热与湿度控制。它是随气候变化调整室内温度来满足室内的舒适性要求，设置送风温度的信号控制来补偿系统的温升等引起送风温度的变化，从而达到空调系统的温度自动补偿。

3. 风机盘管加新风系统的自动控制

风机盘管机组的自动控制由温控器（或手控三速开关）和电磁或电动两通阀/三通阀来实现节能运行，可分为定流量和变流量水系统两种形式。新风系统是将室外空气处理到设定的温度和相对湿度，然后送入空调机组或室内，其自动控制方法类似于全空气空调系统。区别是新风机组一般都有变风量的要求，如果新风送入空调机组（排风热回收组合式空调机组），通常采用定静压的方式进行控制。如果新风直接送入室内，则由控制器直接改变新风机变频器的频率进行变风量运转。其带能量热回收的新风机组自动控制可分为夏季、冬季、过渡季节不同的控制模式。

4. 自动控制系统运行管理

中央空调自动控制系统的运转管理工作重点做好运转前的检查与准备，运转期间参数调整、记录，以及季节开、停机时的维护保养等工作。

思考与练习题

1. 简述全空气空调系统自动控制的技术要点。
2. 螺杆式压缩机安全保护系统包括哪些方面？功能是什么？
3. 离心式压缩机安全保护系统方法和功能各是什么？
4. 螺杆式压缩机和离心式压缩机在进行能量调节时分别采用什么方法？
5. 溴化锂吸收式制冷机组微机检测功能和预报功能是如何实现的？意义是什么？
6. 溴化锂吸收式制冷机组实现能量调节的方法有哪些？
7. 溴化锂吸收式制冷机组安全保护的内容有哪些？
8. 目前国内外采用的水冷式冷凝器冷凝压力的控制方法有哪些？
9. 溴化锂吸收式制冷机组的机组联控和远程监控功能是怎样的？如何实现其机组联控与远程监控？
10. 简述风机盘管系统自动控制的技术要点。
11. 简述新风系统自动控制的技术要点。
12. 简述定流量水系统风机盘管自动控制的技术要点。

第七章

中央空调水系统的运行管理

中央空调水系统包括冷（热）水循环系统和冷却水系统两部分。冷（热）水循环系统是指将冷冻站（冷水机组）或锅炉房提供的冷水或热水送至组合空调机组或末端空气处理设备（如风机盘管）的水路系统。对于水冷式冷水机组而言，冷却水系统是指将冷水机组中冷凝热量带走的水系统。中央空调水系统运行、维护费用较大，而且对整个空调系统的使用效果影响显著。因此，做好中央空调水系统的运行管理是保障中央空调系统节能运行的关键。

第一节　中央空调冷（热）水循环系统

一、空调冷（热）水循环系统的组成

空调冷（热）水循环系统和冷却水系统示意图如图 7-1 所示。

空调冷（热）水循环系统主要由冷水水源、供回水管、阀门、仪表、集箱、水泵、组合空调机组或风机盘管、膨胀水箱等组成。

夏季供冷时，冷水机组 1 制出 7℃的冷冻水，在冷冻水泵 3 的作用下送至分水器 7，然后由分水器通过各供水支管分别送至各空调房间或区域的空调设备 10。在空调设备中，冷冻水与空气经热湿交换后，水温升至 12℃又分别由各回水支管流回至集水器 8，最后返回至冷水机组再被降温处理至 7℃，如此反复循环。

冬季供热时，锅炉 2 制出 60℃的热水，在热水泵 4 的作用下送至分水器 7，然后按照夏季供水路线循环，最后，返回至锅炉再重新进行加热处理。夏季供冷和冬季供热的转换，通过冷水机组和锅炉进出水管上阀门的启、闭来实现。

风机盘管等空调设备 10 的支管上一般都装有温控电动两通阀或三通阀，根据房间温度或回风温度来控制空调设备的运行。如果夏季室温低于设定

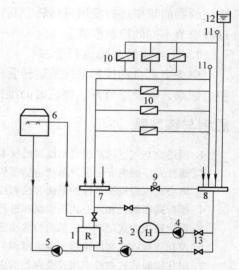

图 7-1　空调冷（热）水循环系统和冷却水系统示意图

1—水冷式冷水机组　2—锅炉　3—冷冻水泵
4—热水泵　5—冷却水泵　6—冷却塔
7—分水器　8—集水器　9—压差控制阀
10—空调设备　11—接自动排气阀
12—膨胀水箱　13—阀门

值，电动阀就会关断或减少供水量。另外，电动阀与风机盘管的风机电源联锁，当风机盘管停止使用时，电动阀随之关闭停止供水。风机盘管开始使用时，阀门联锁解除。

当系统中部分空调设备不使用时，水流量减少，水系统阻力将增大。为了保持系统内压力稳定，在分水器与集水器之间设置压差控制阀 9 的旁通阀，当分水器和集水器间压差超过压差控制阀的设定值时，阀门开启，部分水量由分水器直接流入集水器，然后返回至冷水机组或锅炉，如此循环流动以保证冷水机组或锅炉的定流量运行。另外，对于间断使用的空调水系统（如写字楼的空调水系统），当早晨冷水机组和水泵提前运行时，往往房间内的风机盘管还未完全起动，此时循环水量也可通过压差旁通管回流。

膨胀水箱 12 的主要作用是收集因水被加热时体积膨胀而多出的水量，防止系统损坏造成漏水。另外，膨胀水箱还可起到补水和定压作用。由于膨胀水箱与管路的连接处为定压点，因此，膨胀水箱接于系统的不同位置，水系统内的压力分布也不同，这对高层建筑物水系统的压力分布分析十分重要。

水系统中管道的高处容易积聚空气。当管道内有空气时，会形成所谓"气堵"，影响水的流动。因此，图 7-1 所示的自动排气阀 11 是为排除系统内的空气而设置的。水系统中设置的阀门 13 一般有两个作用：一是起调节作用，调节管道中的水流量；二是起关断作用，中止水的流动。如季节变换时冷热源的转换，设备检修时用阀门截止水流动等。

另外，为了对空调系统的运行情况进行监测和保护冷热源设备与空调设备，要设置以下一些必要的仪表和装置：

1）在冷热源设备和空调设备的进、出水口设置测温装置。

2）在主要设备进、出水口设置测压装置，以便了解水系统中的压力分布情况及设备的阻力。

3）在水系统安装过程中，水管内会留下一些泥沙之类的杂质，水系统在长期运行中也会不断产生一些锈、垢之类的污物。为了防止这些杂质、污物堵塞冷热源设备和空调设备的传热管，在冷水机组、锅炉等重要设备水流入口处，通常要设置水过滤装置，如 Y 形过滤器。

二、空调冷（热）水循环系统的形式

空调冷（热）水循环系统由于分类方式不一样而有多种形式，常见的主要有按水压特性不同，分为开式系统和闭式系统；按末端设备的水流程不同，分为同程式系统和异程式系统；按冷、热水管道的设置方式不同，分为两管制系统、三管制系统、四管制系统；按水量特性不同，分为定流量系统和变流量系统。

（一）开式系统和闭式系统

1. 开式系统

开式系统的水流经末端空气处理设备后，靠重力作用流入建筑物地下室的水池，经冷却或加热后由水泵送至各个用户盘管系统，如图 7-2 所示。此系统最显著的特点是设有一个水池，一旦供水泵停止工作，管网系统内的水面只能与水池水面保持同一高度，此高度以上的管道内均为空气。开式系统的优点是当水池容量较大时，具有一定的贮冷能力，可以部分降低用电峰值及设备的电气安装容量。但是由于开式系统管道与大气相通，具有水质易受污染、管道较易脏堵、易腐蚀的缺点；当末端设备与水池的高度差较大时，水泵不仅需克服水系统的阻力，还要把水提升至末端设备的高度，所以开式系统还有系统较复杂、水力平衡困难、静压大、水泵扬程及功率大等缺点。由于上述缺点，开式系统不常用。

2. 闭式系统

闭式系统的冷（热）水在密闭系统中循环，不与外界大气相接触，仅在系统的最高点设置膨胀水箱，如图7-3所示。

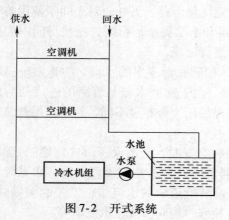

图7-2 开式系统

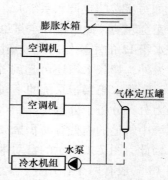

图7-3 闭式系统

闭式管道系统水泵扬程只用来克服管网的循环阻力而不需要克服水的静压力。在高层建筑物中，闭式系统的水泵扬程与建筑物高度没有关系，因此它比开式系统的扬程小得多，从而使水泵耗电量大大降低。同时，由于不设水池，机房占地面积也相应减小。闭式系统管道内始终充满了水，避免了管道的腐蚀，在系统的最高处设有开式膨胀水箱作为定压设备，水箱水位通常应高出最高的系统水管1.5m以上。由于闭式系统克服了开式系统的缺点，所以得到了广泛应用，它也是目前惟一适用于高层民用建筑物的空调冷冻水系统形式。

（二）同程式系统和异程式系统

1. 同程式系统

同程式系统（见图7-4）是指系统每个循环环路的长度相同。其特点是各环路的水流阻力、水力损失相等或近似相等。这样有利于水力平衡，可以减少系统调试的工作量。

2. 异程式系统

异程式系统（见图7-5）是指系统中水流经每个末端设备的流程都不相同。其特点是各

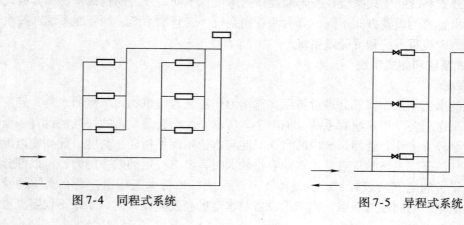

图7-4 同程式系统　　　　图7-5 异程式系统

环路的水流阻力不相等，易产生水力失调；但管路系统简单，投资较少。当系统较小时，可采用异程式系统，但必须在末端空调机组或风机盘管连接管上设流量调节阀，以平衡阻力。

（三）两管制系统、三管制系统和四管制系统

1. 两管制系统

两管制系统是指冷热源利用一组供回水管为末端装置的盘管提供冷水或热水的系统。即连接空调机组或风机盘管的管路有两条，如图7-6所示。两管制系统中冷、热源是各自独立的。夏季，关闭热水总管阀门，打开冷冻水总管阀门，系统供应冷冻水；冬季的操作正好相反。因此，这种系统不能同时既供冷又供热，在春秋过渡季节，不能满足空调房间的不同冷暖要求，舒适性不高；但由于该系统简单实用、投资少，作为一种基本的系统形式，在我国高层民用建筑物中得到了广泛应用。

2. 三管制系统

三管制系统是指冷热源分别通过各自的供水管路，为末端装置的冷盘管与热盘管提供冷冻水与热水，而回水共用一根回水管路的系统。即与空调机组和风机盘管连接的管路有三条，冷冻水供水管、热水供水管和冷热水回水管，如图7-7所示。

这种系统的优点是解决了两管制系统中各末端无法解决自由选择冷、热的问题，因此适应负荷变化的能力强，可以较好地根据房间的需要，全年任意调节房间的温度，建筑物的使用标准得以提高。

但是，三管制系统末端控制较为复杂，末端设备处冷、热两个电动阀的切换较为频繁，回水分流至冷冻机和热交换器的控制也相当复杂，且在过渡季节使用时，冷热回水同时进入一根管道，混合能量损失较大，增加了制冷及加热的负荷，运行效益低。由于上述缺点，三管制系统目前应用很少。

3. 四管制系统

四管制系统是指冷热源分别通过各自的供、回水管路，为末端装置的冷盘管与热盘管提供冷冻水与热水的系统。即与空调机组和风机盘管连接的管路有四条，即冷冻水供水管、热水供水管、冷冻水回水管、热水回水管，如图7-8所示。四管制系统，冷、热源同时使用，末端装置内可以配置冷、热两组盘管，以实现同时供冷、供热，满足不同的房间供冷、供热

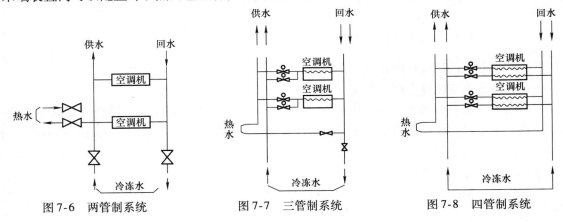

图7-6　两管制系统　　　　图7-7　三管制系统　　　　图7-8　四管制系统

需求。与三管制系统相比，由于不存在冷、热抵消的问题，因此运行时更节能。其缺点是管道系统运行管理较为复杂、投资大、管道占用空间大，所以多用于高标准的场合。

（四）定流量系统和变流量系统

1. 定流量系统

定流量系统是指空调水系统输配管路的流量保持恒定。空调房间的温度依靠三通调节阀调节空调机组和风机盘管的给水量以及改变房间送风量等手段进行控制，如图 7-9 所示。

定流量系统比较简单，系统的流量变化基本上由水泵的运行台数所决定。但水泵的流量是按最大负荷选定的固定流量，并且不能调节，因此在部分负荷时，既浪费了水泵运行的电能，又增加了管路上的热损失，运行费用较高。由于空调冷冻水系统部分负荷的场合较多，所以定流量系统在经济上是不合理的。

定流量系统管道简单、控制方便，因此在我国仍有一些标准较低的民用建筑物中采用。

2. 变流量系统

变流量系统是指空调水系统输配管路中水的流量随着末端装置流量的调节而改变。变流量系统常采用多台冷（热）设备和多台水泵（即一台设备配一台水泵）的方式，各台水泵水流量不变，只需对设备和相应的水泵进行运行台数的控制就可调节系统供水的流量。另外，也可采用变速水泵来调节系统供水的流量，或者在风机盘管处设置两通调节阀，依据空调房间的温度信号控制两通调节阀的开度，以达到变流量的目的，如图 7-10 所示。

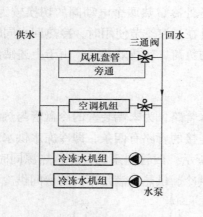

图 7-9　定流量系统

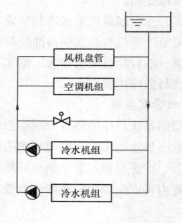

图 7-10　变流量系统

变流量系统的耗电量比定流量系统小得多，特别适用于大型空调水系统。

（1）一次泵变流量空调水系统

一次泵变流量空调水系统是目前我国高层民用建筑物中采用最广泛的空调冷冻水系统。在一次泵变流量空调水系统中，每一台冷冻机和锅炉侧都配有一台水泵，水泵的作用是克服整个空调水系统的阻力，一般都把冷冻机或锅炉设在水泵的出口处，以确保冷、热源机组和水泵的工作稳定及空调冷冻水系统供水温度的恒定。

在变流量系统中，一方面，从末端处理设备使用要求看，用户侧要求水系统作变水量运行；另一方面，冷水机组的特性又要求定水量运行，解决这一矛盾的常用方法是在供、回水总管上设置压差旁通阀。一次泵变流量空调水系统如图7-11所示。

（2）二次泵变流量空调水系统

二次泵变流量空调水系统是目前在一些大型高层民用建筑物或多功能建筑群中正逐步采用的一种空调水系统形式。在二次泵系统中，每一台冷水机组和锅炉侧都配有一台水泵，称一次泵；而在用户侧根据实际需要，另行配置若干台二次泵。一次泵用于克服冷（热）源侧（包括管路、阀门及冷热设备）的阻力，二次泵用于克服用户侧（包括管路、阀门及空调机组或风机盘管等）的阻力；根据用户侧供、回水的压差控制二次泵开动台数，而一次泵的开动可同冷水机组或锅炉设备联锁，如图7-12所示。当二次泵总供水量与一次泵总供水量有差异时，相差的部分就从平衡管中流过（可以从点A流向点B，也可以从点B流向点A），这样就可以解决冷、热源机组与用户侧水量控制不同步的问题。由于用户侧供水量的调节通过二次泵的运行台数及压差旁通阀V_1来控制，压差旁通阀控制方式与一次泵空调冷冻水系统相同，所以，压差旁通阀V_1的最大旁通量为一台二次泵的流量。

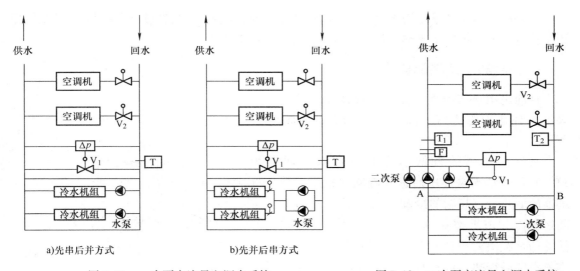

a)先串后并方式　　　　　b)先并后串方式

图7-11 一次泵变流量空调水系统　　　　图7-12 二次泵变流量空调水系统

由于二次泵变流量空调水系统内的压力分别由一次泵和二次泵供给，水泵扬程小，水系统承受的压力也较小，特别适用于高层建筑物。其中的二次泵要采用变频调速泵。

（五）冷冻水系统的分区

空调冷冻水系统的分区通常有两种方式：按冷冻水系统压力分区和按承担空调负荷的性质分区。

1. 按冷冻水系统压力分区

在空调冷冻水系统中，由于各种设备及管件的工作压力都有一定的限制，所以根据设备及管件的阀门、膨胀水箱以及空调机组、风机盘管等承压进行分区。

空调冷冻水系统通常以1.6MPa作为工作压力划分的界限，在设计时使水系统内所有设备和附件的工作压力都处于1.6MPa以下。

2. 按承担空调负荷的性质分区

按承担空调负荷的性质分区，主要是从使用性质或各房间所处的位置来考虑，尤其是对于综合性建筑物。由于各区域在使用时间、使用方式上有很大区别，分区的优点是可以实现各区独立管理，不用时可以最大限度地节省能源。但是分区通常要求设置分区转换层（即设备层），对建筑物的投资产生很大影响，因此应慎重考虑。对于一些高度不大的建筑物，设置设备层不经济，这时可以采用水系统环路分组的方法，如图7-13所示。

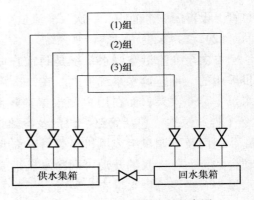

图7-13　空调水系统分组示意图

第二节　空调冷却水系统

空调冷却水系统是专为水冷式冷水机组或水冷直接蒸发式空调机组而设置的。其主要作用是将冷水机组中的冷凝热量带走，以保证冷水机组的正常运行。

一、冷却水系统的组成

目前民用建筑物尤其是高层民用建筑物，大量采用循环水冷却方式，以节省水资源，如图7-14所示。

来自冷却塔的较低温度的冷却水（通常为32℃）经冷却水泵加压后进入冷冻水机组，带走冷凝器的散热量。高温的冷却回水（通常为37℃）重新送至冷却塔上部喷淋。由于冷却塔风机的运转，使冷却水在喷淋下落过程中，不断与塔下部进入的室外空气进行热、湿交换。冷却后的水落入冷却塔集水盘中，由水泵重新送入冷水机组。

每循环一次都要损失部分冷却水量，主要是由于蒸发和漂散。每次循环损失的水量一般占循环冷却水量的0.3%~1%。对于损失的水量，可通过自来水来补充。

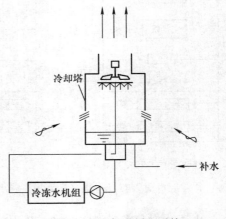

图7-14　冷却水循环系统

二、冷却塔

在冷却水循环系统中，冷却塔是一个重要的设备。水在冷却塔中被分散成很小的水滴或很薄的水膜，具有很大的冷却表面，水与外界空气依靠机械通风来形成相对运动，以保证水的冷却效果。按照水与空气相对运动的方式不同，冷却塔可分为逆流式冷却塔和横流式冷却塔。前者指水和空气平行流动但方向相反，可用于负荷较大的工业冷却。

（一）逆流式冷却塔

逆流式冷却塔的构造如图 7-15 所示。它是由外壳、风机、填料层、进水口、补水管、出水口、集水盘和进风百叶等主要部分组成。根据热交换的基本原理，逆流式冷却塔的热交换效率最高。

（二）横流式冷却塔

横流式冷却塔结构如图 7-16 所示。其组成与逆流式冷却塔基本相同，不同之处在于填料层放在冷却塔的两侧，空气从两侧的百叶窗垂直于水流的方向横向流过。横流式冷却塔的体积稍大、通风阻力较小，并且百叶窗与填料层在同一高度，不但降低了塔的整体高度，也减少了填料层同集水盘的距离，降低落水噪声。一般大型的冷却塔均采用横流式冷却塔。

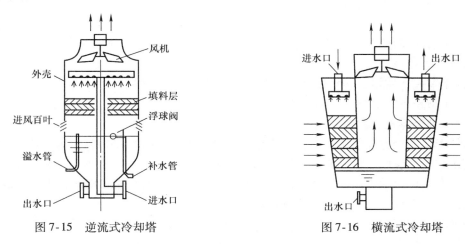

图 7-15　逆流式冷却塔　　　　　　　图 7-16　横流式冷却塔

第三节　中央空调的水质管理与水处理

一、空调系统水处理的必要性

空调系统水处理的必要性主要体现在以下三点：其一是可以延长管线和设备的使用寿命。目前，空调水系统使用的大多为热镀锌钢管，由于水质原因，常腐蚀管道或积垢而影响水流量，使系统不得不提前报废。因此，持续地对空调水系统进行检测和处理能够在很大程度上延长系统的使用寿命。其二是可以节能。当结垢和腐蚀产生锈垢堆积物后，会导致传热效率下降。这样，为达到预期效果，必须加大能量消耗，同时还会造成缩短设备的使用寿命。在敞开式循环水系统中，采用水处理技术还会节省大量的补充水。其三是可以满足卫生要求，防止霉菌和水污染。

空调水大多均采用自来水，自来水因地区不同而水质变化较大。在水的循环过程中，水的硬度和碱度是造成结垢的主要因素，而 Cl^-、低 pH 值、溶解氧是造成腐蚀的罪魁祸首。在自来水中，这两种危害同时存在，只是由于水质差异，危害的程度有所不同。相对腐蚀而言，软化水去除了如 Ca^{2+}、Mg^{2+} 等结垢性离子，软化水正是由于去除了这些离子，增加了 Na^+、Cl^- 等腐蚀性离子，从而加重了设备的腐蚀。所以说，软化水虽然避免了结垢问题，却加重了腐蚀，这种现象会随着时间推移而显露出来。空调水质问题及危害如图7-17 所示。

二、空调水系统的水质管理和水质标准

搞好空调水质管理，不仅对中央空调系统的安全、经济运行有重要意义，而且对减少排污量、最大限度地减少补充水量、节约水资源和水费也具有重要意义。为此，要从以下四个方面做好空调水质管理的工作：

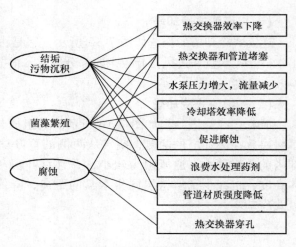

图 7-17　空调水质问题及危害

1）为了防止系统结垢、腐蚀和菌藻繁殖，要进行水处理。

2）为了掌握水质情况和水处理效果，要定期进行水质检验。

3）为了防止系统沉积过多的污物，要定期清洗。

4）为了补充蒸发、飘散和泄漏的循环水，要及时补充新水。

要做好上述四个方面的工作，首先必须掌握循环冷却水的水质标准；其次，要了解循环冷却水系统结垢、腐蚀、菌藻繁殖的原因和影响因素；第三，要掌握阻垢、缓蚀、杀生的基本原理，以及采用化学方法进行水处理时需使用的化学药剂的性能和使用方法；第四，根据水质情况，经济合理地采用不同手段进行水处理。

GB 50050—2007《工业循环冷却水处理设计规范》规定，敞开式（简称开式）系统循环冷却水的水质标准，应根据换热设备的结构形式、材质、工况条件、污垢热阻值、腐蚀率以及所采用的水处理配方等因素综合确定，并应符合表7-1 给出的允许值。密闭式（简称闭式）系统循环冷却水的水质标准应根据生产工艺条件确定。

表 7-1　开式系统循环冷却水水质标准（摘录）

项目	要求和使用条件	允许值
悬浮物含量/(mg/L)	换热设备为板式、翅片管式、螺旋板式	≤10
pH 值	根据药剂配方确定	7.0 ~ 9.2
甲基橙碱度含量（以 $CaCO_3$ 计）/(mg/L)	根据药剂配方及工况条件确定	≤500
钙离子（Ca^{2+}）含量/(mg/L)	根据药剂配方及工况条件确定	3.0 ~ 200
铁离子（Fe^{2+}）含量/(mg/L)		<0.5
氯离子（Cl^-）含量/(mg/L)	碳钢换热设备	≤1000
	不锈钢换热设备	≤300
硫酸根离子（SO_4^{2+}）含量/(mg/L)	$[SO_4^{2+}]$ 和 Cl^- 之和	≤1500
硅酸（以 SiO_2 计）含量/(mg/L)		≤175
	$[Mg^{2+}]$ 和 SiO_2 的乘积	<15000
游离氯含量/(mg/L)	在回水总管处	0.5 ~ 1.0
异养菌数/(个/mL)		$<5 \times 10^5$
粘泥量/(mL/m^3)		<4

《空气调节设计手册（第2版）》给出了闭式系统循环冷却水的水质标准，见表7-2。

表7-2　闭式系统循环冷却水系统水质标准

项目	水质标准	项目	水质标准
pH 值（25℃）	6.5~8.0	总碱度（以 $CaCO_3$ 计）（mg/L）	<800
电导率（25℃）/（μS/cm）	<800	总硬度（$CaCO_3$）（mg/L）	<800
氯离子（Cl^-）含量/（mg/L）	<200	硫离子（S^{2+}）	测不出
硫酸根离子（SO_4^{2-}）含量/（mg/L）	<200	铵离子	<1.0
总铁（Fe）含量/（mg/L）	<0.1	二氧化硅	<50

三、中央空调系统的水处理

（一）中央空调冷却水系统的水处理

中央空调冷却水系统的水处理，是根据水质标准，通过投加化学药剂或用其他方法来防止结垢、控制金属腐蚀、抑制微生物繁殖的。所使用的化学药剂根据其主要功能分为阻垢剂、缓蚀剂和杀生剂三种。

常见的阻垢剂分为聚磷酸盐类（如六偏磷酸钠）、有机磷酸酯类（单元醇磷酸酯）、聚羧酸类（聚甲基丙烯酸）。其中以聚羧酸类应用最为广泛，由于该类药剂对铜质材料有腐蚀作用，因此需要添加缓蚀剂。

缓蚀剂一般是指能抑制（减缓或降低）金属在具有腐蚀性环境中的腐蚀的药剂。按缓蚀剂在金属表面形成的保护膜或称防腐蚀膜（简称防蚀膜）的特性，可将缓蚀剂分为氧化膜型和沉淀膜型两种。典型的缓蚀剂有铬酸钠、六偏磷酸钠等。有时水处理也采用一些复合药剂，兼具缓蚀和阻垢两种作用。

循环冷却水中常见的微生物是藻类、细菌和原生动物，它们的存在对系统高效、经济运行的危害极大，通常采用杀生剂来杀灭或抑制其生长和繁殖。杀生剂又称为杀菌灭藻剂、杀菌藻剂、杀菌剂、抑菌剂等。按照杀生剂的化学成分，可分为无机杀生剂和有机杀生剂；按照杀生剂的杀生机理，可分为氧化性杀生剂和非氧化性杀生剂。无机杀生剂多为氧化性杀生剂。

（二）冷冻循环水的水处理

中央空调冷冻循环水系统的用户侧水系统通常是闭式的，因此防垢与微生物控制不是主要问题，水处理的主要工作目标是防止腐蚀。不论采用化学还是物理方法，都可以参照冷却水的处理方式进行。

四、中央空调循环水系统的清洗

对中央空调循环水系统进行清洗的目的是为了去除系统中的各种沉积物，可以采用物理或化学的清洗方式，两种清洗方式各有利弊。

应注意的是，中央空调循环水系统经化学处理后，其设备和管道内的金属内表面一般呈活化状态，极易产生二次腐蚀，因此要在化学清洗后立即进行预膜处理。即使中央空调设备和管道的金属内表面形成一层能抗腐蚀、不影响热交换且不易脱落的保护膜。

第四节　中央空调水系统的运行管理

中央空调水系统的运行管理除了做好日常的水处理的工作外，还要做好各种水管、阀门、水过滤器、膨胀水箱、冷却塔以及支吊构件的巡检与维护保养工作。

一、中央空调水系统巡检

1. 水管

水管的绝热层、表面防潮层及保护层有无破损和脱落，特别要注意与支吊构件接触的部位；对使用粘胶带封闭绝热层或防潮层接缝的，粘胶带有无胀裂、开胶的现象；绝热结构外表面有无结露、是否生锈；有阀门的部位是否结露；裸管的法兰接头和软接头处是否漏水，凝结水管排水是否畅通等。

2. 阀门

各种水阀是否能根据运行调节的要求转动灵活、定位准确、稳固到位，是否可关严实、或卡死；自动排气阀是否动作正常；电动或气动调节阀的调节范围和指示角度是否与阀门开启角度一致等。

3. 膨胀水箱、冷却塔

膨胀水箱、冷却塔通常设置在露天屋面上，应每班检查一次，保证水箱中的水位适中，浮球阀的动作灵敏、出水正常。

4. 支吊构件

支吊构件是否有变形、断裂、松动、脱落和锈蚀等。

二、中央空调水系统的维护保养

1. 水管

中央空调系统的水管按其用途不同，可分为冷冻水管、热水管、冷却水管、凝结水管四类。由于各自的用途和工作条件不一样，维护保养的内容和侧重点也有所不同。但对管道支吊构件和管卡的防锈要求是相同的，要根据情况除锈刷漆。

（1）冷冻水管和热水管

当空调水系统为四管制时，冷冻水管和热水管分别为单独的管道。当空调水系统为两管制时，冷冻水管则与热水管为同一根管道。但不论空调水系统为几管制，冷冻水管和热水管均为有压管道，而且全部要用绝热层包裹起来。

对冷冻水管和热水管进行日常维护保养的主要任务：一是修补破损和脱落的管道绝热层、表面防潮层及保护层；二是更换胀裂、开胶的绝热层或防潮层接缝粘胶带。

（2）冷却水管

冷却水管是裸管，也是有压管道，与冷却塔相连接的供回水管有一部分暴露在室外。由于冷却水管通常采用的镀锌钢管各方面性能都比较好，除了焊接部位外，管外表面一般也不用刷防锈漆，因此日常不需要额外的维护保养。但由于冷却水一般都要使用化学药剂进行水处理，使用时间长了，难免伤及内管壁，因此要注意监控管道的腐蚀问题。在冬季有可能结冰的地区，室外管道部分还要采取防冻措施。

（3）凝结水管

凝结水管是风机盘管系统特有的无压自流排放水管。由于凝结水的温度较低，为防止管壁结露到处滴水，通常凝结水管也要做绝热处理。对凝结水管的维修保养主要有两个方面：一是从接水盘排水口处用加压清水或药水冲洗管道。因为凝结水的排放方式是无压自流的，其流速往往容易受管道坡度、阻力、管径以及水的浑浊度等影响，当有成块、成团的污物时流动更困难，容易堵塞管道，为保证水流畅顺，应定期冲洗管道。二是修补破损和脱落的管道绝热层、表面防潮层及保护层，更换胀裂、开胶的绝热层或防潮层接缝粘胶带等。

2. 阀门

在空调水系统中，阀门被广泛地用来控制水的压力、流量、流向及排放空气。常用的阀门按阀的结构形式和功能可分为闸阀、蝶阀、截止阀、止回阀（逆止阀）、平衡阀、电磁阀、电动调节阀、排气阀等。为了保证阀门启闭可靠、调节省力、不漏水、不滴水、不锈蚀，其维护保养就要做好以下几项工作：

1）保持阀门的清洁和油漆的完好状态。

2）阀杆螺纹部分要室内每6个月一次、室外每3个月一次涂抹黄油或二硫化钼，以增加螺杆与螺母摩擦时的润滑、减少磨损。

3）不经常调节或启闭的阀门定期转动手轮或手柄，以防生锈咬死。

4）对机械传动的阀门要视缺油情况向变速箱内及时添加润滑油，在经常使用的情况下，每年全部更换一次润滑油。

5）在冷冻水管路和热水管路上使用的阀门，要修补其破损和脱落的绝热层、表面防潮层及保护层，更换胀裂、开胶的绝热层或防潮层接缝粘胶带。

6）对动作失灵的自动动作阀门（如止回阀和自动排气阀）要进行修理或更换；自动排气阀一般每3个月应检查一次自动排气效果，排气孔堵塞时要及时清理，动作不灵敏的要进行检修。

7）对电力驱动的阀门，如电磁阀和电动调节阀，除了阀体部分的维护保养外，还要特别注意对电控元器件和电路的维护保养。

对闸阀、蝶阀、截止阀等手动阀门，在日常使用中不能忽视其正确的操作。每一种用于开关的手动阀门都带有一定大小的圆盘形手轮或一定长度的手柄，以增加开关时的力臂长度。只要阀门维护保养得好，使用其自身的手轮或手柄就能进行正常开关。当阀门锈蚀、开关不灵活时，采用外加物件以加长力臂来开关阀门会使阀杆变形、扭曲甚至断裂，从而造成不应有的事故。

各种手动阀门在开启过程中，尤其是在接近最大开度时，一定要缓缓扳动手轮或手柄，不能用力过大，以免造成阀芯被阀体卡住、阀板脱落的现象。而且在阀门处于最大开度时（以手轮或手柄扳不动为限），应将手轮或手柄回转1~2圈。因为对于一般阀门而言，其开度在70%~100%之间时流量变化不大，回转的目的是使操作者日后在不了解阀门是开或关的状态时，避免进行开启操作而由于用力过大使阀杆变形或断裂。

为了避免对阀门的误操作而造成事故，处于常开或常闭状态的阀门可摘掉手轮或手柄；其他阀门最好挂上标明开、关状态的指示牌，以起到提示作用。此外，还要注意不能用阀门支承重物，并严禁操作或检修时站在阀门上工作，以免损坏阀门或影响阀门的性能。

水阀常见问题或故障的分析与解决方法参见表7-3。

表 7-3　水阀常见问题或故障的分析与解决方法

问题或故障	原因分析	解决方法
阀门关不严	(1) 阀芯与阀座之间有杂物 (2) 阀芯与阀座密封面磨损或有伤痕	(1) 清除杂物 (2) 研磨密封面或更换损坏部件
阀体与阀盖间有渗漏	(1) 阀盖旋压不紧 (2) 阀体与阀盖间的垫片过薄或损坏 (3) 法兰连接的螺栓松紧不一 (4) 阀杆或螺纹、螺母磨损	(1) 旋压紧 (2) 加厚或更换 (3) 均匀拧紧 (4) 更换
阀体表面有冷凝水	(1) 未进行绝热包裹或包裹不完整 (2) 绝热层破损	(1) 进行绝热包裹或包裹完整 (2) 修补
填料盖处有泄漏	(1) 填料盖未压紧或压得不正 (2) 填料填装不足 (3) 填料变质失效	(1) 压紧、压正 (2) 补装足 (3) 更换填料
阀杆转动不灵活	(1) 填料压得过紧 (2) 阀杆或阀盖上的螺纹磨损 (3) 阀杆弯曲变形卡住 (4) 阀杆或阀盖螺纹中结水垢 (5) 阀杆下填料接触的表面腐蚀	(1) 适当放松 (2) 更换阀门 (3) 矫直或更换 (4) 清除水垢 (5) 清除腐蚀产物
止回阀阀芯不能开启	(1) 阀座与阀芯粘住 (2) 阀芯转轴锈住	(1) 清除水垢或铁锈 (2) 清除铁锈
止回阀关不严	(1) 阀芯被杂物卡住 (2) 阀芯损坏	(1) 清除杂物 (2) 更换阀芯

3. 水过滤器

对于安装在水泵入口处的水过滤器，要定期清洗。对于新投入使用的系统、使用年限较长的系统以及冷却水系统，清洗周期要适当缩短，一般每3个月应拆开拿出过滤网清洗一次，如果有破损，则要更换。

4. 膨胀水箱、冷却塔

膨胀水箱、冷却塔每年要清洗一次，并给箱体和基座除锈、刷漆。

5. 支吊构件

水管系统的支吊构件包括支架、吊架、管箍等，它们在长期运行中会出现变形、断裂、松动、脱落和锈蚀等，其日常维护保养的方式要在分析其产生原因后进行。

根据支吊构件出现的问题和引起的原因，有针对性地采取相应措施来解决，该修理的修理，该更换的更换，该补加的补加，该重新紧固的重新紧固，该补刷油漆的补刷油漆，等等。

三、水系统运行过程中常见问题及其解决方法

水系统是中央空调系统运行管理中出现问题较为频繁的一个环节，如果不及时正确地处

理这些问题，就会影响系统的正常运行。下面就中央空调水系统中比较常见的问题进行分析。

1. 空调水系统堵塞问题

管道堵塞是空调水系统最常见的问题，常会引起系统不能正常工作。堵塞的主要原因有：

（1）异物进入

某工程师在一次系统调试时发现，冷却水泵进水口处橡胶软接头有凹瘪开裂现象。施工单位认为是水泵扬程不够，泵前吸水管处的负压所致。但打开泵前 Y 形水过滤器，才发现 Y 形过滤器堵塞严重，从而造成泵前负压。堵塞物被清除后，冷却水泵不但能正常工作，而且扬程也满足了系统需要。

（2）水质不良，形成水垢铁锈

冷却水系统大多数采用普通自来水，且多为开式循环，冷却水长时间循环使用，水在升温、流动、蒸发等条件的影响下，容易产生水垢和管道腐蚀生成铁锈。

（3）藻类、菌类繁殖

空调冷却水温度一般在 35℃ 左右，利于藻类菌类繁殖。中央空调冷却水与空气接触充分、富含氧气，且多有大量无机盐，利于藻类菌类生长。

2. 大流量、小温差问题

目前，很多公共建筑中央空调系统普遍存在大流量、小温差现象，设计中供、回水温差一般均取 5℃，但经实测，夏季大部分冷冻水系统供、回水温差仅为 2℃，较好的为 3℃，较差的只有 1～1.5℃；但造成实际水流量比设计水流量大 1.5 倍以上，使水泵电耗大大增加。

产生大流量、小温差的原因主要有以下几个方面：

1）设计流量一般根据最大设计冷负荷，再按 5℃ 供、回水温差确定的。而实际上出现最大设计冷负荷的时间，即按满负荷运行的时间每年不超过 20h，绝大部分时间在部分负荷下运行。

2）水泵扬程一般是根据最远环路、最大阻力，再乘以一定的安全系数后确定的，然后结合上述的设计水流量，查找与其一致的水泵铭牌参数而确定水泵型号，而不是根据水泵特性曲线确定水泵型号的。因此，在实际水泵运行中，水泵的工作点是在铭牌工作点的右下侧，故实际水流量要比设计水流量大 20%～15%。

3）在较大的水系统设计中，设计计算时经常没有对每个环路进行水力平衡校核；对于压差相差悬殊的环路，多数也不设置平衡阀等平衡装置；施工完毕后一般又不进行认真的调试，环路之间阻力不平衡所引起的水力失调现象只好靠大流量来掩盖。

改变大流量、小温差的方法如下：

1）对空调水系统，不论是建筑物内的管路，还是建筑物外的室外管网，均需按照设计规范要求进行认真计算，使各个环路之间符合水力平衡要求。

2）当遇到某个或某几个支环路比其余环路压差悬殊时，可考虑在这些环路中增设二次循环泵，以避免整个系统为满足这些少数高阻力环路而选用高扬程的总循环水泵。

中央空调水管系统其他常见问题和故障的分析与解决方法参见表 7-4。

表 7-4　水管系统常见问题和故障的分析与解决方法

故障或问题	原因分析	解决方法
漏水	（1）螺扣连接处拧得不够紧 （2）螺扣连接所用的填料不够 （3）法兰连接处不严密 （4）管道腐蚀穿孔	（1）拧紧 （2）在渗漏处涂抹憎水性密封胶或重新加填料连接 （3）拧紧螺栓或更换橡胶垫 （4）补焊或更换为新管道
绝热层受潮或滴水	（1）绝热管道漏水 （2）绝热层或防潮层破损	（1）参见上述方法，先解决漏水问题，再更换绝热层 （2）全部更换受潮和含水部分
管道内有空气	（1）自动排气阀不起作用 （2）自动排气阀设置过少 （3）自动排气阀位置设置不当	（1）修理或更换 （2）在支环路较长的转弯处增设 （3）应设在水管路的最高处

本章小结

　　中央空调水系统的运行管理除了要进行各部件和设备的日常巡检与定期的维护保养工作外，其重要工作之一就是要做好水质检测和水处理工作。同时，由于在中央空调运行时，水系统也会根据具体运行工况和外界环境，做出相应的调节和调整。因此对常见的中央空调水系统的组成和水系统的形式要充分理解。这是做好中央空调节能运行工作的基础。本章主要介绍了以下内容。

　　1. 中央空调水系统。中央空调水系统由冷（热）水循环系统和冷却水系统两部分组成。冷（热）水循环系统是指将冷水机组或锅炉房提供的冷水或热水送至空调机组或末端空气处理设备的水路系统。中央空调冷却水系统是专为水冷式冷水机组或水冷直接蒸发式空调机组而设置的。其主要作用是将冷水机组中冷凝器的热量带走，以保证冷水机组的正常运行。

　　2. 中央空调冷（热）水循环系统。中央空调冷（热）水循环系统按水压特性不同分为开式系统和闭式系统；按水流程不同分为同程式系统和异程式系统；按冷、热水管道的设置方式不同又分为两管制系统、三管制系统和四管制系统；按水量特性不同分为定流量系统和变流量系统。由于开式系统具有水力平衡困难、静压大、运行费用高等缺点，目前已较少应用。闭式系统克服了开式系统的缺点，所以得到广泛应用，它也是目前惟一适用于高层民用建筑物的空调冷（热）水循环系统形式。由于变流量系统可以最大程度地满足系统运行节能的需求，目前广受关注。

　　3. 中央空调冷却水系统。目前民用建筑物尤其是高层民用建筑物，大量采用循环水冷却方式。在循环水冷却系统中，冷却塔是一个重要的设备，水在冷却塔中被分散成很小的水滴或很薄的水膜，通过与外界空气进行热、湿交换，最终将冷水机组产生的冷凝热量带到室外，保障了冷水机组的正常运行。

　　4. 中央空调水质管理与水处理。中央空调水处理是指对系统冷（热）水循环系统和冷却水系统的两部分换热介质"水"的水质监测和水质管理，使其符合标准要求，如符合 GB 50050—2007《工业循环冷却水处理设计规范》提出的要求。在中央空调水系统处理之前，一般要进行系统清洗工作。对中央空调循环水系统进行清洗的目的是为了去除系统中的各种沉积物，可以采用物理或化学的清洗方法，两种清洗方法各有利弊。

5. 冷却水的化学处理是通过投加化学药剂来防止结垢，控制金属腐蚀，抑制微生物的繁殖。按照所起的作用，化学药剂可分为阻垢剂、缓蚀剂和杀虫剂三种基本药剂。为了获得最佳的效果，实际中往往将数种基本药剂用物理方法混合配制成复合药剂使用。

6. 中央空调冷（热）水循环系统通常是闭式的，因此防垢与微生物控制不是主要问题，其水处理的主要工作目标是防止腐蚀。不论采用化学还是物理方法，都可以参照冷却水的处理方式进行。

7. 中央空调循环水系统的设备和管道的金属内表面经化学清洗后呈活化状态，极易产生二次腐蚀，因此要在化学清洗后立即进行预膜处理，使设备和管道的金属内表面形成一层能抗腐蚀、不影响热交换且不易脱落的保护膜。

8. 中央空调水系统的运行管理。中央空调水系统运行管理除了做好管路系统各部件的日常巡检与定期的维护保养工作外，其重要工作之一就是要做好水系统的水质检测和水处理工作。同时，针对常见问题应及时地做出应对措施。

思考与练习题

1. 简述中央空调水系统的组成和工作原理。
2. 试分析中央空调冷（热）循环水系统的开式系统和闭式系统的区别及优缺点。
3. 试分析中央空调冷（热）循环水系统的同程式系统和异程式系统的区别及优缺点。
4. 试分析中央空调冷（热）循环水系统的定流量系统和变流量系统的区别及优缺点。
5. 简述冷却塔的功能、分类和换热特点。
6. 试述中央空调系统水处理的必要性。
7. 怎样才能够做好冷却水水质管理工作？
8. 中央空调水系统在化学水处理时，常采用哪几个类型的药剂？其功能和作用是什么？
9. 在对中央空调水系统化学清洗后，为什么还需要进行镀膜处理？
10. 当出现中央空调系统的冷却水流量偏小时，对冷水机组有何影响？当出现该类现象时应如何处理？
11. 怎样判别中央空调冷（热）水系统管路中是否有空气？应如何排除系统内空气？

第八章

中央空调系统设备的维修与保养

中央空调系统设备在经过一定时间运转后,各运动部件和摩擦件都会出现相应的磨损或疲劳,有的间隙增大,有的丧失工作性能,致使零件表面的几何尺寸与机件间的相对位置发生变化,超过了设备出厂时的要求尺寸和公差配合。因此,制冷设备运转一定时间后,必须进行维护保养,使设备恢复原来的准确度和效率。

空调系统设备维修应对空调系统巡检发现的问题和故障进行日常维护,同时根据系统和设备特点,对空调系统的设备设施、管道系统等进行定期的维护与保养。

第一节　活塞式制冷机组的维修与保养

一、活塞式制冷机组正常运转标志

(一)活塞式压缩机正常运转标志

一般活塞式制冷机组正常运转标志包括以下内容:

1)压缩机在运行时其油压应比吸气压力高 0.1~0.3MPa。

2)曲轴箱上若有一个视孔时,油位不得低于视孔的 1/2;若有两个视孔时,油位不超过上视孔的 1/2、不低于下视孔的 1/2;冷冻油应清澈无渣滓和变色现象。

3)曲轴箱中的油温一般应保持在 40~60℃,最高不超过 70℃。

4)压缩机轴封处的温度不得超过 70℃。

5)压缩机的排气温度,视使用的制冷剂的不同而不同。采用 R12、R134a 制冷剂时,温度不应超过 130℃,采用 R22 制冷剂时,不应超过 145℃。

6)压缩机的吸气温度比蒸发温度高 5~15℃。

7)压缩机的运转声音清晰均匀,且有节奏、无撞击声。

8)压缩机电动机的运行电流稳定,机温正常。

9)装有自动回油装置的油分离器能自动回油。

10)自动控制系统工作正常、无异常故障警报,自动运行时机组能量调节顺畅。

(二)活塞式制冷机组正常运转参数

以开利 30HR/HK 系列活塞式制冷机组为例,正常运转主要参数见表 8-1。

表 8-1 开利 30HR/HK 型活塞式制冷机组正常运转参数 (R22)

参数	正常范围
蒸发压力	$0.4 \sim 0.55 \mathrm{MPa}$ ($4 \sim 5.5 \mathrm{kgf/cm^2}$)
吸气温度	蒸发温度 + ($5 \sim 10℃$) 过热度
冷凝压力	$1.7 \sim 1.8 \mathrm{MPa}$ ($17 \sim 18 \mathrm{kgf/cm^2}$)
排气温度	$110 \sim 135℃$
冷却/冷冻循环水进、出温差	$4 \sim 5℃$
冷却/冷冻循环水进、出压差	$0.05 \sim 0.10 \mathrm{MPa}$ ($0.5 \sim 1.0 \mathrm{kgf/cm^2}$)
油温	低于 $74℃$
油压差	$0.05 \sim 0.08 \mathrm{MPa}$
电动机外壳温度	低于 $51℃$
自动控制	手、自动控制正常；安全保护元件出现问题时，机组能够预报警，并做出相应的处理；能够根据冷冻水的回水温度，通过温度控制器、分级控制器和压缩机气缸卸负荷电磁阀，控制压缩机的工作台数和特定压缩机上工作气缸的加负荷和卸负荷，从而实现制冷量的梯级调节

二、活塞式制冷机组的维修与保养

(一) 维护与保养的内容

为了保持制冷压缩机具有良好的工作性能，必须根据压缩机的累计运转时间和机器的完好状况，定期对压缩机进行例行检查、小修、中修和大修。这些修理项目的时间和内容如下。

1. 例行检查

压缩机投入运转的初期阶段，当实际累计运转时间超过 1000 ~ 1500h，应对压缩机进行例行检查（小设备的运转时间可更长一些），检查内容主要有：

1）拆卸压缩机的气缸盖，取出排气阀和吸气阀，检查气阀零件。

2）检查气缸镜面的磨合情况，必要时进行检修，并检查连杆轴瓦。

3）清洗压缩机已拆卸部位的零件，更换润滑油。

4）装配、试验压缩机性能，并检查其密封性。

2. 小修的内容

当压缩机累计运转时间超过 4000 ~ 5000h，即压缩机使用约一年时，可根据实际情况，有计划地进行一次小修。小修的内容除例行检查的各项要求外，还需增加下列内容：

1）对于截止阀及压缩机气阀组，拆卸并清洗阀片，更换已损坏和磨损的阀片、阀簧、开口销等零件，并对阀片进行严密性试验。

2）对于气缸，清洗并检查气缸壁的表面粗糙度，检查气缸余隙，检查卸负荷机构的严密性和灵活性。

3）对于连杆大头轴瓦，检查连杆螺栓及开口销的牢固性。

4）对于润滑系统，更换曲轴箱的润滑油，清洗曲轴箱及油过滤器，疏通油路，调节油压。

5）对于压缩机机体，检查地脚螺钉松动情况并旋紧，机体各连接面是否严密，清洗吸气过滤网。

通过上述几个主要部分的检查，并记录邻近一次中修时所需更换的零部件，做好中修技术资料的准备。

3. 中修内容

当压缩机运转 10000～15000h 以后，即常年运转 2～3 年，应进行中修。中修除了要进行小修内容外，还要包括以下工作内容：

1）对于压缩机气阀及截止阀，应检查调整阀片升高行程，研磨吸排气阀座，消除阀片不严密之处，更换已老化的阀簧，检查截止阀是否关闭严密，必要时更换阀芯巴氏合金，排除阀门阀杆泄漏现象。

2）对于气缸与活塞，应测量活塞环销口间隙及活塞环轴向径向间隙，必要时更换活塞环，检查活塞销的间隙及两端固定卡簧的可靠性。

3）对于连杆及连杆大头轴瓦，要检查连杆大头轴瓦结合部位，测量配合间隙，需要时进行调整研磨。

4）对于轴封，要检查和调整轴封器各零件的配合情况，清洗轴封，疏通油路，更换轴封橡胶圈。

5）对于润滑系统，要清洗润滑系统，检查和调整油泵的配合间隙。

6）对于卸载机构，要检查或更换顶杆，将卸载机构与油量分配阀之间的油管对换，以使各缸磨损均匀，并试验其灵活性；检查油活塞与油缸的间隙。

7）对于其他部件，要检查联轴器并更换已损坏的弹性橡胶圈；检查氟利昂油分离器自动回油阀，更换氟利昂干燥过滤的干燥剂；对于风机、水泵等都要作相应的中修。

4. 大修内容

对于每年运转 3～5 个月的制冷设备，大约每 4～5 年进行一次大修。大修时压缩机要全部分解，除完成中修内容外，还包括如下内容：

1）对于气缸和活塞，要测量活塞的磨损程度，必要时需要更换为新活塞或加大活塞及活塞环，修复活塞销，更换连杆小头轴瓦，检查气缸或气缸套的圆度、圆锥度或更换气缸套。

2）对于压缩机气阀及截止阀，应检查、修复或更换气阀组合件，并保证其良好的工作性能；安全阀定压加铅封；修理吸排气阀、截止阀、旁通阀、油压调节阀，更换阀门填料。

3）对于曲轴及主轴承，要测量曲柄销的偏摆度、平行度，主轴颈的圆度、圆锥度以及裂纹、沟槽等情况，以便修理更换；修理或更换前后主轴承或重新浇注巴氏合金。

4）对于连杆和大小头轴瓦，应检查连杆大、小头轴瓦孔的平行度，并加以修复；检查连杆大头轴瓦磨损情况或重新浇注巴氏合金。

5）对于轴封，应检查动、静密封和橡胶密封圈与轴封弹簧性能，并研磨密封面或更换。

6）对于润滑系统，应检查顶杆的磨损情况或更换顶杆，更换顶杆小弹簧和开口销，检查油活塞及其弹簧，试验其灵活性及严密性。

7）对于卸载机构，检查顶杆的磨损情况或更换顶杆，更换顶杆小弹簧和开口销，检查油活塞及其弹簧，试验其灵活性及严密性，如图 8-1 所示。

8）对于其他部分，应检查并校验测量仪表；清除压缩机气缸冷却水套中的水垢，检修系统的所有阀门并试压；检查搅拌机及水泵；检修保温管道及绝热材料情况；清除辅助设备表面铁锈，吹除内部的污物和油腻。

制冷系统大修后，应作各种试运转及性能测定，最后对整个系统刷漆。

5. 制冷剂回收操作

当制冷系统需要进行维护保养或者因压缩机、辅助设备及阀门等发生故障需要修理时，为

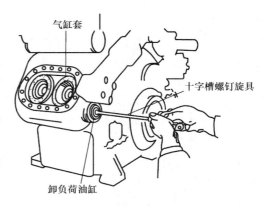

图 8-1　用十字槽螺钉旋具推动活塞，观察顶杆动作是否灵活

了检修的需要，减少环境的污染，都必须将制冷剂从系统中某一个部位抽出或转移到另一个容器中贮存。待检修后，还需要对检修部位进行试压或抽真空，以排除检修部位中的空气。

对于氟利昂制冷系统，从系统中回收制冷剂的方法有两种：一种是将液态制冷剂直接灌入钢瓶，抽出部位选在贮液器或冷凝器的出液阀与节流阀之间的液体管道上；另一种是将制冷剂以过热蒸气形式直接压入钢瓶，与此同时对钢瓶进行强制冷却，促使进入钢瓶的制冷剂过热蒸气冷凝成液体贮存。若回收部位选在压缩机的排出端，两法相比较来说，前者取出制冷剂的速度快，但不能取净；后者回收速度慢，但能把系统中的制冷剂抽尽；前者用于大容量系统，后者用于小容量系统。

对于小型开启式制冷机组，可用其本身的运转来回收制冷剂；但缸径在 70mm 以上的制冷系统，则需用制冷剂回收专用设备来抽取制冷剂。

下面分述从制冷系统中回收氟利昂制冷剂的方法、步骤及注意事项。

（1）制冷剂回收的准备工作

1）准备制冷剂回收用具。①准备磅秤、抽取氟利昂制冷剂工具、连接管（一般用 $\phi6mm \times 1mm$ 的纯铜管作接管）。②准备一定数量的贮存氟利昂制冷剂的备用钢瓶，但要估算到备用钢瓶的贮存容积应大于制冷系统的制冷剂液体的体积，保证制冷剂能容纳得下，以免到时备用钢瓶不够用，且备用钢瓶应干燥并抽真空。

2）连接管路。将压缩机的排气截止阀沿逆时针方向退足，将旁通孔关闭。旋下旁通孔的闷塞，装上 T 形或直形接头。若采用 T 形接头，应装一只高压表，以监测其压力。锥牙接头和接扣可用管径 $\phi6mm \times 1mm$ 一段纯铜管，把接头和钢瓶的阀接头连接并旋紧接扣。

（2）制冷系统回收氟利昂制冷剂的操作步骤

对于容量较大的制冷系统回收制冷剂，如图 8-2 所示。对于容量较大的制冷系统，如果用压缩机自身来回收制冷剂，容易发生危险，而且很费时间。因此，通常采用一台专用制冷剂回收装置从输液阀回收制冷剂较为安全，操作步骤如下：

1）先从贮液器或冷凝器（低端）阀上的旁通孔上接上连接铜管，使其与备用钢瓶相接（输液阀上要有旁通孔的结构才能用此法）。

2）关闭输液阀，起动机组，让制冷剂直接排入备用钢瓶，当系统的吸气压力低于 0.1kPa（表压）时，可以停车。最后系统中所剩少量制冷剂无法从贮液阀排出，可再从排

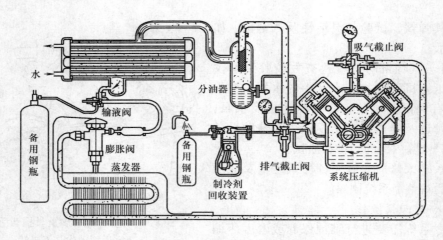

图 8-2 从输液阀排出制冷剂

气阀处，连接制冷剂回收装置继续回收。原系统的压缩机不宜运转，以免发生危险。

（3）从系统回收制冷剂时的注意事项

1）回收制冷剂前，应对整个系统进行检漏，以免回收时从漏口进入空气，影响制冷剂的纯度。

2）氟利昂制冷系统一般均有电磁阀及高低压继电器。在回收过程中，对电磁阀应采取措施，使其在压缩机停车时能保持管路畅通。对低压继电器，应先将其触头短路，以免回收制冷剂时，因吸气压力下降而停车。

3）从系统内回收进入备用钢瓶的制冷剂，每瓶所装的氟利昂液不得超过钢瓶容积的60%，以保证受热后有充分的膨胀余地。

4）若贮液器出液阀到压缩机的吸气口的任何部位发生故障需检修时，不能回收制冷剂，可将出液阀关闭，起动压缩机，将这部分制冷剂全部抽到冷凝器或贮液器内。但应注意回收时，其吸气压力不能低于 0.01kPa，以免空气窜入。

5）在回收制冷剂过程中，应注意各部位温度和压力的变化，发现不正常现象时应查明原因，待排除后再回收。

6）对于直接蒸发表面式冷却器，蒸发温度较低，制冷剂不易流出，应起动通风机，以利制冷剂回收。

7）对于水冷式制冷机组，在制冷剂回收过程中一定要开动冷冻、冷却水泵，以防止冻坏冷凝器或蒸发器。

6. 机组维护保养工具及拆卸装配程序

（1）维护保养通用工具、专用工具与材料

1）通用工具，指的是一般维修工具，这些工具有：

① 各类扳手，包括活扳手、管子扳手、梅花扳手、呆扳手及六角扳手等。

② 大小规格的螺钉旋具。

③ 各种锉刀，包括圆锉、方锉、扁锉及整形锉等。

④ 各类钳子，包括电工钳、钢丝钳、鲤鱼钳及尖嘴钳等。

⑤ 各类测量用具及仪表：

a. 测量用具，包括玻璃温度计和压力表温度计。

b. 压力表，包括高压表：0 ~ 1500kPa（适用 R134a），0 ~ 2000kPa（适用 R22）；低压表：101.3kPa、0 ~ 980.6kPa（适用 R12），101.3kPa、0 ~ 1569kPa（适用 R22）。

c. 测量电表，包括万用表、绝缘电阻表。

d. 机械测量工具，可用来测量各零部件的配合间隙，各零件原有的垂直度、水平度、同心度、扭转度、圆度和圆锥度，检查磨损情况，找出缺陷以确定修复方法。常用的机械测量工具有：

a）水平尺，要求准确度为 0.02 ~ 0.03mm，用来测量外轴颈、气缸等部件的水平度。

b）内径千分表（又称量缸表），根据实际需要选用适当规格的内径千分表，测量气缸的磨损度。

c）千分尺，根据实际需要选用适当规格的千分尺，配合气缸中心线，测量气缸的垂直度，测量活塞、主轴颈、曲柄销和活塞销等零件的磨损度。

d）千分表，配用各种支架以代替专用量具。

e）塞尺，是用来测量各机械零件间隙较为方便的量具，为了测量的需要，要求最薄片为 0.02 ~ 0.03mm。

平板，是供测量机械零件尺寸的基准平面。

e. 其他用具，包括喷灯、电烙铁、试电笔、锤子、尖冲、各尺寸钻头、剪刀、三角刮刀、钢锯、手电筒、油壶及磅秤等。

2）专用工具，指专用的维修工具，这些工具有

① 方榫扳手，是专门用来快速旋动制冷机组各类阀门阀杆的工具，其外形如图 8-3 所示。扳手的一头是活络方榫扳孔，它的外圆是一个棘轮，旁边有一个撑牙，由弹簧支撑着，以使扳孔只能单向旋动。

② 割刀，是切割铜管的工具，如图 8-4 所示。小割刀可切割管径为 3 ~ 25mm 的铜管。割刀在切割铜管时，将铜管放在两个滚轮之间，旋动转柄至刀刃碰到管壁上，用一手捏紧管子（如果手捏不住可用扩口工具夹紧），另一手捏转柄使整个割刀绕铜管顺时针旋转，缓慢地将铜管割断。

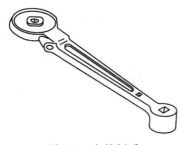

图 8-3　方榫扳手

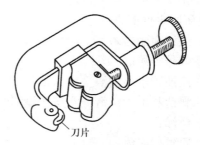

刀片

图 8-4　割刀

③ 扩口工具，当制冷系统中的铜管需用接头、接扣连接时，需用扩管口的工具来扩张喇叭口才能密封，扩口工具如图 8-5 所示。

④ 弯管工具，铜管的弯曲一般应用弯管工具来弯曲。管径大于 20mm 的铜管就应用弯管机来弯曲。对于小管径的铜管，一般就用弯管工具弯曲。为了不使弯管处的管壁有凹瘪现象，对于不同管径要用不同规格的弯管模子来弯曲，一般弯曲半径应不小于 5 倍的管径。

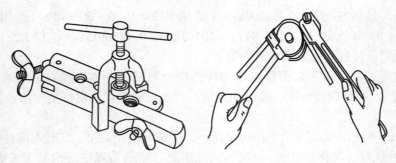

图 8-5　扩口工具

⑤ 卤素检漏仪，是用以检查制冷系统是否存在泄漏的专用工具。其原理是利用制冷剂含有卤族元素的特性，通过专用传感器将信号进行放大并进行声光报警输出的制冷剂检漏设备。

图 8-6　卤素检漏仪

3）维护保养常用材料包括：

① 氟利昂制冷剂，检修前应按制冷系统原来用的制冷剂进行备料。

② 润滑油，应根据原制冷机组所用的润滑油备料。

③ 6mm×300mm×300mm 方玻璃，应准备厚为 6mm 左右、长宽各为 300mm 左右的方玻璃，供研磨零件磨合面用。

④ 粗细金刚砂若干，供研磨用料。

⑤ 各号砂布。

⑥ 汽油若干，供清洗用。

⑦ 酒精若干，供清洗和卤素检漏灯用。

⑧ 药棉花。

⑨ 焊锡和焊药。

⑩ 无水氯化钙。

⑪ 棉纱。

⑫ 煤油（供研磨用）。

⑬ 石棉橡胶纸箔，有厚 0.5mm 及 0.8~1mm 两种。

（2）机组的拆卸方法和程序

1）拆卸的原则如下：

① 通常应由外向内，层层拆卸，但应先拆成部件，再根据修理的要求拆为零件。

② 可拆可不拆或拆开后会影响压缩机质量的零部件，则不要拆。切不可不根据实际情况乱拆一通而造成不应有的损失，影响质量。

2）拆卸时应注意的事项如下：

① 拆卸零件之前，应先用字码打印，做好记号。如果原来已有记号的，应核对清楚做好记录才可着手拆卸，以免装配时互相调错。

② 拆下的零件要分别放置、妥善保管，细小零件在清洗后，立刻装配在原来部件上，以免丢失。

③ 拆下的油管及其他管子，清洗后用木塞将管口堵塞，以免尘土、杂质进入。

④ 拆卸零件时不能用力过大。如果需要用锤子敲击时，必须垫好垫块或用软材料做冲子，防止打坏零件。

3）拆卸步骤如下：

① 拆卸之前先将压缩机排空，将机器外表面擦干净。

② 拆开气缸盖，取出缓冲弹簧及假盖。

③ 放出曲轴箱内的润滑油，拆下压缩机两旁的侧盖。

④ 拆卸连杆大头盖的螺栓，取出大头盖和下轴瓦，如图 8-7 所示。

⑤ 取出排气阀组及吸气阀片。

⑥ 用一副钩子旋入气缸套顶端的螺孔中，起出气缸套，如图 8-8 所示。

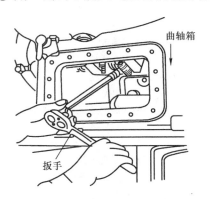

图 8-7　拆卸连杆大头盖的螺栓

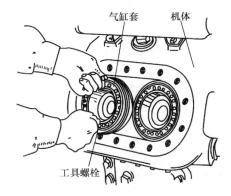

图 8-8　拆卸气缸套

⑦ 取出活塞、连杆组，并竖立放在专门的搁架上。

⑧ 拆卸联轴器。

⑨ 拆卸轴封及油泵。

⑩ 用木棍伸入侧盖孔中，将曲轴垫稳，然后拆下油泵端的后轴承座。

⑪ 拆卸曲轴。先检查轴封（密封器）外端的曲轴颈表面，清除金属粒屑及杂物，防止曲轴移动时拉伤或卡住。然后将木棍靠住曲柄肩，将曲轴向油泵端的轴承座孔水平移动，渐渐将曲轴推出，并用软索及葫芦将其吊出。

（3）压缩机的装配方法和程序

压缩机的装配主要包括：曲轴的装配，连杆装配，活塞的装配，活塞销的装配，活塞环的装配，气缸、活塞、连杆组的装配，吸、排气阀的装配等。压缩机的装配方法和程序同拆卸步骤相反，不再赘述。

三、活塞式制冷机组常见问题及处理方法

表8-2列出了开利30HK/HR型活塞式制冷机组常见问题或故障的原因分析与解决方法。表8-3则列出了该机型一些常见问题或故障的现象，可供诊断故障时参考。

表8-2 开利30HK/HR型活塞式制冷机组常见问题或故障的原因分析与解决方法

问题或故障	原因分析		解决方法
吸气压力过低（低压保护开关动作，故障指示灯亮）	（1）系统内制冷剂不够	① 有泄漏 ② 充灌量不足	① 查出泄漏处，堵漏后补足 ② 补足
	（2）供液电磁阀故障	① 电磁阀电气线路有问题 ② 电磁阀有问题	① 检修 ② 检修
	（3）冷冻水出水温度过低	① 出水温度设定过低 ② 水流量太小	① 提高设定值 ② 加大水流量
	（4）干燥过滤器堵塞 （5）供液截止阀堵塞 （6）热力膨胀阀故障 （7）压缩机吸气滤阀堵塞		（4）清洗或更换 （5）清洗 （6）检修或更换 （7）清洗
吸气温度过低	（1）热力膨胀阀开启度过大 （2）系统内制冷剂过多 （3）冷冻水出水温度过低 （4）蒸发器内隔离密封垫有漏点 （5）机组停机时没有进行油加热		（1）调小开启度 （2）减少到合适量 （3）提高出水温度设定值 （4）检修或更换 （5）检修油加热器，保证停机时自动加热
吸气温度过高	（1）吸气压力太低，电动机外壳发热 （2）膨胀阀开启度太小，吸气过热度太大 （3）电动机绕组发热 （4）冷冻水进出水温度过高		（1）查明原因，提高吸气压力 （2）调大膨胀阀开启度 （3）查明原因，降低电动机温升 （4）降低温度
排气压力过高（高压保护开关动作，故障指示灯亮）	（1）冷却水流量太小	① 冷却水泵故障 ② 冷凝器管道有堵塞	① 检修 ② 清洗管道
	（2）冷却水进水温度偏高	① 冷却塔风机不转或反转 ② 冷却塔通风不良 ③ 冷却塔容量偏小 ④ 冷却水循量偏小	① 起动风机，反转的改正 ② 改善通风环境 ③ 更换合适的或添加新塔 ④ 加大循环水量
	（3）冷凝器内管道有水垢 （4）冷凝器隔离密封垫破损，冷却水进出水之间短路 （5）冷凝器内有较高的不凝性气体（空气）压力 （6）系统内制冷剂过多 （7）压缩机排气通道阀门有故障		（3）清除 （4）更换 （5）停机排放 （6）减少到合适量 （7）排除阀门故障

（续）

问题或故障	原因分析		解决方法
排气温度过高（排气高温故障指示灯亮，机组停机）	（1）电动机绕组发热	① 电动机电压、电流不平衡或断相 ② 吸气压力低，吸气过热，绕组得不到冷却 ③ 压缩机发生机械故障，运转困难，造成电动机超负荷工作	① 查明原因，使其达到平衡或不断相 ② 查明原因，提高吸气压力 ③ 检修
	（2）吸、排气阀片碎裂，引起气缸、活塞损坏，机体发热。此外，由于阀片损坏，高低压力串通，气缸内进行二次压缩，温度上升		（2）更换损坏的阀片
	（3）气缸阀板密封垫床损坏，高低压力串通，气缸内进行二次压缩，温度上升		（3）更换损坏的垫床
	（4）排气压力过高		（4）查明原因，降低排气压力
	（5）润滑不良，引起机械故障，致使电动机发热		（5）改善润滑状况
电动机过负荷保护断路器跳闸（断路器断路指示灯亮）	（1）电源电压超出 340～440V 范围 （2）电源三相电压不平衡值大于2% （3）电源三相电流不平衡值大于10% （4）主电源接线接触不良，电线发热（绝缘层熔化），线电流增大 （5）压缩机由于缺油或断油，造成运动部件咬死，电动机转不动，电流猛升 （6）主电源380V断相，电动机在两相状态下运转，电流猛升 （7）电动机A、B绕组与电源接线不对相，引起部分绕组断相和相电压不平衡		（1）查明原因，恢复到正常范围内 （2）查明原因，降低到标准值以下 （3）查明原因，降低到标准值以下 （4）改善接线状况 （5）查明原因，改善压缩机润滑状况 （6）补全三相 （7）重新正确接线
电动机烧毁（断路器断路指示灯亮）	（1）压缩机机械故障（如断油、运动部件卡死）引起断路器跳闸，在没有排除该故障的情况下，将断路器重新多次合上，多次起动电动机，多次跳闸 （2）036型机组部分绕组起动延时间隔超过2s，但断路器未跳闸，几次起动运转后，引起部分绕组起动时间长而发热，直至烧坏		（1）拆开吸气端盖，取出烧坏的定子（绕组），修理或更换。同时必须将压缩机也全部拆开清洗 （2）036型机组起动前必须检查时间继电器是否把A、B两绕组的起动间隔时间设定在1～1.5s

表8-3 开利30HK/HR型活塞式制冷机组一些常见问题或故障的现象

问题或故障	现象
制冷剂不够	（1）视镜内可看到大量气泡 （2）制冷剂液管全部结霜 （3）吸气压力低于 0.3MPa（3kgf/cm^2）
干燥过滤器堵塞	（1）过滤器前后温度不一样 （2）过滤器出口处结霜

（续）

问题或故障	现象
供液截止阀堵塞	（1）阀前后温度不一样 （2）阀后结霜
热力膨胀阀堵塞	（1）阀前后无温度差（不通） （2）阀出液部分严重结霜堵塞
吸气温度过低	（1）低压侧结霜严重 （2）压缩机气缸内有液击声
冷凝器内管道有堵塞，或冷凝器内管道结垢过厚	冷凝器进、出水压差 $\Delta p > 0.1\text{MPa}$（1kgf/cm^2）
冷凝器内管道结垢过厚，换热效果差	冷凝器进、出水压差正常，但进、出水温差 $\Delta t < 2\text{℃}$
冷凝器隔离密封垫破损，冷却水进出水之间短路	冷凝器进、出水压差 $\Delta p < 0.05\text{MPa}$（$0.5\text{kgf/cm}^2$），进、出水差温 $\Delta t < 2\text{℃}$
蒸发器或冷凝器漏水	（1）制冷剂视镜显示为铁锈色 （2）供液管路堵塞严重 （3）用制冷剂检漏仪对冷冻水或冷却水进行检测，有制冷剂的反应 （4）系统中的制冷剂严重减少，在进行气密性试验时其部位又找不到泄漏点，而压力又不能保持
（1）润滑油脏污 （2）润滑油中有水或变质	（1）油色发黑 （2）油色发红
电源三相不平衡或电压变化或压缩机吸入液体制冷剂	电流表指针大幅度摆动

第二节　螺杆式制冷机组的维修与保养

一、螺杆式制冷机组正常运转参数

（一）螺杆式压缩机正常运转标志

螺杆式制冷压缩机（R22）正常运转的标志如下：

1）压缩机排气压力为 0.9 ~ 1.8MPa（表压）。

2）压缩机排气温度为 45 ~ 90℃，最高不得超过 105℃。

3）压缩机的油温约为 40 ~ 55℃。

4）压缩机的油压力应比压缩机吸气压力略高 0.1 ~ 0.3MPa。

5）压缩机的运转电流在额定值范围内，无严重超负荷现象。

6）压缩机在运转过程中声音应均匀、平稳，无异常声音。

7）机组的冷凝温度应比冷却水温度高 3 ~ 5℃，冷凝温度一般应控制在 40℃左右，冷凝器进水温度应在 32℃以下；

8）机组的蒸发温度应比冷冻水的出水温度低 3 ~ 4℃，冷冻水出水温度一般约为 5 ~ 7℃。

（二）螺杆式制冷机组正常运转参数

美国特灵 RTHA 型和开利 30HXC 型双螺杆式制冷机组、美国麦克维尔 WHS 和 PFS 单螺杆式制冷机组正常运转的主要参数见表 8-4 ~ 表 8-7。

表 8-4　美国特灵 RTHA 型双螺杆式制冷机组正常运转参数（R22）

运行参数	正常范围
蒸发器压力	0.45 ~ 0.52MPa 表压力（65 ~ 75psig①）
冷凝器压力	0.9 ~ 1.40MPa 表压力（130 ~ 200psig）
油温	小于 54.4℃（130℉）

① psig 代表 lbf/in² 表压力，1lbf/in² = 6894.76Pa。

表 8-5　开利 30HXC 型双螺杆式制冷机组正常运转参数（R134a）

运行参数	正常范围
蒸发器压力	0.38 ~ 0.52MPa 表压力（54.3 ~ 75psig）
冷凝器压力	0.9 ~ 1.45MPa 表压力（130 ~ 210psig）
油温	小于 54℃（130℉）

表 8-6　美国麦克维尔 WHS 单螺杆式制冷机组的正常运转参数（R22）

运行参数	正常范围
蒸发器压力	0.38 ~ 0.52MPa
冷凝器压力	1.1 ~ 1.70MPa
油温	40 ~ 55℃

表 8-7　美国麦克维尔 PFS 单螺杆式制冷机组的正常运转参数（R134a）

运行参数	正常范围
蒸发器压力	0.23 ~ 0.35MPa 表压力
冷凝器压力	0.6 ~ 0.85MPa 表压力
油温	40 ~ 55℃

二、螺杆式制冷机组的维护与保养

螺杆式制冷机组的检修计划，可根据有关资料介绍和厂商说明书推荐的检修时间、检修内容进行，见表 8-8 和表 8-9。

表 8-8　开启式螺杆式制冷机组的检修计划

项目	检查内容	检修期限	备注
压缩机	检查机体内表面、滑阀表面、转子外表面及两端有无摩擦痕迹，检查调整转子与排气端面间隙，清洗检查轴封	2 年	更换滚动轴承 更换 O 形环

（续）

项目	检查内容	检修期限	备注
电动机	轴承清洗换油，测量绝缘电阻	5000h	具体检修参看电动机说明书
联轴器	检查同轴度、端面圆跳动，更换减振橡胶圈	1年	端面圆跳动，误差应不大于0.05mm 同轴度误差应不大于0.08mm
油冷却器	清洗水垢、检漏	3~12月	根据水质好坏决定时间
油泵	清洗测量间隙，更换垫子	1年	
油过滤器	清洗粗、精过滤网	6月	去除磁铁上金属粉末，首次开车150h后清洗
气体过滤器	清洗过滤网	6月	
油压调节阀	清洗，动作检查	1年	弹簧失去弹力时更换
能量调节装置	清洗，动作检查	3~6月	检查电磁阀通断
压力表、继电器、安全阀、吸排气阀	油管吹除，动作检查，密封试验	1年	确保安全保护动作准确
润滑油	清洗油过滤网，换油		首次运行500h后换油，500h后再更换润滑油，以后每1000h换油一次

表8-9　半封闭螺杆式制冷机组定期维修一览表（以美国特灵公司 RTHA 系列为例）

维护日期	维护内容	备注
每周	（1）测量油冷却器油温，超温时应进行油冷却器的检查 （2）注意检查制冷剂过滤器	油温不高于54℃制冷剂过滤器表面结霜时应进行清洗，更换干燥剂
每季度	（1）检查清洗制冷剂水系统水过滤器 （2）检查清洗冷却水系统水过滤器	
每半年	（1）清洗润滑油过滤器 （2）进行水质化验 （3）进行润滑油变质化验 （4）清洗油冷却器	制冷剂水质不符合要求时应进行更换处理，润滑油变质时应进行更换，并清洗油过滤器
每年	（1）更换润滑油 （2）清洗油过滤器 （3）系统泄漏检查 （4）清洗冷凝器 （5）清洗蒸发器	其他检查内容： （1）制冷剂检查，补充 （2）按设备制造厂商提供的说明书维护辅助设备

三、螺杆式制冷机组常见问题或故障及处理方法

表8-10和表8-11分别列出了美国约克 Codepak 螺杆式制冷机组与日本日立 RCU 型螺杆式制冷机组常见问题或故障的原因分析与解决方法，表8-12列出了开利30HXC 型螺杆式制冷机组常见问题或故障的现象与原因分析，可供诊断故障时参考。

表 8-10　美国约克 Codepak 螺杆式制冷机组常见问题或故障的原因分析与解决方法

问题或故障	原因分析	解决方法
排气压力过高	（1）冷凝器中有空气 （2）冷凝器中的管束过脏或结垢 （3）冷却水流量不足	（1）排除空气 （2）清洗 （3）检查并解决存在的问题，增加流量至适当值
吸气压力过低	（1）制冷剂充灌量不足 （2）孔板节流口有堵塞 （3）蒸发器中的管束过脏或堵塞 （4）负荷小于机组产冷量	（1）检查制冷剂是否有渗漏，有则先解决渗漏问题，然后补充制冷剂到规定量 （2）清除堵塞物 （3）清洗 （4）检查滑阀工作情况和低水温断路的设定值
蒸发器压力过高	（1）滑阀打不开 （2）机组过负荷	（1）检修滑阀的电磁线圈 （2）确信在负荷减小之前滑阀是加上负荷的（电动机没有过负荷）
油压逐渐降低（根据查看每日运行记录表而知）	（1）油过滤器过脏 （2）轴承磨损过度	（1）更换 （2）更换
回油系统回不了油	（1）回油系统的除污器过脏 （2）回油系统的引射器口堵塞	（1）更换 （2）清洗或更换引射器
压缩机噪声与振动过大	（1）轴承损坏或磨损过度 （2）耦联装置在轴处松动 （3）电动机与压缩机不对中	（1）更换 （2）拧紧，如损坏需更换 （3）对中
滑阀不滑动	（1）滑阀密封已磨损或损坏 （2）卸负荷杆或滑阀卡住 （3）止滑指示器杆卡住	（1）更换 （2）检修 （3）检修
滑阀不上负荷或不卸负荷	（1）电磁线圈烧坏 （2）液压检修阀关闭 （3）电磁阀柱塞卡住或中心弹簧损坏	（1）更换 （2）开启 （3）更换
滑阀能上负荷但不能卸负荷或能卸负荷但不能上负荷	（1）侧面电磁线圈烧坏 （2）电磁阀内部脏了，阻碍阀门两个方向工作	（1）更换 （2）清洗
滑阀两个方向均不能止动	（1）电磁线圈烧坏 （2）电磁检修阀关闭	（1）更换 （2）开启

表 8-11　日本日立 RCU 型螺杆式制冷机组常见问题或故障的原因分析与解决方法

问题或故障	原因分析	解决方法
排气压力过高	(1) 冷凝器进水温度过高或流量不够 (2) 系统内有空气或不凝结气体 (3) 冷凝器管道内结垢严重 (4) 制冷剂充灌过多 (5) 冷凝器上进气阀未完全打开 (6) 吸气压力高于正常情况	(1) 检查并解决冷却塔、水过滤器及水阀存在的问题 (2) 排除 (3) 清洗 (4) 排出多余量 (5) 全打开 (6) 解决方法见"吸气压力过高"栏
排气压力过低	(1) 通过冷凝器的水流量过大 (2) 冷凝器的进水温度过低 (3) 大量液体制冷剂进入压缩机 (4) 制冷剂充灌不足 (5) 吸气压力低于标准	(1) 关小阀门 (2) 调节冷却塔风机转速或风机工作台数 (3) 检查并解决膨胀阀及其感温包存在的问题 (4) 补充到规定量 (5) 解决方法见"吸气压力过低"栏
吸气压力过高	(1) 制冷剂充灌过多 (2) 在满负荷时大量液体制冷剂流入压缩机	(1) 排除多余量 (2) 检查和调整膨胀阀及其感温包
吸气压力过低	(1) 未完全打开冷凝器制冷剂液体出口阀门 (2) 制冷剂过滤器有堵塞 (3) 膨胀阀调整不当或故障 (4) 制冷剂充灌不足 (5) 过量润滑油在制冷系统中循环 (6) 蒸发器的进水温度过低 (7) 通过蒸发器的水量不足	(1) 全打开 (2) 更换过滤器 (3) 调校正确或排除故障 (4) 补充到规定量 (5) 减少到合适值 (6) 提高进水温度设定值 (7) 检查并解决水泵、水阀存在的问题
压缩机因高压保护停机	(1) 通过冷凝器的水量不足 (2) 冷凝器管道堵塞 (3) 制冷剂充灌过量 (4) 高压保护设定值不正确	(1) 检查并解决冷却塔、水泵、水阀存在的问题 (2) 清洗 (3) 排除多余量 (4) 正确设定
压缩机因电动机过负荷而停机	(1) 电压过高或过低或相间不平衡 (2) 排气压力过高 (3) 回水温度过高 (4) 过负荷元件故障 (5) 电动机或接线座短路	(1) 查明原因，使电压值与额定值误差在10%以内或相间不平衡率在3%以内 (2) 解决方法见"排气压力过高"栏 (3) 查明原因，降低 (4) 检修或更换 (5) 检修
压缩机因电动机温度保护而停机	(1) 电压过高或过低或相间不平衡 (2) 排气压力过高 (3) 回水温度过高 (4) 温度保护器件故障 (5) 制冷剂充灌不足 (6) 冷凝器气体入口阀关闭	(1) 查明原因，使电压值与额定值误差在10%以内或相间不平衡率在3%以内 (2) 解决方法见"排气压力过高"栏 (3) 查明原因，降低 (4) 检修或更换 (5) 补充到规定量 (6) 打开

（续）

问题或故障	原因分析	解决方法
压缩机因低压保护停机	（1）制冷剂过滤器堵塞 （2）膨胀阀故障 （3）制冷剂充灌不足 （4）未打开冷凝器液体出口阀	（1）更换 （2）检修或更换 （3）补充到规定量 （4）打开
压缩机有噪声	压缩机吸入液体制冷剂	调整膨胀阀
压缩机不能运转	（1）过负荷保护断开或控制电路熔丝熔断 （2）控制电路接触不良 （3）压缩机继电器线圈烧坏 （4）相位错误	（1）更换 （2）检修 （3）更换 （4）调整正确
卸载系统不能工作	（1）温控器故障 （2）卸载电磁阀故障 （3）卸载机构损坏 （4）控制油路堵塞	（1）检修或更换 （2）检修或更换 （3）检修或更换 （4）疏通

表 8-12　开利 30HXC 型螺杆式制冷机组常见问题或故障的现象与原因分析

问题或故障	原因分析
冷冻水、冷却水进水或出水温度传感器故障	（1）温度传感器或接线故障 （2）电线、电缆损坏
压缩机排气温度传感器故障	温度传感器、电磁阀、电动机冷却或接线故障
排气压力或吸气压力变送器故障，压缩机油压传感器故障	（1）压力变送器失效 （2）接线故障
排气压力过高（只运转一级上负荷而饱和冷凝温度超过上限）	（1）传感器或高压开关故障 （2）冷凝管堵塞 （3）冷却水进水温度过高
压缩机供油电磁阀故障（油泵起动后供油电磁阀打开前，油压力 – 节能器压力 >17kPa）	供油电磁阀损坏
压缩机预起动油压报警（经过 3 次预润滑过程，油泵没有使油压增加到足够的值）	（1）油位低 （2）油泵、供油电磁阀或油压传感故障
油位开关断（运行中油位开关触头断开）	（1）油位开关故障 （2）油量不足
饱和吸气温度低（饱和吸气温度低于"结霜设定点温度 $-3.3℃$" 3min）	（1）制冷剂不足 （2）干燥过滤器堵塞 （3）电子膨胀阀、蒸发压力变送器故障 （4）冷冻水流量小 （5）冷水温度低
饱和吸气温度高（运行 90s 后，饱和吸气温度大于 $12.8℃$，且 EXV[①] 开度小于 1%）	（1）电子膨胀阀、蒸发压力变送器故障 （2）蒸发温度高

（续）

问题或故障	原因分析
排气过热度低（持续 10min 过热度小于 2.8℃）	排气温度传感器、排气压力变送器、EXV 或节能器故障
压缩机排气压力—油压超过最大设定值，压力差大于 340kPa 超过 6s	（1）油过滤器堵塞 （2）供油电磁阀或单向阀故障
压缩机油压低（油压－经济器压力过低超过 15s）	（1）冷却水温低 （2）油过滤器堵塞 （3）供油电磁阀或油压变送器故障
冷冻水流量控制故障（①起动延时结束前，流量开关没有闭合或在运转过程中打开；②冷冻水泵被关闭超过 2min，而流量开关仍闭合）	冷冻水泵控制或冷冻水流量开关故障
压缩机电流大（电流超过设定值）	压缩机过负荷
压缩机电动机温度过高（SCPM② 检测到电动机温度超过 110℃，持续 10s）	（1）电动机冷却电磁阀损坏 （2）制冷剂不足 （3）电动机温度传感器或 SCPM 电路板损坏
压缩机电动机温度传感器故障（SCPM 检测到电动机温度传感器超出 40～110℃ 范围）	电动机温度传感器或电动机冷却电磁阀损坏
高压开关报警（高压开关跳闸）	（1）冷却水流量不足 （2）冷却水阀堵塞 （3）冷却水进水温度过高
压缩机电动机电流过负荷（基于 MTA③ 的设定值，SCPM 检测到过负荷电流）	（1）压缩机超负荷 （2）电动机损坏 （3）MTA 设置开关损坏
电动机堵转（压缩机停机）	负荷过大
电动机断相（SCPM 检测到相电流下降超过 65%）	电动机或接线故障
电流失衡超过 14%（SCPM 显示各相之间的电流不平衡大于 14% 超过 25min）	（1）供电不足 （2）接线故障 （3）接线端子松动
电动机无电流（CPM④ 显示电流小于 10% MTA 超过 3s）	（1）停电 （2）熔丝熔断 （3）接线故障
丫－△起动失败（压缩机停机）	接触器损坏
接触器故障（当压缩机接触器断开后，CPM 检测到 10% MTA 的电流供油电磁阀线圈仍得电）	接触器损坏
压缩机无法停机	接触器粘连

① EXV：电子膨胀阀。
② SCPM：压缩机保护电路板。
③ MTA：压缩机最大跳断电流。
④ CPM：压缩机检查电路板。

第三节　离心式制冷机组的维修与保养

一、离心式制冷机组正常运转的标志

（一）离心式压缩机正常运转标志

一般离心式压缩机正常运转标志主要是指下列内容：

1）压缩机吸气口温度应比蒸发温度高 1~3℃，蒸发温度一般控制在在 0~10℃ 之间。

2）压缩机排气温度一般不超过 90~110℃。如果排气温度过高，会引起压缩机内冷冻油质的变化，压缩机损坏的可能性增加。

3）油温应控制在 43~75℃ 范围内，油压差应在 0.15~0.2MPa。润滑油泵轴承温度范围应为 60~74℃。如果润滑油泵运转时轴承温度高于 83℃，就会引起机组停机。

4）冷却水通过冷凝器时的压力降低范围应为 0.06~0.07MPa，冷冻水通过蒸发器时的压力降低范围应为 0.05~0.06MPa。如果超出要求的范围。就应通过调节水泵、冷凝器、蒸发器的进、出口阀门，将压力控制在要求的范围内。

5）冷凝器下部液体制冷剂的温度应比与冷凝压力对应的饱和温度低 2℃ 左右。

6）从制冷剂系统的含水量指示器上，应能看到液体流动的制冷剂处于干燥状态。

7）机组的冷凝温度比冷却水的出水温度高 2~5℃，冷凝温度一般控制在 40℃ 左右，冷凝器进水温度要求在 32℃ 以下。

8）机组的蒸发温度比冷冻水出水温度低 2~5℃，冷冻水出水温度一般约为 5~7℃。

9）控制盘上电流表的读数小于或等于规定的额定电流值。

10）机组运行声音均匀、平稳，听不到喘振现象或其他异常声响。

11）电气自动控制系统正常，无异常故障警报。自动运行时，压缩机能够根据冷冻水出水温度，通过调节压缩机进气导叶的开度或改变电动机转速自动调节制冷量，并避免喘振现象的发生。

（二）离心式制冷机组运转参数

由于离心式制冷机组有一、二、三级之分，使用的制冷剂也分别为 R11、R12、R22、R123、R134a 等。因此其正常运转参数也各有不同。表 8-13~表 8-15 给出使用较多的美国特灵 CVHE 型三级离心式制冷机组，开利 19XL 型单级离心式制冷机组，美国约克 YK 型和美国麦克维尔 PEH 型单级离心式制冷机组的正常运转参数以供维修保养时参考。

表 8-13　美国特灵 CVHE 型三级离心式制冷机组的正常运转参数（R11，R123）

运行参数	正常范围	备注
蒸发器压力	0.04~0.06MPa（12~18inHg[①]）	真空度
冷凝器压力	0.01~0.08MPa 表压力（2~12psig）	标准冷凝器
油箱温度	46~66℃（115~150℉）	
净油压	0.12~0.14MPa 压差（18~20psig）	R11
	0.08~0.12MPa 压差（12~18psig）	R123

① inHg，英寸汞柱，1inHg = 3386.39Pa。

表 8-14　开利 19XL 型单级离心式制冷机组的正常运转参数（R22）

运行参数	正常范围
蒸发器压力	0.41 ~ 0.55MPa 表压力（60 ~ 80psig）
冷凝器压力	0.69 ~ 1.45MPa 表压力（100 ~ 210psig）
温油	43 ~ 74℃（110 ~ 165℉）
油压差	0.1 ~ 0.21MPa 表压力（15 ~ 30psig）
轴承温度	60 ~ 74℃（140 ~ 165℉）

表 8-15　美国约克 YK 型单级离心式制冷机组的正常运转参数（R134a）

运行参数	正常范围
蒸发器压力	0.19 ~ 0.39MPa 表压力（28 ~ 57psig）
冷凝器压力	0.65 ~ 1.10MPa 表压力（94 ~ 160psig）
油温	22 ~ 76℃（71 ~ 169℉）
油压差	0.17 ~ 0.41MPa 表压力（25 ~ 59psig）

表 8-16　美国麦克维尔 PEH 型单级离心式制冷机组的正常运行参数（R134a）

运行参数	正常范围
蒸发器压力	0.22 ~ 0.41MPa 表压力（32 ~ 60psig）
冷凝器压力	0.59 ~ 0.9MPa 表压力（85 ~ 131psig）
油温	32 ~ 44℃（90 ~ 110℉）
油压差	0.65 ~ 0.95MPa 表压力（113 ~ 138psig）

二、离心式制冷机组的维护与保养

（一）日常停机期间的维护与保养

日常停机期间，离心式机组应做好以下维护与保养工作：

1）检查机组内的油位高度，油量不足时应立即补充。

2）检查油加热器是否处于"自动"加热状态，油箱内的油温是否控制在规定温度范围内。如果达不到要求，应立即查明原因，进行处理。

3）检查制冷剂液位高度，结合机组运行时的情况，如果表明系统内制冷剂不足，应及时予以补充。

4）检查判断系统内是否有空气，如果有，要及时排放。

5）及时对导叶控制联动装置轴承、导叶操作轴、球连接和支点加注润滑油。

6）有抽气回收装置的，要检查轴封处有无渗出。如果抽气回收装置起动频繁，且有大量空气排出，就可能是轴封处发生泄漏；如果抽气回收装置长期未用，可短时开动（每天或隔几天运转 15 ~ 20min），以使压缩机得以润滑。

（二）年度停机期间的维护与保养

离心式机组在年度停机期间，主要应从以下各个方面做好相关维护保养工作。

1. 机组断电情况下的维护与保养

（1）压缩机电动机

1）检查并紧固压缩机电动机电源接线端子。

2）检测电动机三相绕组温度传感器电阻值。

3）检测电动机三相绕组绝缘阻抗。

4）清洁电动机接线端子箱。

（2）压缩机电动机起动器箱

1）检查并紧固起动器箱内所有电源接线端子。

2）检查并紧固起动器箱内所有控制接线端子。

3）检测起动器箱内所有其他电气装置。

4）检测三相电流互感器绕组阻值。

5）检查起动器箱内所有电磁接触器触头状态，清洁触头、线圈、衔铁等。

6）清洁起动器箱。

（3）润滑系统

1）润滑所有导叶连杆传动部分。

2）用原厂商测试剂测试润滑油品质（酸度）。

3）更换油过滤器。

4）更换润滑油（根据油质情况决定是否更换）。

5）检查油加热器和加热器套管状态。

6）检查油加热器阻值。

7）检测并紧固油泵电动机电源接线端子。

8）检测油泵电动机绕组值。

9）清洁润滑系统。

（4）机组控制机械部分

1）检查导叶连杆机构。

2）检查并调整冷却水及冷冻水流量和压差开关。

3）清洁机组显示控制箱。

（5）制冷剂回收与机组检漏

1）使用专用制冷剂回收装置回收机组中的制冷剂。

2）对机组充氮气，并进行检漏测试。

3）对机组进行真空测试。

2. 机组通电情况下的维护保养

（1）压缩机电动机起动器箱

1）测量供电电源相间电压。

2）测量控制电源变压器和起动模块电源变压器的二次电压。

（2）机组控制及保护电路系统

1）检测导叶步进电动机。

2）检查并校准冷冻水和冷却水的进、出水温度传感器。

3）检查并校准油温传感器。

4）检查并校准排气温度传感器。

5）检查并校准电动机绕组温度传感器。

6）检查并校准蒸发器和冷凝器的制冷剂温度传感器。

7）检查油箱压力传感器。

8）检查排油压力传感器。

9）检查冷冻水和冷却水的进、出水压力传感器。

10）校正并调整机组设定参数。

3. 机组停机后的维护保养

1）对生锈处除锈并补漆。

2）修补或更换损坏的绝热层。

3）经检查冷凝器的水管中有污垢时要清洗污垢。

4）每周一次手动操作油泵运行10min。对于R11和R123的机组还要每两周运行抽气回收装置30min和2h，防止空气和不凝性气体在机组中聚积。

5）每3年清洗一次蒸发器中的水管。

6）在停机过冬时，如果有可能发生水冻结的情况，则要将冷凝器和蒸发器中的水全部排放干净。

4. 抽气装置的维护保养（有抽气回收装置的机组）

1）检测抽气系统压缩机电动机绕组阻值。

2）检测制冷剂水分指示器。

3）更换抽气装置干燥过滤器。

4）清洁抽气系统冷凝盘管翅片。

5）清洁抽气系统。

如果是R11机组需长期停机，则应放空机组内的制冷剂和润滑油，并充注0.03～0.055MPa（表压力）的氮气，关闭电源开关和油加热器。

三、离心式制冷机组常见故障及处理方法

表8-17列出了开利19XL型离心式制冷机组常见的问题或故障与主要检查对象。表8-18列出了美国约克YKF型离心式制冷机组常见问题或故障的原因分析与解决方法。参考这两个表，对一般的小问题或故障，运行管理人员就可以根据实际情况自行解决或排除了。对于较为严重或自行解决或排除没有把握的问题和故障，应请专业维修人员来解决或排除，以免造成不必要的额外损失。

表8-17 开利19XL型离心式制冷机组常见问题或故障与主要检查对象

问题或故障	主要检查对象
电动机温度过高	（1）电动机冷却系统管路是否有异常现象 （2）短时间内开机次数是否太频繁
轴承温度过高	（1）油加热器的动作是否正常 （2）油位是否太低 （3）供油管路上的阀是否全开
油温过低	（1）油加热器的供电是否正常 （2）油加热器继电器是否有故障 （3）油位是否适当

（续）

问题或故障	主要检查对象
排气温度过高	（1）是否有起动太频繁的情况 （2）冷却水量及水温是否适当 （3）冷凝器铜管内是否太脏 （4）系统内是否有空气
冷凝器压力过高	冷却水进水温度是否太高
油压太低	（1）油箱出口阀是否被关闭 （2）油过滤器是否堵塞 （3）油温是否太低
冷冻（却）水流量太小	（1）水泵运转是否正常 （2）所有水阀开启的位置是否适当 （3）泵体内是否有空气
冷冻水出水温度太高	（1）出水温度设定值是否太高 （2）机组已满负荷运行，是否实际负荷大于机组容量 （3）冷却水进水温度是否过高 （4）制冷剂是否不足 （5）蒸发器的分隔板和垫片是否有漏洞而造成旁通

表 8-18　美国约克 YKF 型离心式制冷机组常见问题或故障的原因分析与解决方法

问题或故障		原因分析	解决方法
排气压力过高	冷却水的进、出水温差超出正常范围	冷凝器传热管太脏或结垢	清洁冷凝器传热管并检查水质
		冷却水温度过高	降低冷却水的进水温度
	冷却水的进、出水温差超出正常范围，但蒸发压力正常	冷却水流量不够	增大冷却水流量
吸气压力过低	蒸发器的冷冻水出水温度与制冷剂进口温度的温差超出正常范围，同时排气温度过高	（1）制冷剂充注不足 （2）可变节流孔板流孔堵塞	（1）对系统检漏，并添加制冷剂 （2）清除堵塞
	蒸发器的冷冻水出水温度与制冷剂进口温度的温差超出正常范围，同时排气温度正常	蒸发器传热管太脏或堵塞	清除堵塞
	冷冻水温度过低，同时电动机电流过小	跟系统容量相比负荷不足	检查导流叶片电动机的运转和低水温切断设定值
蒸发压力过高	冷冻水温度过高	（1）导流叶片未能打开 （2）系统过负荷	（1）检查导流叶片电动机的定位电路 （2）确保导流叶片全部打开（不要让电动机过负荷），直到负荷降低为止

（续）

问题或故障		原因分析	解决方法
按下系统起动键后油压未建立	控制中心上显示的油压过低，压缩机不能起动	（1）油泵反转 （2）油泵不转	（1）改变油泵电路接线 （2）检查油泵的接线，按下油泵起动器（装在冷凝器筒体上）的手动复位
压缩机起动，油压正常，但短时间波动，然后压缩机因油压切断而停机（会显示出油压过低的信息）		（1）存在不正常的起动情况，如因系统压力下降，导致油槽和油管中出现泡沫 （2）油加热器烧毁	（1）将压缩机中的润滑油排掉，然后加新油 （2）更换
当油泵运行时，按下油压显示键，被监控油压异常的高		（1）高/低油压传感器失灵 （2）泄压阀失调	（1）更换 （2）调节外部泄压阀
按下油压显示键时，油泵有时出现振动或发出异常噪声		缺油、油位不及泵的入口位置	检查供油和油管路的情况，补足润滑油
按下油压显示键时，油压降至压缩机刚起动时的70%		（1）油过滤器太脏 （2）轴承磨损严重	（1）更换 （2）检查压缩机
油/制冷剂不能返回		（1）回油系统的干燥过滤器太脏 （2）回油系统的喷射器堵塞	（1）更换 （2）用清洗剂将其洗净或更换
当油泵运行时，按下油压显示键，无油压显示		（1）油压传感器失灵 （2）接线/连接器故障	（1）更换 （2）检查排除
油泵功率下降		（1）油泵间隙过大，泵零件磨损 （2）油泵进口部分堵塞	（1）检查和更换磨损件 （2）清除

第四节　溴化锂吸收式制冷机组的维修与保养

一、溴化锂吸收式制冷机组正常运转标志和参数设置

（一）溴化锂吸收式制冷机组正常运转的标志如下：

1）冷冻水的出口温度为7℃左右；出口压力根据外接系统的情况来定，约为0.2～0.6MPa，冷冻水流量可根据冷冻水进、出口温差为4～5℃或者按设定值来确定。

2）冷却水的进口温度要在25℃以上；进口压力根据机组和冷却塔的位置，约为0.2～0.4MPa；冷却水流量大约是冷冻水流量的1.6～1.8倍；出口的冷却水温度为38℃。

3）溴化锂溶液的浓度，在高压发生器中为62%左右，在低压发生器中为62.5%，稀溶液为58%左右。

4）溶液的循环量，在高低压发生器中以溶液淹没传热管为合适，在其他部分的液面以液面计中间位置左右为宜。

（二）溴化锂吸收式制冷机组正常运转设定参数

对于溴化锂吸收式制冷机组，了解其各参数值是非常必要的，是运转、维护的前提。表8-19列出远大Ⅵ型燃油直燃型溴化锂吸收式制冷机组正常运转时温度范围，以方便维修人员进行调试、维修和保养。

表8-19 远大Ⅵ型燃油直燃型溴化锂吸收式制冷机组温度设置一览表

项目	功能	设置范围	出厂设定	运转参考
冷冻水出水温度	冷冻水出水温度的控制	≥6	7	7～9
冷却水进水温度上限	当冷却水进水温度高于上限时，报警显示"冷却水温高上限"，同时停火	≤38	38	38
冷却水进水温度下限	当冷却水进水温度低于下限时，报警显示"冷却水温低下限"，同时停火	≥14	24	27
高压发生器温度上限	当高压发生器温度高于上限时，报警显示"高压发生器超温"，同时停火	≤170	168	158
高压发生器温度下限	当高压发生器温度高于下限时，燃烧机火力降一级	≤170	165	153
排气温度上限	当排气温度高于上限时，报警显示"排气超温"，同时停火	≤200	200	200
排气温度下限	当排气温度高于下限时，报警显示"排气温度高下限"，高压发生器烟管有可能结垢	≤200	180	180
冷却塔起动温度	冷却水进水温度高于冷却塔起动温度下限时，冷却塔起动	≥28	32	28
冷却塔停机温度	冷却水进水温度低于冷却塔停机温度时，冷却塔停机	≥24	28	27
大火起动高压发生器温度	当高压发生器温度大于等于设定值时，燃烧机可以大火运转	≥80	90	90
大火起动冷却水温度	当冷却水进水温度大于等于设定值时，燃烧机才可大火运转，防止结晶	≥24	24	26

二、溴化锂吸收式制冷机组的维护保养

以远大Ⅵ型燃油直燃型溴化锂吸收式制冷机组为例，溴化锂吸收式制冷机组日常停机和年度停机期间维护保养的主要内容（蒸气式溴化锂吸收式制冷机组除热源不同外，也可参照执行）如下：

1. 日常停机期间的维护保养

日常停机期间的维护保养，包括每周和每月要做的检查或维护保养项目。

（1）每周要做的检查和维护保养项目

1）检查气密性。3个月内不抽真空，机组出力正常，则证明真空度良好，反之真空度不良。真空度不良的判断依据是，制冷量下降、铜管变色、钢板生锈、溶液颜色变成褐色（或pH值上升）、屏蔽泵过滤器堵塞（泵的运转电流变小）。如果机组出现这些情况，则在

停机时应及时检漏，并补漏。

2）清洁燃烧机入口及风叶，将燃烧机及风叶入口的脏污清除干净。

3）检查后烟箱。检查后烟箱是否漏烟，若漏烟，则需更换石棉垫或紧固螺栓。

4）清洁火焰检测器（燃烧机电眼）。拔出火焰检测器探头，用软布或质量较好的餐巾纸将玻璃壳上的污垢擦干净。

5）清洗油过滤器。取出燃油管道过滤器中的滤芯，用汽油或柴油清洗干净，并清除集污筒内的污物。若该过滤器较脏，则还应清洗燃烧机油泵过滤器。

（2）每月要做的检查和维护保养项目

1）清洁燃烧机点火电极和喷嘴。打开燃烧机端盖，用干布或卫生纸进行清洁。

2）清理高压发生器烟管。打开泄气门，观察烟管是否结垢。若结垢，则拆开前、后烟盖，用钢丝刷或烟管疏通机进行清理。

3）清理冷冻水端盖、冷却水盖滤网。卸下冷冻水、冷却水进水处的橡胶软接头，清理水端盖滤网上的杂物。

2. 年度维护保养

（1）每年停机期间要做的检查和维护保养项目

1）清洗蒸发器、吸收器、冷凝器铜管。打开所有水盖，用毛刷和清水清洗每根铜管，直至完全干净（若制冷正常，可两年或更久清洗一次）。不适宜采用化学药剂清洗。

2）更换水盖橡胶板，选用含胶量60%以上的优质工业橡胶板（厚度5mm）。若不清洗铜管，则不必更换。

3）检查电气控制及保护装置。进行安全保护确认，检查是否损伤或保护失灵。

4）确认安全阀性能。向高压发生器充氮气至0.08MPa，观察安全阀是否动作，若不动作，则应重新调整安全阀的设定值。

5）清理炉膛烟垢。移开燃烧机，观察炉膛是否有烟垢，若有，则除尽。同时检查耐火层表面是否有脱裂情况，若有，则应马上维修。

6）清洗燃烧机。拆开燃烧机，清洗其内部及风叶。

7）检查屏蔽泵电动机。检查屏蔽泵电动机的绝缘性能。

8）检查流量控制器。检查流量控制器的灵敏度，维修或更换动作不灵敏的流量控制器。

9）校验传感器。检查并校验各温度和液位传感器。

10）检查机组油漆。检查机组外部锈蚀情况，若有锈蚀或脱漆，则应除锈、补漆或整机油漆。

（2）每4年应进行的检查和维护保养项目

1）更换液位探针。更换探针及密封材料，其中冷剂水探针要封704胶绝缘。

2）检查电线电缆。全面检查电线电缆的老化及腐蚀情况，达不到要求的进行处理或更换。

3）喷涂油漆。除尽机身锈蚀，用耐温180℃以上的油漆对整机喷涂两遍。

4）更换直流电源内电池。按照原电池的型号更换，并且注意更换时间不超过1min。

5）检查燃烧机。检查燃烧机的电磁阀、油泵、过滤器、点火电极、火焰探头，更换喷嘴，重新调校风门、燃油压力、打火电极雾化盘的位置。

　　6）检测溶液浓度。在机组额定制冷状态运转时，分别检测高温热交换器溶液浓度、低温热交换器溶液浓度、喷淋溶液浓度、稀溶液浓度，若有异常，则需重新调整相应管道上的蝶阀。

　　7）更换压力表和温度偏差大的温度探头。

　　8）修补或部分更换绝热材料。

　　9）更换主抽气阀和直接抽气的阀膜片。

　　10）全面清理供油管道内的杂物及污垢。

　　（3）每8年应全部或部分更换的装置

　　1）对于蝶阀、角阀，更换阀罩及阀轴上的O形圈密封件。

　　2）更换安全阀弹簧。

　　3）更换靶式流量控制器。

　　4）对于燃烧机，更换电磁阀、火焰检测装置。

　　5）更换继电器、交流接触器。

　　6）更换PC输出模块。

　　（4）第16年应全部或部分更换或检修的装置

　　1）更换所有密封材料。

　　2）检修后烟箱耐火材料。

　　3）对于燃烧机，更换油泵、电动机及所有电缆。

　　4）更换液位探针。

　　5）更换压力控制器。

　　（5）第20年全部或部分更换的装置

　　1）更换真空泵、屏蔽泵。

　　2）更换电控柜。

　　3）对于铜管，用涡流测厚仪检测厚度，若小于0.38mm，则更换。

　　3. 年度停机保养

　　所谓年度停机，是指机组停机时间超过两周以上或整个冬季处于停机状态。年度停机期间，对溴化锂吸收式制冷机组的保养有充氮保养和真空保养两种方法。

　　（1）充氮保养

　　机组充氮保养的目的是预防机组出现渗漏现象，避免空气进入机组内部。

　　1）将蒸发器中冷剂水全部旁通到吸收器，使溶液充分稀释，防止最低气温下发生结晶。

　　2）在充氮气之前，起动真空泵将机内的不凝性气体（含有氧气）抽尽。

　　3）将耐压胶管一端紧固在氮气瓶上的减压阀出口，开适量氮气把胶管内的空气吹掉，然后将胶管的另一端紧固在机组测压阀上。打开氮气瓶减压阀和机组测压阀，向机内充入表压力为0.02~0.04MPa的高纯度（99.9%以上）氮气。

　　4）为了减少溴化锂溶液对机组的腐蚀，可将溴化锂溶液排出机外，并选用合适的贮液器或容器来贮存。在放溶液之前，用手动控制方式起动溶液泵，使溶液循环，把机内铁锈及杂质与溶液混合，再与溶液一起从主溶液阀排出机外。溶液机外贮存的另一个好处是溶液可再生。溴化锂溶液在存放期间，杂质会沉淀。当将溶液再次灌入机组时，还可用过滤网滤掉杂质。

5）将发生器、冷凝器、蒸发器、吸收器水室及传热管内的存水排放干净，以免冻结。即使机房温度在0℃以上，也应放尽存水，以便于对传热管进行清洁。

6）经常检查机内氮气压力，如发现压力下降过快，说明机组可能有渗漏。当确定是机组渗漏时，应进行气密性检查，并消除渗漏。

7）当机房温度在0℃以下时，要预防冷剂泵冻结。若冷剂泵被冻结，要及时运行溶液泵，并将溶液泵出口取样阀与冷剂泵取样阀相连，停止冷剂泵运行，打开两个取样阀，让溶液进入冷剂泵，注入量要经冷剂水取样确定。

（2）真空保养

由于溶液要保留在机组内，因此真空保养法只适用于气密性良好、溶液颜色无异常且清透的机组。

对于机组腐蚀比较严重、溶液泵和溶剂泵的过滤筒经常出现堵塞、溶液变褐色且混浊的机组，还是采取机外保存溶液，通过沉淀除去杂质为好。若无贮液器，可采用机外再生处理后再回灌到机组里的方法。

机组真空保养时，要密切注意机组的气密性，定期检查机组的真空度。由于机组内存有冷剂水，水的蒸发会使真空度下降，因此不能在短时间内确定机组是否存在渗漏，可隔较长时间观测机组真空度下降的情况。也可采取另一种办法，即往机组内充入9.3kPa的氮气，30天内，机内的绝对压力上升不超过300Pa为合格，否则为不合格。如确定机组存在渗漏，应尽快进行气密性检查，消除渗漏。其他方面参照充氮保养的内容。

4. 真空泵的使用与维护保养

（1）使用

1）冬季抽气前真空泵应先空转20min预热。

2）抽气时真空泵气针阀微微开起，以防真空泵油乳化。

3）为避免对真空泵产生冲击，当机组内气体很多时，应缓慢打开抽气阀。

4）每次真空泵抽气完成后，应将真空泵油彻底排尽，然后注入干净真空泵油，以防泵锈蚀。

5）把真空泵内排出的真空泵油放入洁净的容器内，静置一段时间（3～10天）后，水及污物会沉淀在下层，而真空泵油会浮在上层，可再次使用。

（2）停机期间的维护保养

1）每月空转10min。

2）当发现抽气性能下降时，应仔细检查真空泵及其连接管路是否密封良好，必要时可分解真空泵清洗。

3）清洗真空泵的零部件时，应使用纯度较高的煤油。

4）如果真空泵内抽入溴化锂溶液后被卡死，则可将真空泵油排尽后关闭排油阀，从泵的出气口处加入60℃左右的温水，水量和真空泵油正常灌注量相同。5min后，点动真空泵（如仍被卡住，则5min后更换泵中温水，直到真空泵不被卡住）10次，排掉泵中温水，重新灌注。如此操作3遍后，再用适量真空泵油冲洗真空泵3次（注意，每次冲洗时都应开起针阀空抽20min）。清洗完毕，将油灌注到油标线中上部，运行5～10min后彻底更换为新油。

三、直燃型溴化锂吸收式制冷机组常见故障及其处理方法

直燃型溴化锂吸收式制冷机组在运转中，可能出现各种各样的问题和故障，远大Ⅵ型的常见的问题或故障的原因分析与解决方法可参见表 8-20 ～ 表 8-22。

表 8-20　远大 Ⅵ 型燃油直燃型溴化锂吸收式制冷机组常见问题或故障的原因分析解决方法

问题或故障	原因分析	解决步骤
机组无法起动	（1）无电进控制柜 （2）控制电源开关断开 （3）控制柜熔断器熔断 （4）控制柜变压器绕组断路	（1）检查主电源及主低压断路器 （2）合上控制柜中控制开关及主低压断路器 （3）检查回路接地或短路，更换熔断器 （4）更换变压器
接通电源开关后控制电路未得电	（1）未向机组供电 （2）机组低压断路器未合上 （3）熔断器 FU1、FU2、FU3 熔断 （4）电源零线未接好 （5）电源断相或反相	（1）向机组供电 （2）合上断路器 （3）检查线路，找出熔断器烧断原因，并排除故障，然后更换熔断器 （4）接好 （5）解决电源断相问题或调相
触摸屏不工作	（1）触摸屏电源开关未接通 （2）可编程序控制器有故障 （3）触摸屏有故障 （4）可编程序控制器与触摸屏之间的连接电缆有问题 （5）24V 直流电源烧坏 （6）联网通信口设置误操作	（1）接通 （2）检修或更换 （3）更换 （4）检修或更换 （5）更换 （6）用编程器通过可编程序控制器校正
触摸屏显示温度等参数波动较大	（1）接地不良 （2）温度传感器接线不良 （3）触摸屏有故障 （4）可编程序控制器电源模块有故障 （5）屏蔽线未接好 （6）变频器干扰或系统电源有高频干扰	（1）重新接地（接至专用接地极） （2）检修或更换 （3）更换 （4）检修或更换 （5）将屏蔽线的一端与接地极接好 （6）消除干扰，并使机组可靠接地
点火时燃烧机熄灭	（1）手动燃料供应阀关闭 （2）供油压力不正常 （3）油泵故障 （4）手动排气风门关闭 （5）风门或燃料供应阀不联动 （6）燃烧所需空气量不足	（1）打开阀门 （2）检查油管和燃烧机过滤器，清洗过滤网 （3）检修或更换中 （4）打开风门 （5）检查并调整 （6）开大风门
燃烧机无法点火或无法正常燃烧	（1）油箱缺油 （2）油质差（如杂质含量高或粘度高） （3）油管有泄漏现象 （4）燃油过滤器有堵塞现象 （5）油箱脏 （6）燃油系统管道中有气体或燃烧机油泵磨损	（1）灌满 （2）更换成合格的燃油 （3）检漏并补漏 （4）清洗 （5）清洗 （6）排气或更换油泵

（续）

问题或故障	原因分析	解决步骤
起动时结晶	（1）冷却水入口温度低于24℃ （2）空气漏入或机组内积存大量不凝性气体 （3）超负荷	（1）停冷却塔风机或减少冷却水流量 （2）确认通大气的阀门完全关闭，抽真空；检修抽气装置；必要时检漏，对漏点进行补漏 （3）逐渐增加负荷
高压发生器结晶（现象：①高压发生器超温，冷冻水温度快速回升；②高温热交换器浓溶液出口管温度低；③吸收器液位低；④高压发生器压力下降）	（1）高压发生器进入空气，导致压力升高，溶液循环量减少 （2）溶液角阀开度不够 （3）高压发生器液控或变频器失控，导致循环量减少 （4）变频器频率设定不合适 （5）冷却水入口温度低于24℃ （6）燃烧量偏大 （7）冷剂水充注量不足 （8）高压发生器浓度调节阀开度过小	（1）检漏、补漏 （2）全开 （3）检修液控或变频器 （4）调整变频器最佳频率 （5）停冷却塔风机或减少冷却水流量 （6）减小（因喷嘴原因则更换） （7）补充 （8）调大开度
低温热交换器结晶（现象：①冷冻水温度异常升高；②溶晶管发热，低温热交换器浓溶液出口管温度低；③高压发生器压力下降；④吸收器液位低）	（1）低压发生器循环阀片移位 （2）高压发生器液位探头或变频器失灵 （3）上筒体漏入空气，导致循环量减少 （4）冷却水入口温度低于24℃ （5）机组真空不佳 （6）燃烧量偏大 （7）意外停机导致稀释不充分 （8）冷冻水、冷却水系统传热管结垢	（1）调整并拧紧定位螺母 （2）检查、调整 （3）检漏、补漏 （4）停（或少开）冷却塔风机或减少冷却水流量 （5）改善真空 （6）减小（若因喷嘴原因，则更换） （7）避免意外停机或缩短意外停机时间 （8）清除
停机期间结晶	（1）稀释不充分 （2）机组停机后，长时间通过低温冷却水	（1）检查稀释温度或时间继电器的给定值和动作情况；检查冷剂水旁通阀的动作情况，有问题应及时检修 （2）关停冷却水泵
冷冻水出水温度不稳定	（1）温度控制器给定值设定不妥 （2）外界负荷变化	（1）调整温度控制器的给定值 （2）使外界负荷稳定
安全装置动作，机组故障停机	（1）冷剂泵异常，溶液泵异常 （2）冷剂水低温继电器动作 （3）高压发生器、高压控制器或溶液高温继电器动作 （4）空气压力低，压力开关动作 （5）燃料压力降低或升高，压力开关动作	（1）若过负荷继电器动作，则按下继电器控制开关的复位装置，检查电动机温度、电流值和绝缘情况 （2）检查温度继电器动作及给定值。温度继电器冷冻水出水温度的给定值过低时，根据样本要求调好 （3）检查冷却水量是否过少，检查冷剂水阻汽排水器的动作 （4）检查风机和过负荷保护继电器的动作 （5）查找燃料压力变化的原因，并解决

（续）

问题或故障	原因分析	解决步骤
安全装置动作，机组故障停机	（6）排气高温继电器动作 （7）熄火	（6）检查传热管的内表面，若有烟灰附着，应清理（高压发生器）；检查空燃比，如果空气过剩，应调整 （7）通过点火试验，检查各阀门和旋塞的开度，检查点火栓、点火动作情况、燃料量、空气量、空燃比、主燃烧器和点火燃烧器
溶液泵气蚀	（1）溶液不足 （2）结晶 （3）溶液循环量过大	（1）加足 （2）溶晶 （3）调小
停机期间真空度下降	有泄漏部位	关闭通大气的阀门，检查通大气部位是否松弛，必要时进行气密性试验
机组内部各处液位异常升高，严重时防爆片冲破泄压，机组报警停机	（1）冷冻水系统流量严重不足，导致冻管 （2）冷冻水温度过低 （3）铜管腐蚀穿孔	（1）立即关停冷却水泵和冷冻水泵 （2）迅速关闭冷却水、冷冻水进、出水阀 （3）立即停机，切断机组电源 （4）关闭蒸汽阀、稀液角阀、浓液角阀 （5）将机内溶液排至贮液罐 （6）检查流量控制器和压差控制器是否失灵，失灵则更换 （7）检查冷冻水温度传感器，若误差大于3℃要更换 （8）揭开水盖，用气泡法或氨检法检出漏管；漏管较少时（漏管数小于3%），可用圆锥紫铜堵头塞死，漏管较多时则应更换新管
溶液泵变频器不运行	（1）变频器控制电路有故障 （2）电源电压太低 （3）变频器有故障 （4）变频器过电流、过电压保护动作 （5）变频器参数设置不对	（1）检修 （2）查明原因，提高电源电压 （3）检修 （4）检修 （5）重新设置
屏蔽泵不运转	（1）泵电动机过负荷保护 （2）控制电路有故障 （3）泵本身有故障 （4）机组自动保护动作 （5）溶液结晶卡住叶轮 （6）电源断相	（1）查出过负荷原因，处理后使热继电器复位 （2）检修 （3）检修或更换 （4）查明原因，排除故障 （5）溶晶 （6）使电源恢复正常

表 8-21 远大 **VI** 型直燃型溴化锂吸收式冷水机配套燃油燃烧机常见问题或故障的原因分析与解决方法

问题或故障	原因分析	解决方法
点火电极不打火	(1) 点火电极间隙太大 (2) 点火电极脏污或潮湿 (3) 绝缘体开裂 (4) 点火电极电缆炭化或开裂 (5) 点火变压器损坏	(1) 调小 (2) 清洗并调整间距 (3) 更换 (4) 更换 (5) 更换
燃烧机风机不能起动	(1) 过负荷保护 (2) 接触器损坏 (3) 接触器接触不良 (4) 热继电器故障 (5) 燃烧机风机故障 (6) 控制电路短路或开路 (7) 风门执行机构损坏或风门卡住	(1) 检查给定值，若无问题，应找出过负荷原因，解决后复位 (2) 更换 (3) 检修或更换 (4) 检修或更换 (5) 检修或更换 (6) 检查并重新接线 (7) 检修或更换
油泵不供油	(1) 齿轮磨损 (2) 油管有泄漏 (3) 供油阀未开 (4) 油过滤器堵塞 (5) 压力控制阀故障	(1) 更换 (2) 上紧接头或更换油管 (3) 打开 (4) 清洗 (5) 检修或更换
油泵有机械噪声	(1) 泵内有空气 (2) 油管内真空度太高 (3) 油质不好（杂质含量高）	(1) 上紧接头并排除空气 (2) 清洗油过滤器，并将阀门全部打开 (3) 换油
喷嘴雾化不均匀	(1) 油过滤器堵塞 (2) 喷嘴磨损 (3) 喷嘴堵塞 (4) 喷嘴关闭机构故障 (5) 喷嘴未拧紧	(1) 清洗 (2) 更换 (3) 清洗 (4) 检修或更换 (5) 拧紧
电动机发出高频啸叫	轴不对中或轴承已磨损	重新调整电动机，安装并拧紧螺栓或换轴承
火焰检测器（即电眼）对火焰无反应	(1) 火焰检测器被熏黑 (2) 温度过高，已过负荷损坏 (3) 电眼板有故障	(1) 擦干净 (2) 更换 (3) 更换
运行中突然停火	(1) 燃烧机有故障 (2) 供油系统有故障 (3) 电眼或电眼板有故障	(1) 检修 (2) 检修 (3) 检修或更换

（续）

问题或故障	原因分析	解决方法
燃烧头被油弄污或严重积炭	（1）给定值不正确 （2）燃烧头不正确 （3）喷嘴配置不对 （4）燃烧空气量调节不当 （5）机房通风不良	（1）修正 （2）更换，根据背压进行调整 （3）更换 （4）重新调整（包括重调风门和燃烧筒与扩散盘间的位置） （5）机房必须有永久性的通风口或通风设施，通风口的横截面积必须等于烟囱横截面积的50%以上
电磁阀不能开起	（1）阀体卡死 （2）线圈有故障 （3）控制熔断器熔断	（1）检修 （2）更换 （3）更换
电磁阀关不紧	阀座上有杂物	拆开阀门清除杂物
重油燃烧机的油预热器不能起动	（1）放油恒温器没有关闭 （2）放油恒温器控制故障 （3）放油恒温器松动 （4）放油恒温器的温度范围不正确 （5）加热器元件有故障	（1）增加油温，调整恒温器螺钉 （2）检修或更换 （3）上紧 （4）重新设定 （5）更换加热器元件

表8-22　远大 VI 型直燃型溴化锂吸收式制冷机组配套燃气
燃烧机常见问题或故障的原因分析与解决方法

问题或故障	原因分析	解决方法
燃烧机无法点火或无法正常燃烧	（1）燃气供应压力不正常 （2）燃气热值变化 （3）输气管有泄漏现象 （4）燃气过滤器有堵塞现象 （5）供气管道内有水	（1）查明原因，恢复正常 （2）查明原因，使其稳定 （3）检漏并补漏 （4）清洁 （5）排水
风机不工作	（1）电源没接通 （2）熔断器熔断 （3）电动机有故障 （4）控制电路故障 （5）燃气供应中止或压力有问题 （6）燃烧机控制器有故障 （7）因电磁阀泄漏而产生保护动作 （8）风门执行机构故障	（1）接通 （2）查明原因，解决后再更换 （3）检修或更换 （4）检修 （5）查明原因，恢复正常供气 （6）检修或更换 （7）消除泄漏 （8）检修或更换
风机起动，但满负荷预吹风后燃烧机被锁住	（1）空气压力开关有故障 （2）与压力开关相连的压力管内有杂物 （3）风机反转	（1）更换 （2）清理干净 （3）将三相电源线中任意两相对调
风机起动约20s后被锁住	供气电磁阀泄漏	排除泄漏

（续）

问题或故障	原因分析	解决方法
风机起动但满负荷预吹风10s后被锁住	（1）在工作位置，空气压力开关触头未动作 （2）风机叶轮太脏	（1）正确设置压力开关动作值，若损坏，则需要更换 （2）清洁
点火电极不打火	（1）点火电极间隙太大 （2）点火电极或其控制线绝缘损坏，对地短路 （3）供气电磁阀泄漏，点火变压器有故障	（1）按燃烧机说明书调整 （2）更换损坏电极或其控制线 （3）更换
风机起动，电极打火正常，但点不起火	（1）供气电磁阀由于线圈故障或控制电路断路而打不开 （2）燃气过滤器堵塞	（1）更换电磁阀或接通控制电路 （2）清除堵塞物或更换过滤器
点火正常但马上又熄火	（1）燃气过滤器堵塞 （2）调压器有故障 （3）燃气仪表故障或较低位置的供气管道内有积水 （4）燃气和空气混合量不正确 （5）燃气供应量不够 （6）火焰检测有问题 （7）烟道阻力太大	（1）清除堵塞物或更换过滤器 （2）检修 （3）通知燃（煤）气公司处理 （4）重新调整 （5）检查供气系统 （6）检修火焰检测器 （7）清洁或改造烟道

第五节　空气处理设备的维修保养

一、风机盘管的维修保养

（一）维修保养

维护保养的主要部件

风机盘管通常直接安装在空调房间内，其工作状态和工作质量不仅影响到其应发挥的空调效果，而且影响到室内的空气质量和噪声水平。因此，必须做好空气过滤网、接水盘、盘管、风机等主要部件的维护保养工作，保证风机盘管正常发挥作用，不产生负面影响。

（1）空气过滤网

空气过滤网的清洁方式应从方便、快捷、工作量小的角度考虑，首选吸尘器吸清方式，该方式的最大优点是清洁时不用拆卸过滤网。对那些不容易吸干净的湿、重、粘的粉尘，则要采用拆下过滤网用清水加压冲洗或刷洗，或采用药水刷洗的清洁。清洁完，待晾干后再装回过滤网框架上。空气过滤网的清洁工作是风机盘管维护保养工作中最频繁、工作量最大的，必须给予充分的重视和合理的安排。

（2）接水盘

接水盘一般每年清洗两次，如果风机盘管只是季节性使用，则在使用结束后清洗一次。清洗方式一般用水来冲刷，污水由排水管排出。为了消毒杀菌，应对清洁干净了的接水盘再用消毒水（如漂白水）刷洗一遍。为了控制微生物在接水盘内滋生、繁殖，应在接水盘内放置"片剂型"专用杀菌剂，或"载体型"专用杀菌物体（如浸过液体杀菌剂的海绵体），并定期检查其消耗情况和杀菌效果。

（3）盘管

盘管的清洁方式可参照空气过滤网的清洁方式进行，但清洁的周期可以长一些，一般每年清洁一次。在使用吸尘器吸清时，最好先用硬毛刷对肋片进行清刷，或用高压空气吹清。如果风机盘管只是季节性使用，则在使用结束后清洁两次。不到万不得已，不采用整体从安装部位拆卸下来清洁的方式，以减小清洁工作量和拆装工作造成的影响。

（4）风机

风机盘管一般采用的是多叶片双进风离心风机，这种风机的叶片形式是弯曲的。由于空气过滤网不可能捕捉到全部粉尘，所以漏网的粉尘就有可能粘附到风机叶片的弯曲部分，使得风机叶片的性能发生变化，而且质量增加。如果不及时清洁，风机的送风量就会明显下降，电耗增加，噪声加大，使风机盘管的总体性能变差。风机叶轮有蜗壳包围着，不拆卸下来清洁，工作比较难做，可以考虑采用小型强力吸尘器进行清洁。一般每年清洁一次，或一个空调季节清洁一次。此外，平时还要注意检查温控开关和电磁阀的控制是否灵敏，动作是否正常，有问题要及时解决。

风机盘管保养的巡视检查、维修内容和周期见表 8-23。

表 8-23　风机盘管保养的巡视检查、维修内容和周期

名称	项目		
	巡视检查内容	维修内容	周期
空气过滤器	观察过滤器表面脏污程度	用水洗净	1 次/月
冷热盘管	观察翅片管表面的脏污情况，弯管的腐蚀状况	用水及药品进行清洗	2 次/年
送风机	观察叶轮沾污灰尘的多少，检查噪声的情况	叶轮的清理	2 次/年
接水盘	观察滴水盘是否有污物，观察排水功能是否良好	防尘网和水盘的清扫	2 次/年

（二）常见故障及处理方法

风机盘管加独立新风系统使用的风机盘管数量一般较多、安装分散，维护保养和检修不到位都会严重影响其使用效果。因此，对风机盘管在运行中产生的问题和故障要能准确判断出原因，并迅速予以解决。表 8-24 归纳的常见问题或故障的原因分析与解决方法可供参考。

表 8-24　风机盘管常见问题或故障的原因分析与解决方法

问题或故障	原因分析		解决方法
风机运转，但风量较小或不出风	（1）送风挡位设置不当 （2）过滤网积尘过多 （3）盘管肋片间积尘过多 （4）电压偏低 （5）风机反转		（1）调整到合适挡位 （2）清洁 （3）清洁 （4）查明原因 （5）调换接线相序
吹出的风不够冷（热）	（1）温度挡位设置不当 （2）盘管内有空气 （3）供水温度偏高（低） （4）供水不足		（1）调整到合适挡位 （2）打开盘管放气阀排出空气 （3）检查冷（热）源 （4）开大水阀或加大支管直径
振动与噪声偏大	（1）风机轴承润滑不好或损坏 （2）风机叶片积尘太多或损坏 （3）风机叶轮与机壳摩擦 （4）出风口与外接风管或送风口不是软连接 （5）盘管和接水盘与供回水管及排水管不是软连接 （6）风机盘管在高速挡下运行 （7）固定风机的连接件松动 （8）送风口百叶松动		（1）加润滑油或更换 （2）清洁或更换 （3）消除或更换风机 （4）用软连接 （5）用软连接 （6）调到中、低速挡 （7）紧固 （8）紧固
有异物吹出	（1）过滤网破损 （2）机组或风管内积尘多 （3）风机叶片表面锈蚀 （4）盘管肋片氧化 （5）机组或风管内绝热材料破损		（1）更换 （2）清洁 （3）更换风机 （4）更换盘管 （5）修补或更换
机组漏水	（1）接水盘溢水	①排水口（管）堵塞 ②排水不畅 ③接水盘倾斜方向不正确	①用吸、通、吹、冲等方法疏通 ②调整排水管坡度 >0.008 或缩短排水管长度就近排水 ③调整接水盘，使排水口处最低
	（2）机组内管道漏水、结露	①管接头连接不严密 ②管道有裸露部分，表面结露	①紧固，使其连接严密 ②将裸露部分管道裹上绝热材料
	（3）接水盘底部结露，接水盘底部绝热层破损或与盘底脱离		（3）修补或粘贴好
	（4）盘管放气阀未关或未关紧		（4）关闭或拧紧
机组外壳结露	（1）机组内的绝热材料破损或内壁脱离 （2）机壳破损漏风		（1）修补好 （2）修补
凝结水排放不畅	（1）外接管道坡度过小 （2）排水口（管）部分堵塞		（1）调整排水管坡度 >0.008 或缩短排水管长度就近排水 （2）用吸、通、吹、冲等方法疏通

二、组合式空调器的维修与保养

（一）维修保养

组合式空调器的维护保养对象主要是空气过滤器、表面式换热器（表冷器或加热器）、接水盘、加湿器、喷水室、风机等。

（1）空气过滤器

空气过滤器是组合式空调器用来净化回风和新风的重要装置，通常采用的是化纤材料做成的过滤网或多层金属网板，要求高的也有使用袋式过滤器的。由于组合式空调器工作时间的长短、使用条件的不同，其清洁的周期与方式也不同。一般情况下，在连续使用期间，应每个月清洁一次。如果清洁工作不及时，过滤器的孔眼堵塞非常严重，就会增大空气流动的阻力，使机组的送风量大大减少，其向房间的供冷（热）量也就会相应地大大降低，从而影响空调房间温、湿度控制的质量。

对于非一次性空气过滤器的清洁方式，从方便、快捷、工作量小的角度考虑，应首选吸尘器吸清方式，其最大优点是清洁时不用拆卸过滤网。对那些不容易吸干净的湿、重、粘的粉尘，则要采用拆下过滤网用清水冲洗或刷洗，或采用药水、清洁剂浸泡和刷洗的清洁。清洁完，待晾干后再装回过滤器的框架上。

对于装有阻力监测仪器仪表的空气过滤器，当监测仪器仪表的指示值（终阻力）达到规定要求时（通常是新装初阻力的 2 倍），就要进行清洁。如果采用的是一次性空气过滤器，就需要更换。

（2）表面式换热器（表冷器或加热器）

表面式换热器（表冷器或加热器）担负着将冷、热水（蒸汽）的冷热量传递给流过其表面的空气的重要使命。为了保证高效率地传热，要求表面式换热器（表冷器或加热器）的表面必须尽量保持光洁。但是，由于组合式空调器一般配备的均为粗效过滤器，孔眼比较大，在刚开始使用时，难免有粉尘穿过过滤器而附着在换热器的管道表面或肋片上，如果不及时清洁，就会造成换热器中冷热水（蒸汽）与换热器外流过的空气热交换量降低，使换热器的换热效能不能充分发挥出来。如果附着的粉尘很多，甚至将肋片间的部分空气通道都堵塞的话，则同时还会减小组合式空调器的处理风量，使其空气处理性能进一步降低。

表面式换热器（表冷器或加热器）外表面的清洁主要是采用清水冲洗或刷洗，或用专用清洗药水、清洁剂等喷洒后清洗或刷洗，一般每年清洁一次。如果是季节性使用的中央空调系统，则在空调使用季节结束后清洁一次。

组合式空调器在停用期间，应使其表面式换热器（表冷器或加热器）内保持充满水，以减少管子锈蚀。但在寒冷季节如停机不使用，且有可能因机房气温低于 0℃ 致使换热器内水温过低而结冰冻裂换热管的情况，如果采用在水里添加防冻剂还不能起到预防结冰作用，就要将换热器内的水全部排放干净。

（3）接水盘

表面式换热器对空气进行降温去湿处理时，所产生的凝结水会滴落在它下面的接水盘（又叫滴水盘、积水盘、集水盘、凝水盘等）中，并通过该盘的排水口排出。

由于组合式空调器配备的空气过滤器一般为粗效过滤器，一些细小粉尘会穿过过滤器孔眼而附着在表面式换热器的表面，当其表面有凝结水形成时就会将这些粉尘带落到接水盘里。此外，柜式风机盘管或组合式空调器在稳态运行过程中，其内部工作区域适宜的温度、湿度也会给微生物创造滋生、繁殖的有利条件，大量微生物形成的粘稠菌落团也会沉积在接水盘内。

因此，对接水盘必须进行定期清洗，将沉积在接水盘内的粉尘和粘稠菌落团清洗干净。否则，沉积的粉尘和粘稠菌落团过多，一是会使接水盘的容水量减小，在凝结水产生量较大时，排泄不及时将会造成凝结水从接水盘中溢出；二会堵塞排水口，同样产生凝结水溢出情况；三是会使粉尘和菌落团通过送风管道，随处理过的空气送入空调房间而对人员的健康构成威胁。

接水盘一般每年清洗两次。如果是季节性使用的中央空调系统，则在空调使用季节结束后清洗一次。清洗方式一般是用清水冲刷，污水经排水口由排水管排出。为了消毒杀菌，还应对清洁干净了的接水盘再用消毒水（如漂白水）刷洗一遍。

此外，为了控制微生物在接水盘内滋生、繁殖，应在接水盘内放置"片剂型"专用杀菌剂，或"载体型"专用杀菌物体（如浸过液体杀菌剂的海绵体），并定期检查其消耗情况和杀菌效果。

（4）加湿器

一般两周清洗一次电极式和电热式加湿器内壁，以及电极和电热管上的水垢。对于红外线加湿器，重点是清除测量水位探针上的水垢，以保证探针传感的正确性。

（5）水系统零部件喷水室喷嘴和挡水板一般两个月左右清洗一次，贮水池和喷淋水回水过滤器一般每年清洗两次，浮球阀和溢流部件每周查看一次，有问题及时修理。

（6）风机

风机的维护保养参见本章第六节内容。

（7）组合式空调器功能段和检修门的密封条

发现密封材料老化或由于破损、腐蚀引起漏风时要及时修理或更换。

（二）组合式空调器常见故障及处理方法

组合式空调器常见问题或故障及原因分析与解决方法见表8-25。

表8-25　组合式空调器常见问题或故障及原因分析与解决方法

部件	问题或故障	原因分析	解决方法
空气过滤器	阻力增大	积尘太多	定时清洁
表面式换热器	（1）表面温度不均匀	换热器管内有空气	打开换热器放气阀排出空气
	（2）热交换能力降低	① 换热器管内有水垢 ② 换热器表面附着污物	① 清除管内水垢 ② 清洗换热器表面
	（3）漏水	① 接口或焊口腐蚀开裂 ② 放气阀未关或未关紧	① 修补 ② 关闭或拧紧
接水盘	（1）溢水	① 排水口（管）堵塞 ② 排水不畅 ③ 接水盘倾斜方向不正确	① 用吸、通、吹、冲等方法疏通 ② 参见（2） ③ 调整接水盘倾斜方向，使排水口处最低

（续）

部件	问题或故障	原因分析	解决方法
接水盘	（2）凝结水排放不畅	① 外接管道水平坡度过小 ② 排水口（管）部分堵塞 ③ 机组内接水盘排水口处为负压，机组外接排水管没有做水封或水封高度不够	① 调整排水管坡度 > 0.008 或缩短排水管长度就近排水 ② 用吸、通、吹、冲等方法疏通 ③ 做水封或将水封高度加大到与送风机的压头相对应
加湿器	（1）加湿不良	① 加湿器电源故障 ② 电极或电热管损坏 ③ 供水浮球阀失灵 ④ 湿度控制不当	① 检修 ② 检修或更换 ③ 检修 ④ 调整
	（2）喷嘴堵塞	① 水过滤器失效 ② 金属喷水排管内生锈、腐蚀，产生渣滓	① 更换 ② 加强水处理，并卸下喷嘴清洗
	（3）喷嘴开裂	① 喷嘴有质量问题（如材料强度不够、制造时留下裂纹等） ② 安装时受力不匀 ③ 喷淋水压过高	① 更换 ② 更换 ③ 将水压调低到合适值
	（4）喷水室挡水板变形	① 材料强度不够 ② 空气流分布不匀	① 更换 ② 查明原因改善
	（5）喷嘴和挡水板结垢	水质不好	加强除垢处理，卸下喷嘴和挡水板用除垢剂清洗
机组	外壳结露	① 绝热材料破损 ② 机壳破损漏风	① 修补 ② 修补

第六节　辅助设备的维修保养

一、风机的维护与保养

风机是中央空调风系统中最为关键的流体输送机械，风机运行平稳与否，直接影响中央空调的整体性能，因此精心做好风机的运行管理工作意义十分重大。风机的维修保养主要是风机运行检查，确保安全稳定以及改变其输出的空气流量，以满足相应的变风量要求。

（一）风机运转检查

风机有些问题和故障只有在运转时才会反映出来，风机可转动并不表示它的一切工作正常，需要通过运行管理人员的摸、看、听及借助其他技术手段去及时发现风机运转中是否存在问题和故障。因此，运转检查工作是一项不能忽视的重要工作，其检查内容主要有以下几项：

1）电动机温升情况，轴承温升情况（不能超过60℃）。

2）轴承润滑情况。

3）噪声、振动情况。

4）转速情况。

5）软接头完好情况。

如果发现上述情况有异常，应及时维修和保养。

（二）风机停机检查

风机停机可分为日常停机（如白天使用、夜晚停机）和季节性停机两种。从维护保养的角度出发，停机（特别是日常停机）时主要应做好以下几方面的工作。

1. 传动带松紧度检查

对于连续运转的风机，必须定期（一般一个月）停机检查调整一次；对于间歇运行（如一般写字楼的中央空调系统一天运行10h左右）的风机，则在停机不用时进行检查调整工作，一般也是一个月做一次。

2. 各连接螺栓螺母紧固情况

在做上述传动带松紧度检查时，同时进行风机与基础，或机架、风机与电动机，以及风机自身各部分（主要是外部）连接螺栓螺母是否松动的检查紧固工作。

3. 减振装置受力情况

在日常运转值班时，要注意检查减振装置是否发挥了作用，是否工作正常。主要检查内容包括各减振装置是否受力均匀、压缩或拉伸的距离是否都在允许范围内，有问题时要及时调整和更换。

4. 轴承润滑情况

风机如果常年运转，轴承的润滑脂应半年左右更换一次；如果只是季节性使用，则一年更换一次。

（三）风机典型故障处理

1. 风机的传动带磨损过快的检修

风机的传动带磨损过快的主要原因是电动机轴和风机轴不平行，传动带在轮槽内偏磨，因而磨损很快，易发生断裂。

发生这一故障时，可用长钢直尺侧面靠紧电动机带轮侧面或风机带轮侧面进行观察。一般风机不太容易位移，多以风机带轮侧面为基准来衡量其偏差，一般没有特殊规定时允许的偏差为1mm。若在钢直尺与带轮侧面接触时接触面上出现大缝隙，说明两带轮已错位，应进行调整。调整符合要求后将电动机底座螺栓固定，最后用钢直尺复查。

2. 轴承磨损过快的检修

风机轴与轴承不同心是轴承磨损过快的主要原因之一。轴承调整垫片放得不平整，轴承座螺栓的松动或位移易于引起风机轴与轴承不同心。由于风机轴与轴承不同心，轻者轴瓦偏磨而很快不能使用，重者可造成风机轴弯曲变形，同时也造成轴承和轴承座磨损。

风机轴瓦偏磨不严重时，可用三角刮刀修理，重新调整垫片。但在轴瓦刮研前应先将风机轴线与机壳轴心线校正，同时调整叶轮与进气口之间的间隙和机壳后侧板轴孔间隙，无特殊要求时，应使径向间隙均匀分布，力求间隙小一些。修复轴瓦时，轴承毡圈损坏可选用同等厚度的羊毛毡按原尺寸剪好放入即可。

对于采用滚珠轴承的风机，轴承因缺油、灰尘进入等原因磨损或钢珠脱皮、珠架破碎甚至因缺油而卡死时，应更换为新轴承，更换时应注意保护轴和配合面不要被碰伤。

3. 键槽修复

因振动或带轮发生轴向窜动而使键槽与键大部分脱离、只有少部接触时，键槽和键会很快磨损。

修复的方法一般采用电焊堆焊，将轴上键槽填平，在车床上车光，也可用锉刀修平，然后在原键槽90°位置另铣一键槽。带轮键槽损伤时，可直接在原键槽位置90°方向另插一键槽即可，不必重新更换轴和带轮。

4. 轴流式风机叶片碰壳的检修

外壳下沉等原因都会造成轴与风机因垫片调整不平、固定螺栓松动、风机外壳支架断裂、外壳脱落等原因都会造成轴与风机中心线偏离、风机叶片发生碰壳的现象，严重时叶片会被折断。处理时应将螺栓拧松，重新用垫片调整叶片与风筒之间的间隙，然后将螺栓固定。若支架断裂，可用电焊对断裂处重新进行补焊。

（四）常见问题或故障的原因分析与解决方法

风机不论是在制造、安装，还是选用和维护保养方面，稍有缺陷即会在运转中产生各种问题和故障。了解这些常见问题和故障，掌握其产生的原因和解决方法，是及时发现和正确解决这些问题和故障，保证风机充分发挥其作用的基础。风机、电动机和传动带常见问题或故障的原因分析与解决方法见表8-26。

表8-26　风机、电动机和传动带常见问题或故障的原因分析与解决方法

问题或故障	原因分析	解决方法
轴承温升过高	（1）润滑油（脂）不够 （2）润滑油（脂）质量不良 （3）风机轴与电动机轴不同心 （4）轴承损坏 （5）两轴承不同心	（1）加足 （2）清洗轴承后更换为合格润滑油（脂） （3）调整至同心 （4）更换 （5）找正
噪声过大	（1）叶轮与进风口或机壳摩擦 （2）轴承部件磨损，间隙过大 （3）转速过高	（1）参见下面有关条目 （2）更换或调整 （3）降低转速或更换风机
振动过大	（1）地脚或其他连接螺栓的螺母松动 （2）轴承磨损或松动 （3）风机轴与电动机轴不同心 （4）叶轮与轴的连接松动 （5）叶片质量不对称，部分叶片磨损、腐蚀 （6）叶片上附有不均匀的附着物 （7）叶轮上的平衡块质量或位置不对 （8）风机与电动机的两带轮轴不平行	（1）拧紧 （2）更换或调紧 （3）调整同心 （4）紧固 （5）调整平衡，更换叶片或叶轮 （6）清洁 （7）进行平衡校正 （8）调整平行
叶轮进风口或机壳摩擦	（1）轴承在轴承座中松动 （2）叶轮中心未在进风口中心 （3）叶轮与轴的连接松动 （4）叶轮变形	（1）紧固 （2）查明原因，调整 （3）紧固 （4）更换

（续）

问题或故障	原因分析	解决方法
出风量偏小	（1）叶轮旋转方向反了 （2）阀门开度不够 （3）传动带过松 （4）转速不够 （5）进风或出风口、管道堵塞 （6）叶轮与轴的连接松动 （7）叶轮与进风口间隙过大 （8）风机制造质量有问题，达不到铭牌上标定的额定风量	（1）调换电动机任意两根接线位置 （2）开大到合适开度 （3）张紧或更换 （4）检查电压、轴承 （5）清除堵塞物 （6）紧固 （7）调整到合适间隙 （8）更换合适风机
电动机温升过高	（1）风量超过额定值 （2）电动机或电源方面有问题	（1）关小风量调节阀 （2）查找电动机和电源方面的原因并排除
传动带方面的问题	（1）传动带过松（跳动）或过紧 （2）多条传动带传动时松紧不一 （3）传动带易自己脱落 （4）传动带擦碰传动带保护罩 （5）传动带磨损、油腻或脏污 （6）传动带磨损过快	（1）调电动机位置，张紧或放松 （2）全部更换 （3）将两带轮对应的带槽调到一条直线上 （4）张紧传动带或调整保护罩 （5）更换 （6）调整风机与电动机两带轮的轴平行

二、水泵的维护与保养

在中央空调系统的水系统中，不论是冷却水系统还是冷冻水系统，驱动水循环流动所采用的水泵绝大多数是各种卧式单级单吸清水泵。和风机一样，水泵也是中央空调系统中流体输送的关键设备。

（一）水泵检查

水泵起动时，要求必须充满水，由于水质的影响，使得水泵的工作条件比风机差，因此其检查的工作内容比风机多，要求也比风机高一些。对水泵的检查，根据检查的内容所需条件以及侧重点的不同，可分为起动前的检查与准备、起动检查和运转检查三部分。

1. 起动前的检查与准备

当水泵停用时间较长，或是在检修及解体清洗后准备投入使用时，必须在开机前做好以下检查与准备工作：

1）水泵轴承的润滑油充足、良好。

2）水泵及电动机的地脚螺栓与联轴器（俗称靠背轮）螺栓无脱落或松动。

3）水泵及进水管部分全部充满了水，当从手动放气阀放出的只有水、没有空气时，即可认定。如果也能将出水管充满水，则更有利于一次开机成功。在充水的过程中，要注意排放空气。

4）轴封不漏水或为滴水状（但每分钟的滴数符合要求）。如果漏水或滴数过多，要查明原因，并改进到符合要求。

5）关闭好出水管的阀门，以利于水泵的起动。如装有电磁阀，则手动阀应是开起的，电磁阀为关闭的，同时要检查电磁阀的起闭是否动作正确、可靠。

6）对卧式泵，要用手盘动联轴器，看水泵叶轮是否能转动，如果转不动，要查明原因，消除隐患。

2. 起动检查

起动检查是起动前停机状态检查的延续，因为有些问题只有水泵"转"起来了才能发现，不转是发现不了的。例如，泵轴（叶轮）的旋转方向就要通过点动电动机来看泵轴的旋转方向是否正确、转动是否灵活。以 IS 型水泵为例，正确的旋转方向为从电动机端往泵方向看泵轴（叶轮）是顺时针方向旋转；当转动不灵活时，要查找原因，使其变灵活。

3. 运转检查水泵

有些问题或故障在停机状态或短时间运转时是不会出现或产生的，必须运转较长时间才能出现或产生。因此，运行管理人员应给予充分重视，并重点注意以下内容：

1）电动机不能有过高的温升，无异味产生。

2）轴承润滑良好，轴承温度不得超过周围环境温度 $35 \sim 40℃$，轴承的极限最高温度不得高于 $80℃$。

3）轴封处（除规定要滴水的形式外）、管接头（法兰）均无漏水现象。

4）运转声音和振动正常。

5）地脚螺栓和其他各连接螺栓的螺母无松动。

6）基础台下的减振装置受力均匀，进、出水管处的软接头无明显变形，都起到了减噪隔振的作用。

7）转速在规定或调控范围内。

8）电流数值在正常范围内。

9）压力表指示正常且稳定，无剧烈抖动。

10）出水管上压力表读数与工作过程相适应。

（二）维护保养

为了使水泵能安全、正常地运转，为整个中央空调系统的正常运转提供基本保证，要做好其运转前、起动以及运转中的检查工作，保证水泵有一个良好的工作状态，发现问题能及时解决，出现故障能及时排除。另外，还需要定期做好以下几方面的维护保养工作。

1. 轴承加（换）油

轴承是采用润滑油润滑的，在水泵使用期间，每天都要观察油位是否在视镜标出的范围内。油不够时就要通过注油孔加油，并且要每年清洗、换油一次。根据工作环境温度情况，润滑油可以采用 20 号或 30 号机械油。

轴承是采用润滑脂（俗称黄油）润滑的，在水泵使用期间，每工作 2000h 换油一次。润滑脂最好使用钙基脂，也可以采用 7019 号高级轴承脂。

2. 更换轴封

由于填料用一段时间后就会磨损，当发现漏水或漏水滴数超标时，就要考虑是否需要压紧或更换轴封。对于采用普通填料的轴封，泄漏量一般不得大于 $30 \sim 60 mL/h$，而机械密封的泄露量则一般不得大于 $10 mL/h$。

3. 解体检修

一般每年应对水泵进行一次解体检修，内容包括清洗和检查。清洗主要是刮去叶轮内外表面的水垢，特别是叶轮流道内的水垢要清除干净，因为它对水泵的流量和效率影响很大，此外还要注意清洗泵壳的内表面以及轴承。在清洗过程中，对水泵的各个零部件顺便进行详细认真的检查，以便确定是否需要修理或更换，特别是叶轮、密封环、轴承、填料等部件要重点检查。

4. 除锈刷漆

水泵在使用时通常都处于潮湿的空气环境中，有些没有进行绝热处理的冷冻水泵，在运转时泵体表面更是被水覆盖（结露所致），长期这样使用，泵体的部分表面就会生锈。为此，每年应对没有进行绝热处理的冷冻水泵表面进行一次除锈刷漆作业。

5. 放水防冻水泵

停用期间，如果环境温度低于0℃，就要将泵内的水全部放干净，以免水的冻胀作用胀裂泵体。特别是安装在室外工作的水泵，尤其不能忽视。如果不注意做好这方面的工作，会带来重大损失。

（三）常见问题或故障的原因分析与解决方法

水泵在起动后及运转中经常出现的问题或故障，及其原因分析与解决方法见表8-27。

表8-27 水泵常见问题或故障的原因分析与解决方法

问题或故障	原因分析	解决方法
起动后出水管不出水	（1）进水管和泵内的水严重不足 （2）叶轮旋转方向反了 （3）进水和出水阀门未打开 （4）进水管部分或叶轮内有异物堵塞	（1）将水充满 （2）调换电动机任意两根接线位置 （3）打开阀门 （4）清除异物
起动后出水管压力表有显示，但管道系统末端无水	（1）转速未达到额定值 （2）管道系统阻力大于水泵额定扬程	（1）检查电压是否偏低，填料是否压得过紧，轴承是否润滑不够 （2）更换合适水泵或加大管径、减少管路阻力损失
起动后出水管压力表和进水管真空表指针剧烈摆动	有空气从进水管随水流进入泵内	查明空气从何而来，并采取措施杜绝
起动后一开始有出水，但立刻停止	（1）进水管中有大量空气积存 （2）有大量空气吸入	（1）查明原因，排除空气 （2）检查进水管、口的严密性，以及轴封的密封性
在运转中突然停止出水	（1）进水管、口被堵塞 （2）有大量空气吸入 （3）叶轮严重损坏	（1）清除堵塞物 （2）检查进水管、口的严密性，以及轴封的密封性 （3）更换叶轮
轴承过热	（1）润滑油不足 （2）润滑油（脂）老化或油质不佳 （3）轴承安装不正确或间隙不合适 （4）水泵与电动机的轴不同心	（1）及时加油 （2）清洗后更换为合格的润滑油（脂） （3）调整或更换 （4）调整找正

（续）

问题或故障	原因分析	解决方法
填料层漏水过多	（1）填料压得不够紧 （2）填料磨损 （3）填料缠法错误 （4）轴有弯曲或摆动	（1）拧紧压盖或补加一层填料 （2）更换 （3）重新正确缠放 （4）校直或校正
泵内声音异常	（1）有空气吸入，发生汽蚀 （2）泵内有固体异物	（1）查明原因，杜绝空气吸入 （2）拆泵清除
泵体振动	（1）地脚螺栓或各连接螺栓螺母有松动 （2）有空气吸入，发生汽蚀 （3）轴承破损 （4）叶轮破损 （5）叶轮局部有堵塞 （6）水泵与电动机的轴不同心 （7）水泵轴弯曲	（1）拧紧 （2）查明原因，杜绝空气吸入 （3）更换 （4）修补或更换 （5）拆泵清除 （6）调整找正 （7）校直或更换
流量达不到额定值	（1）转速未达到额定值 （2）阀门开度不够 （3）输水管道过长或过高 （4）管道系统管径偏小 （5）有空气吸入 （6）进水管或叶轮内有异物堵塞 （7）密封环磨损过多 （8）叶轮磨损严重 （9）叶轮紧固螺钉松动使叶轮打滑	（1）检查电压、填料、轴承 （2）开到合适开度 （3）缩短输水距离或更换为合适水泵 （4）加大管径或更换合适水泵 （5）查明原因，杜绝空气吸入 （6）清除异物 （7）更换密封环 （8）更换叶轮 （9）拧紧该螺钉
电动机功耗过大	（1）转速过高 （2）在高于额定流量和扬程的状态下运转 （3）填料压得过紧 （4）水中混有泥沙或其他异物 （5）水泵与电动机的轴不同心 （6）叶轮与蜗壳摩擦	（1）检查电动机、电压 （2）调节出水管阀门开度 （3）适当放松 （4）查明原因，采取清洗和过滤措施 （5）调整找正 （6）查明原因，进行调整

三、冷却塔的维修与保养

冷却塔是用以将制冷机组所产生的冷凝热量，通过冷却水进行散热的装置。目前采用最多的是机械通风逆流式圆形冷却塔，其次是机械通风横流式（又称直交流式）矩形冷却塔。这两种冷却塔除了外形、布水方式、汽水流动形式以及风机配备数量不同外，其他方面均基本相同。因此，在运行、维护管理方面，对两者的要求大同小异。

对于开放式冷却塔，由于长期在室外条件下运行，工作环境差，加强其运行、维护管理不仅可以提高冷却塔的热湿交换效果，而且对实现冷却塔节电、节水的经济运行和延长使用寿命有重要意义。

（一）冷却塔检查工作

1. 运行前的检查与准备

当冷却塔停用时间较长，准备重新使用前，如在冬、春季不用，夏季又开始使用；或是在全面检修、清洗后，重新投入使用前，必须做的检查与准备工作内容如下：

1）冷却塔整台安装是否牢固。检查所有连接螺栓的螺母是否有松动，特别是风机系统部分。

2）冷却水塔均放置在室外暴露场所，而且出风口和进风口都很大，难免会有杂物在停机时从进、出风口进入冷却塔内，因此要予以清除。开启水泵排污阀门，扫清下塔体集水盘内的泥尘、污物等杂物，冲洗进水管道及塔体各部件，以免杂物堵塞水孔。

3）检查布水器转动是否灵活，布水管锁紧螺母是否拧紧。

4）拨动风机叶片，检查旋转是否灵活，是否与其他物件相碰，叶片与塔体内壁的间隙是否均匀一致，各连接螺钉有无松动。调整风机，使风机叶片角度一致，与塔体外壳间隙均匀。风叶转动时，检查电动机转动是否灵活，电动机接线是否防水密封；检查电源是否正常，防止使用时超过电动机的额定工作电流。

5）开启手动补水管的阀门，与自动补水管一起将冷却塔集水盘（槽）中的水尽量注满（达到最高水位），以备冷却塔填料由于干燥状态到正常润湿工作状态要多耗水量之用。自动浮球阀的动作水位则调整到低于集水盘（槽）上沿边25mm（或溢流管口20mm）或按集水盘（槽）的容积为冷却水总流量的1%～1.5%，来确定最低补水水位，在此水位时，能自动控制补水。

6）如果使用传动带减速装置，要检查传动带的松紧是否合适，几根传动带的松紧程度是否相同；如果使用齿轮减速装置，则要检查齿轮箱内润滑油是否充满到规定的油位；如果油不够，要补加到位。

7）检查集水盘（槽）是否漏水，各手动水阀是否开关灵活，并设置在要求的位置上。

8）检查圆形冷却塔布水装置的布水管管端与塔体的间隙，该间隙以20mm为宜，而布水管的管底与填料的间隙则不宜小于50mm。

9）检查风机电动机的绝缘情况和防潮情况，要符合规定要求。

10）检查各管路是否都已充满了水，各手动水阀是否开关灵活并设置在要求的位置上。管路未充满水的要充满水，水阀有问题的要修理或更换。

2. 起动检查

起动检查是运行前检查与准备的延续，因为有些检查内容必须"动"起来了才能看出是否有问题，其主要检查内容如下：

1）起动时，应点动风机，看其叶片是否在俯视时是顺时针转动的，而风是否是由下向上吹的。如果方向不对，应调整。

2）短时间起动水泵，看圆形冷却塔的布水装置（又叫配水、洒水或散水装置）是否俯视时是顺时针转动的，转速是否在表8-28给出的对应冷却水量的数字范围内。如果不在相应范围，则要调整，因为转速过快会降低转头的寿命，而转速过慢又会导致洒水不均匀，影响散热效果。布水管上出水孔与垂直面的角度是影响布水装置转速的主要原因之一，该角度一般为5°～10°，通过调整该角度即可改变转速。此外，出水孔的水量（出水速度）大小也会影响转速。根据作用与反作用原理，在出水角度一定的条件下，出水量（出水速度）大，反作用力就大，转速就高，反之转速就低。

表8-28 圆形冷却塔布水装置参考转速

冷却水量/（m³/h）	6.2~23	31~46	62~195	234~273	312~547	626~781
转速/（r/min）	7~12	5~8	5~7	3.5~5	2.5~4	2~3

3）通过短时间起动水泵，可以检查出水泵的出水管部分是否充满了水，如果没有，则连续几次间断地短时间起动水泵，以赶出空气，让水充满出水管。

4）短时间起动水泵时还要注意检查集水盘（槽）内的水是否会出现抽干现象。这是因为冷却塔在间断了一段时间再使用时，布水装置流出的水首先要使填料润湿，使水层达到一定厚度后，才能汇流到塔底部的集水盘（槽）。在下面水陆续被抽走，上面水还未落下来的短时间内，集水盘（槽）中的水不能干，以保证水泵不发生空吸现象。

5）通电检查供回水管上的电磁阀和制冷机组的水流量开关（安全保护元件）动作是否正常，如果不正常就要修理或更换。

3. 运转检查

冷却塔在正常投入运转时，应固定专人进行检查和操作。冷却塔运行检查是冷却塔日常运行时的常规检查项目，要求运行管理人员经常检查，其内容主要有：

1）冷却塔所有连接螺栓的螺母是否有松动，特别是风机系统部分，要重点检查。

2）浮球阀开关是否灵敏，集水盘（槽）中的水位是否合适。

3）圆形冷却塔布水装置的转速是否稳定、均匀，是否减慢或是否有部分出水孔不出水。

4）矩形冷却塔的配水槽（又叫散水槽）内是否有杂物堵塞散水孔，槽内积水深度宜不小于50mm。

5）集水盘（槽）、各管道的连接部位、阀门是否漏水。

6）塔内各部位是否有污垢形成或微生物繁殖，特别是填料和集水盘（槽）里。

7）是否有异常声音和振动。

8）有无明显的飘水现象。

9）对使用齿轮减速装置的，齿轮箱是否漏油。

10）风机轴承温升一般不高于35℃，最高温度低于70℃。

（二）维修保养

由于冷却塔工作条件和工作环境的特殊性，除了一般维护保养外，还需要重视做好清洁和消毒工作。

1. 清洁

冷却塔的清洁，特别是其内部和布水（配水）装置的定期清洁，是冷却塔能否正常发挥冷却效能的基本保证，不能忽视。

1）外壳的清洁。常用的圆形和矩形冷却塔，包括那些在出风口和进风口加装了消声装置的冷却塔，其外壳都是采用玻璃钢或高级聚氯乙烯（PVC）材料制成的，能抗紫外线和化学物质的侵蚀，密实耐久，不易褪色，表面光亮，不需另刷油漆作保护层。因此，当其外观不洁时，只需用清水或清洁剂清洗即可恢复光亮。

2）填料的清洁。填料作为空气与水在冷却塔内进行充分热、湿交换的媒介，通常是由高级PVC材料加工而成的，属于塑料的一类，很容易清洁。当发现其有污垢或微生物附着时，用清水或清洁剂加压冲洗，或从塔中拆出分片刷洗即可恢复原貌。

3）集水盘（槽）的清洁。集水盘（槽）中有污垢或微生物积存时最容易发现，采用刷洗的方法就可以很快使其干净。但要注意的是，清洗前要堵住冷却塔的出水口，清洗时打开排水阀，让清洗后的脏水从排水口排出，避免其进入冷却水回水管。在清洗布水装置（配水槽）、填料时，都要如此操作。

此外，不能忽视在集水盘（槽）的出水口处加设一个过滤网的好处。在这里设过滤网可以在冷却塔运行期间挡住大块杂物（如树叶、纸屑、填料碎片等），防止其随水流入冷却水回水管道系统，清洁起来方便、容易，可以大大减轻水泵入口水过滤器的负担，减少其拆卸清洗的次数。

4）圆形冷却塔布水装置的清洁。对圆形冷却塔布水装置的清洁，重点应放在有众多出水孔的几根布水支管上，要把布水支管从旋转头上拆卸下来仔细清洗。

5）矩形冷却塔配水槽的清洁。当矩形冷却塔的配水槽需要清洁时，采用刷洗的方法即可。

6）吸声垫的清洁。由于吸声垫是疏松纤维型的，长期浸泡在集水盘中，很容易附着污物，需要用清洁剂配合高压水冲洗。

上述各部件的清洁工作，除了外壳可以不停机清洁外，其他都要停机后才能进行。

2. 其他维护保养

为了使冷却塔能安全正常地使用尽量长的时间，除了做好上述清洁工作外，还需定期做好以下几方面的维护保养工作：

1）对使用传动带减速装置的，每两周停机检查一次传动带的松紧度，不合适时要调整。如果几根传动带松紧程度不同，则要全套更换。如果冷却塔长时间不运行，则最好将传动带取下来保存。

2）对使用齿轮减速装置的，每个月停机检查一次齿轮箱中的油位。油量不够时要加补到位。此外，冷却塔每运行6个月要检查一次油的颜色和粘度，达不到要求时必须全部更换。当冷却塔累计使用5000h后，不论油质情况如何，都必须对齿轮箱做彻底清洗，并更换润滑油。齿轮减速装置采用的润滑油一般多为30号或40号机械油。

3）由于冷却塔的风机电动机长期在湿热环境下工作，为了保证其绝缘性能，不发生电动机烧毁事故，每年必须做一次电动机绝缘情况测试。如果达不到要求，要及时处理或更换电动机。

4）检查填料是否损坏，如果有损坏的要及时修补或更换。

5）风机系统所有轴承的润滑脂一般每年要更换一次。

6）当采用化学药剂进行水处理时，要注意风机叶片的腐蚀问题。为了减缓腐蚀，每年应清除一次叶片上的腐蚀物，均匀涂刷防锈漆和酚醛漆各一道，或者在叶片上涂刷一层0.2mm厚的环氧树脂，其防腐性能一般可维持2~3年。

7）在冬季冷却塔停止使用期间，有可能因积雪而使风机叶片变形时，可以采取两种办法加以避免：一是停机后将叶片旋转到垂直地面的角度紧固；二是将叶片和轮翼一起拆下放到室内保存。

8）在冬季冷却塔停止使用期间，有可能发生冰冻现象，这时要将集水盘（槽）和管道中的水全部放光，以免冻坏设备和管道。

9）冷却塔的支架、风机系统的结构架以及爬梯通常采用镀锌钢件，一般不需要油漆。如果发现有生锈情况，再进行除锈刷漆工作。

3. 军团病与冷却塔消毒

冷却塔的维护保养工作还与军团病（legionnaires disease）的预防密切相关。1976 年，美国退伍军人协会在费城一家旅馆举行第 58 届年会，在会议期间和会后的一个月中，与会代表和附近居民中有 221 人得了一种酷似肺炎的怪病，并有 34 人相继死亡，病死率达 15％。后经美国疾病控制中心调查发现，其病原是一种新杆菌，即嗜肺军团杆菌，简称军团菌。这种病菌普遍存在于空调冷却塔和加湿器中，由细小的水滴和灰尘携带，可随空气流扩散，自呼吸道侵入人体。从 1976 年至今，全世界已有 30 多个国家 50 多次爆发流行军团病，而且几乎都与空调冷却塔有关。

因此，为了有效地控制冷却塔内军团菌的滋生和传播，要积极做好冷却塔军团菌感染的预防措施。在冷却塔长期停用（一个月以上）再起动时，应进行彻底的清洗和消毒；在运行中，每个月需清洗一次；每年至少彻底清洗和消毒两次。

对冷却塔进行消毒比较常用的方法是加次氯酸钠（含有效氯 5mg/L），关风机开水泵，将水循环 6h 消毒后排干，彻底清洗各部件和潮湿表面；充水后再加次氯酸钠（含有效氯 5～15mg/L），以同样方式消毒 6h 后排水。

（三）常见问题或故障的原因分析与解决方法

冷却塔在运行过程中经常出现的问题或故障的原因分析与解决方法见表 8-29。

表 8-29 冷却塔常见问题或故障的原因分析与解决方法

问题或故障	原因分析		解决方法
出水温度过高	（1）循环水量过小		（1）调阀门至合适水量或更换为与容量匹配的冷却塔
	（2）布水管（配水槽）部分出水孔堵塞，造成偏流（布水不均匀）		（2）清除堵塞物
	（3）进出空气不畅或短路		（3）查明原因，改善
	（4）通风量不足		（4）参见"通风量不足"的解决方法
	（5）进水温度过高		（5）检查冷水机组方面的原因
	（6）吸排空气短路		（6）改空气循环流动为直流
	（7）填料部分堵塞造成偏流（布水不均匀）		（7）清除堵塞物
	（8）室外湿球温度过高		（8）减小冷却水量
通风量不足	（1）风机转速降低	① 传动带松弛	① 调整电动机为张紧或更换传动带
		② 轴承润滑不良	② 加油或更换轴承
	（2）风机叶片角度不合适		（2）调至合适角度
	（3）风机叶片破损		（3）修复或更换
	（4）填料部分堵塞		（4）清除堵塞物
集水盘（槽）溢水	（1）集水盘（槽）出水口（滤网）堵塞		（1）清除堵塞物
	（2）浮球阀失灵，不能自动关闭		（2）修复
	（3）循环水量超过冷却塔额定容量		（3）减少循环水量或更换为与容量匹配的冷却塔

（续）

问题或故障	原因分析	解决方法
集水盘（槽）的水位偏低	（1）浮球阀开度偏小，造成补水量小 （2）补水压力不足，造成补水量小 （3）管道系统有漏水的地方 （4）冷却过程失水过多 （5）补水管管径偏小	（1）开大到合适开度 （2）查明原因，提高压力或加大管径 （3）查明漏水处，堵漏 （4）参见"有明显飘水现象"的解决方法 （5）更换
有明显飘水现象	（1）循环水量过大或过小 （2）通风量过大 （3）填料中有偏流现象 （4）布水装置转速过快 （5）隔水袖（挡水板）安装位置不当	（1）调节阀门至合适水量或更换为与容量匹配的冷却塔 （2）降低风机转速或调整风机叶片角度或更换为合适风量的风机 （3）查明原因，使其均流 （4）调至合适转速 （5）调整
布（配）水不均匀	（1）布水管（配水槽）部分出水孔堵塞 （2）循环水量过小 （3）圆形冷却塔布水装置转速太慢 （4）圆形冷却塔布水装置转速不稳定、不均匀	（1）清除堵塞物 （2）加大循环水量或更换为与容量匹配的冷却塔 （3）清除出水孔堵塞物或加大循环水 （4）排除管道内的空气
填料、集水盘（槽）中有污垢或微生物	（1）冷却塔所处环境太差 （2）水处理效果不好	（1）缩短维护保养（清洁）的周期 （2）研究、调整水处理方案，加强除垢和杀生
有异常声音或振动	（1）风机转速过高，通风量过大 （2）风机轴承缺油或损坏 （3）风机叶片与其他部件碰撞 （4）有些部件紧固螺栓的螺母松动 （5）风机叶片螺钉松动 （6）传动带与防护罩摩擦 （7）齿轮箱缺油或齿轮组磨损 （8）隔水袖（挡水板）与填料摩擦	（1）降低风机转速或调整风机叶片角度或更换为合适风量的风机 （2）加油或更换 （3）查明原因，排除 （4）紧固 （5）紧固 （6）张紧传动带，紧固防护罩 （7）加够油或更换齿轮组 （8）调整隔水袖（挡隔板）或填料
滴水声过大	（1）填料下水偏流 （2）循环水量过大 （3）集水盘（槽）中未装吸声垫	（1）查明原因，使其均流 （2）减少循环水量或更换容量匹配的冷却塔 （3）集水盘（槽）中加装吸声垫

第七节　中央空调风管系统的运行与维护

风管系统的运行管理主要是做好风管（含绝热层）、风阀、风口、风管支吊构件的巡检与维护保养工作。

（一）巡检

1. 风管

风管的绝热层、表面防潮层及保护层有无破损和脱落，特别要注意与支吊构件接触的部位；绝热结构外表面有无结露；对使用粘胶带封闭绝热层或防潮层接缝的，粘胶带有无胀裂、开胶的现象；有风阀手柄的部位是否结露；法兰接头和风机及风柜等与风管的软接头处，以及拉杆或手柄的转轴与风管结合处是否漏风；非金属风管有无龟裂和粉化现象等。

2. 风阀

各种风阀是否能根据运行调节的要求，变动灵活，定位准确、稳固；是否可关严实、开到位；阀板或叶片与阀体有无碰撞、卡死；电动或气动调节阀的调节范围和指示角度是否与阀门开启角度一致等。

3. 风口

叶片是否有积尘和松动；金属送风口在送冷风时是否结露；可调型风口（如球形风口）在根据空调或送风要求调动后位置是否改变，转动部件结合处是否漏风；风口的可调叶片或叶片调节零部件（如百叶风口的拉杆、散流器的丝杠等）是否松紧适度，要保证既能转动又不松动等。

4. 支吊构件

支吊构件是否有变形、断裂、松动、脱落和锈蚀等。

（二）维护保养

1. 风管

空调风管绝大多数是用镀锌钢板制作的，不需要刷防锈漆，比较经久耐用。除了空气热湿处理设备外接的新风采集管采用裸管外，送回风管都要进行绝热处理。其日常维护保养的主要任务如下：

1）修补破损和脱落的管道绝热层、表面防潮层及保护层。

2）更换胀裂、开胶的绝热层或防潮层接缝粘胶带。

3）封堵法兰接头、软接头以及风阀拉杆或转轴处的漏风。

4）定期通过送（回）风口，用吸尘器或清扫机器人清除管道内部的积尘。

5）修补有龟裂和粉化现象的非金属风管。

2. 风阀

风阀是风量调节阀的简称，又称为风门，主要有风管调节阀、风口调节阀和风管止回阀等几种类型，按使用功能划分又有新风阀、回风阀、排风阀、总风阀等。风阀在使用一段时间后，会因气流长时间的冲击而出现松动、变形、移位、动作不灵、关闭不严等问题，不仅会影响风量的控制和空调效果，还会产生噪声。其日常维护保养的主要任务如下：

1）做好清洁与润滑工作。

2）对阀板或叶片与阀体碰撞或卡死的进行修理。

3）校正电动或气动调节阀的调节范围和指示角度与阀门开起角度相一致。

3. 风口

风口有送风口、回风口、新风口之分，其形式与构造多种多样，但就日常维护保养工作来说，主要是做好清洁和紧固工作，不让叶片积尘和松动。根据使用情况，送风口每3个月左右拆下来清洁一次，回风口和新风口则可以结合过滤网的清洁周期一起清洁。

4. 支吊构件

风管系统的支吊构件包括支架、吊架、管箍等，它们在长期运行中会出现变形、断裂、松动、脱落和锈蚀等，其日常维护保养的方式要在分析其产生原因后进行。

1）分析其变形、断裂是因为所用材料机械强度不高或用料太小，在管道及绝热材料的重量和热胀冷缩力的作用下造成的，还是因为构件制作质量不高造成的；是人为损坏的，还是支吊构件的设置距离过大而压坏或拉坏的。

2）分析其松动、脱落是因为零部件安装不够牢固造成的，还是因为构件受力太大或管道振动造成的。

3）分析其锈蚀是因为原油漆质量不好，还是因为漆刷得质量不够好。

根据支吊构件出现的问题和引起的原因，有针对性地采取相应措施来解决，该修理的修理，该更换的更换，该补加的补加，该重新紧固的重新紧固，该补刷油漆的补刷油漆等。

（三）常见问题或故障的原因分析与解决方法

风管系统常见问题或故障的原因分析与解决方法见表8-30。

表8-30　风管系统常见问题或故障的原因分析与解决方法

问题或故障	原因分析	解决方法
风管漏风	（1）法兰连接处不严密 （2）其他连接处不严密	（1）拧紧螺栓或更换橡胶垫 （2）用玻璃胶或万能胶封堵
绝热层脱离风管壁	（1）粘结剂失效 （2）保温钉从管壁上脱落	（1）重新粘贴牢固 （2）拆下绝热层，重新粘牢保温钉后再包绝热层
绝热层表面结露、滴水	（1）绝热风管漏风 （2）绝热层或防潮层破损 （3）绝热层未起到绝热作用 （4）绝热层拼缝处的粘胶带松脱	（1）参见上述方法，先解决漏风问题，再更换含水的绝热层 （2）更换受潮或含水部分 （3）增加绝热层厚度或更换绝热材料 （4）更换受潮或含水绝热层后用新粘胶带粘贴、封严拼缝处
风阀转不动或不够灵活	（1）异物卡住 （2）传动连杆接头生锈	（1）除去异物 （2）加煤油松动，并加润滑油
风阀关不严	（1）安装或使用后变形 （2）制造质量太差	（1）校正修理或更换 （2）更换
风阀活动叶片不能定位或定位后易松动、位移	（1）调控手柄不能定位 （2）活动叶片太松	（1）改善定位条件 （2）适当紧固

（续）

问题或故障	原因分析	解决方法
送风口结露、滴水	送风温度低于室内空气露点温度	提高送风温度，使其高于室内空气露点温度 $2 \sim 3℃$；换用导热系数较低的材料送风（如木质材料送风口）
支吊构件结露、滴水	支吊构件横梁与风管直接接触形成冷桥	将支吊构件横梁置于风管绝热层外或在支吊构件横梁与风管间铺设垫木
送风口吹风感太强	（1）送风速度过大 （2）送风口活动导叶位置不合适 （3）送风口形式不合适	（1）开大风口调节阀或增大风口面积 （2）调整到合适位置 （3）更换
有些风口出风量过小	（1）支风管或风口阀门开度不够 （2）管道阻力过大 （3）风机方面原因	（1）开大到合适开度 （2）加大管的截面积或提高风机全压 （3）维修保养风机
风管中气流声偏大	风速过大	降低风机转速或关小风阀
风管壁振颤并产生噪声	（1）风速过大 （2）叶片材料刚度不够 （3）叶片松动	（1）减小风速 （2）更换刚度好的或更换材料厚度大一些的叶片 （3）紧固
阀门或风口叶片振颤并产生噪声	管壁材料太薄	采取管壁加强措施或更换壁厚合适的风管

本章小结

为了有效发挥中央空调系统的作用，使其高效、安全、经济地运转，系统的日常维护保养是必要的。定期的维护保养可排除故障隐患，减少运转费用，延长设备的使用寿命，从而保证室内环境的舒适性。本章就中央空调系统的维护与保养分别进行了论述：

1. 活塞式制冷机组的维修与保养。为了保持制冷压缩机经常具有良好的工作性能，必须根据压缩机的累计运转时间和机器的完好状况，定期对压缩机进行例行检查、小修、中修和大修。当制冷系统需要进行维护保养或者因压缩机、辅助设备及阀门等发生故障需要修理时，为了检修的需要，减少环境的污染，都必须将制冷剂从系统中某一个部位抽出或转移到另一个容器中贮存，待检修后，还需要对检修部位进行试压或抽真空，以排除检修部位中的空气。

2. 螺杆式制冷机组的维修与保养。螺杆式制冷机的计划检修，可根据有关资料介绍和厂商说明书推荐的检修时间、检修内容。

3. 离心式制冷机组的维修与保养。离心式制冷机组的维修保养包括日常停机期间和年度停机期间的维修保养。

4. 溴化锂吸收式制冷机组的维护与保养。以远大Ⅵ型燃油直燃型溴化锂吸收式制冷机组为例，论述了溴化锂吸收式制冷机组的日常停机维修保养和年度停机期间维修保养。

5. 空气处理设备的维修保养

1）风机盘管的维修保养。风机盘管通常直接安装在空调房间内，其工作状态和工作质量不仅影响到其应发挥的空调效果，而且影响到室内的空气质量和噪声水平。因此必须做好空气过滤网、接水盘、盘管、风机等主要部件的维护保养工作，保证风机盘管正常发挥作用，不产生负面影响。

2）组合式空调器的维护保养对象主要是空气过滤器、表面式换热器（表冷器或加热器）、接水盘、加湿器、喷水室、风机等。

6. 辅助设备的维修保养。辅助设备的维修保养包括风机的维护保养、水泵的维护保养、冷却塔的维护保养。

1）风机的维护保养。风机的运转管理主要是风机运转检查，确保安全稳定以及改变其输出的空气流量，以满足相应的变风量要求。

2）水泵的维护保养。对水泵的检查，根据检查的内容所需条件以及侧重点的不同，可分为起动前的检查与准备、起动检查和运转检查。

3）冷却塔的维护保养。冷却塔包括运行前检查和起动检查。由于冷却塔工作条件和工作环境的特殊性，除了一般维护保养外，还需要重视做好清洁和消毒工作。

7. 中央空调管道系统的运行与维护包括风管系统和水管系统的运行与维护

1）风管系统的运行管理主要是做好风管（含绝热层）、风阀、风口、风管支吊构件的巡检与维护保养工作。

2）水管系统的运行管理主要是做好各种水管、阀门、水过滤器、膨胀水箱以及支吊构件的巡检与维护保养工作。

思考与练习题

1. 活塞式制冷机组正常运转标志是什么？
2. 开利 30HK/HR 型活塞式制冷机组吸气温度过低时出现的原因及解决措施是什么？
3. 螺杆式制冷机组正常运转标志是什么？
4. 美国约克 Codepak 螺杆式制冷机组吸气压力过低的原因及解决措施是什么？
5. 离心式制冷机组正常运转标志是什么？
6. 美国约克 YKF 型离心式制冷机组蒸发压力过高的原因及解决措施是什么？
7. 溴化锂吸收式制冷机组年度停机保养程序是什么？
8. 远大 VI 型燃油直燃型溴化锂吸收式制冷机组无法起动的原因及解决措施是什么？
9. 风机盘管和组合式空调器维护保养的主要部件有哪几个？
10. 风机及水泵运行时噪声过大的原因及解决措施是什么？
11. 风管送风口结露、滴水的原因及解决措施是什么？